图解·一学就会系列

图解FANUC工业机器人电路连接及检测

耿春波　耿琦菲　编著

机械工业出版社

本书共分7章，通过图解的方式讲解FANUC工业机器人的电路连接和检测。本书涉及的FANUC工业机器人控制柜有R-30iB的A控制柜、B控制柜、Mate控制柜等主流控制柜，主要内容包括FANUC工业机器人的电源供给单元、主板、紧急停止单元、伺服放大器、处理I/O板的电路连接和故障诊断方法。通过这些内容的学习，可帮助读者提高FANUC工业机器人的调试和维修水平。

本书适合企业中从事工业机器人调试和维修的工程技术人员，以及大专院校工业机器人维修调试、机电一体化、电气自动化及其他相关专业师生阅读。

图书在版编目（CIP）数据

图解FANUC工业机器人电路连接及检测/耿春波，耿琦菲编著. —北京：机械工业出版社，2021.5

（图解·一学就会系列）

ISBN 978-7-111-67929-5

Ⅰ. ①图… Ⅱ. ①耿… ②耿… Ⅲ. ①工业机器人—电路图—图解 Ⅳ. ①TP242.2-64

中国版本图书馆CIP数据核字（2021）第058810号

机械工业出版社（北京市百万庄大街22号 邮政编码100037）

策划编辑：周国萍　　责任编辑：周国萍　刘本明

责任校对：李　杉　　责任印制：张　博

北京玥实印刷有限公司印刷

2021年7月第1版第1次印刷

184mm×260mm · 11.25印张 · 273千字

0 001—2 500册

标准书号：ISBN 978-7-111-67929-5

定价：59.00元

电话服务
客服电话：010-88361066
010-88379833
010-68326294

网络服务
机　工　官　网：www.cmpbook.com
机　工　官　博：weibo.com/cmp1952
金　　书　　网：www.golden-book.com
机工教育服务网：www.cmpedu.com

封底无防伪标均为盗版

前　　言

随着 FANUC 工业机器人的应用越来越广泛，工程技术人员尤其是从事电气控制相关的技术人员迫切要求了解和学习 FANUC 工业机器人详细的电路结构及维护保养技能，本书可满足这部分读者的需求。

本书第 1 章介绍了 FANUC 工业机器人主流系统 R-30iB 的 A 控制柜、B 控制柜、Mate 控制柜的结构，让读者从整体上了解 FANUC 工业机器人控制系统的布局。第 2 ～ 6 章详细介绍了 FANUC 工业机器人控制系统的电源供给单元、主板、紧急停止单元、伺服放大器、处理 I/O 板的电路连接和故障诊断方法，这 5 种部件按照电源的供给、部件接口的连接和作用、熔丝的作用和更换、部件上发光二极管（LED）提示的状态等顺序介绍，力求全面详细，避免了不按系统分类、泛泛讲解 FANUC 工业机器人电路的弊病；另外第 6 章还详细介绍了通过 PLC 的 PROFINET 通信实现程序启动的方法。第 7 章讲解了 FANUC 工业机器人维护保养的内容，以期提高读者的维护保养水平。

为便于一线读者学习使用，书中一些图形符号及名词术语按行业习惯呈现，未全按国家标准统一，敬请谅解。

本书在编写过程中，参考了 FANUC 工业机器人的说明书、调试手册和上海发那科的技术文献，在此表示感谢。由于作者水平有限，书中难免有错误和不足之处，敬请读者批评指正。

编者

目　录

第 1 章　FANUC 工业机器人控制柜组成及作用

FANUC 工业机器人主流的控制装置是 R-30iB 系列，常用的系统有 R-30iB、R-30iB Plus、R-30iB Mate、R-30iB Mate Plus 四种。依据柜体的尺寸，控制柜可以分为 A 柜和 B 柜。A 柜为紧凑型。B 柜比较大，内部可以扩展模块。FANUC 工业机器人控制柜常见型号有 R-30iB/ R-30iB Plus 的 A 柜、R-30iB/R-30iB Plus 的 B 柜、R-30iB Mate/ R-30iB Mate Plus 柜等几种。

控制装置 R-30iA 系列中有 A 柜（分离式）、B 柜、Mate 柜等几种。

1.1　FANUC 工业机器人控制柜的组成

FANUC 工业机器人控制柜由主板（Main Board）、主板电池（Main Board Battery）、输入输出印制电路板（Fanuc I/O Board）、紧急停止单元（E-Stop Unit）、电源供给单元（PSU）、示教器（Teach Pendant）、伺服放大器（Servo Amplifier）、操作面板（Operation Panel）、变压器（Transformer）、风扇单元（Fan Unit）、断路器（Breaker）、再生电阻（Discharge Resistor）等组成。

控制柜 R-30iB 的 A 柜如图 1-1 所示。控制柜 R-30iB 的 B 柜如图 1-2 所示。

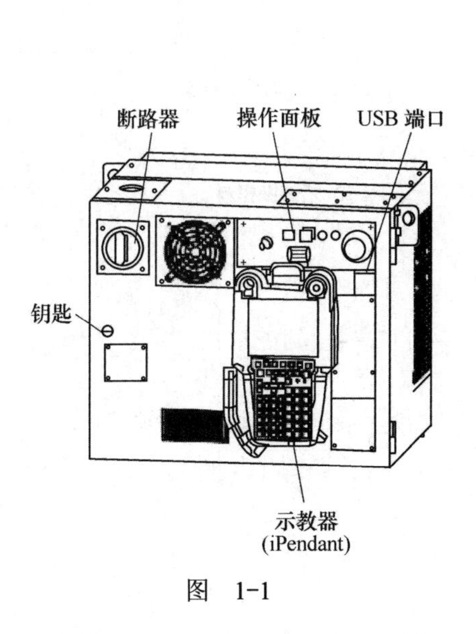

图　1-1

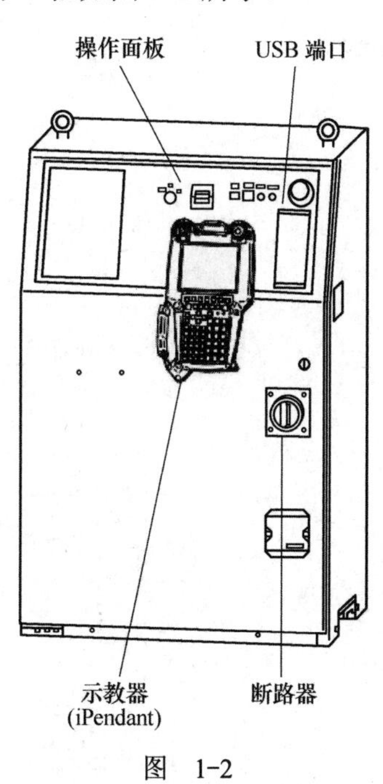

图　1-2

控制柜 R-30iB Mate 如图 1-3 所示。控制柜 R-30iA 的 A 柜（分离式）如图 1-4 所示。控制柜 R-30iA 的 B 柜如图 1-5 所示。控制柜 R-30iA 的 Mate 柜如图 1-6 所示。

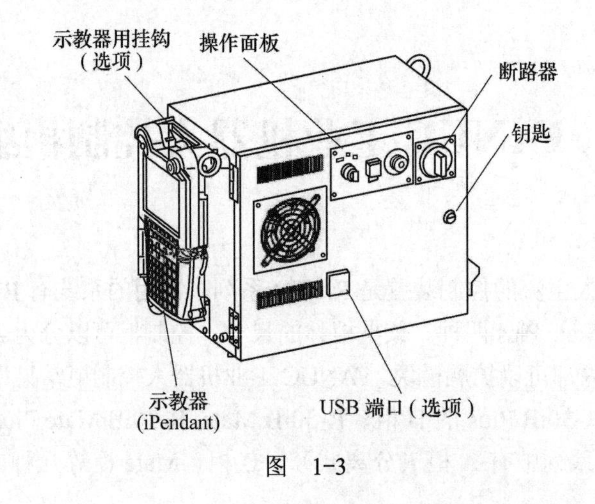

图 1-3

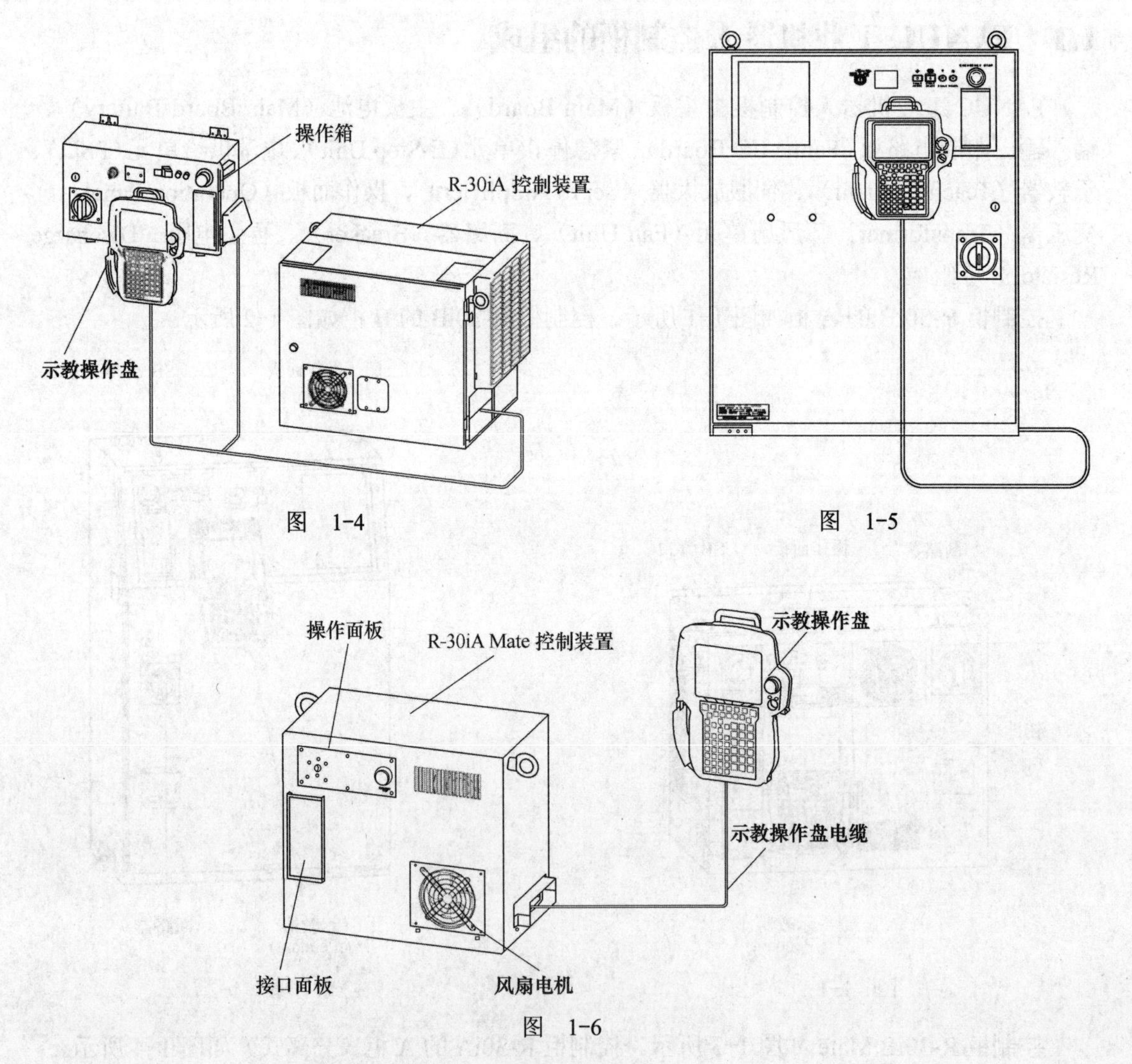

图 1-4

图 1-5

图 1-6

控制柜 R-30iB B 柜的内部安装结构如图 1-7 所示。

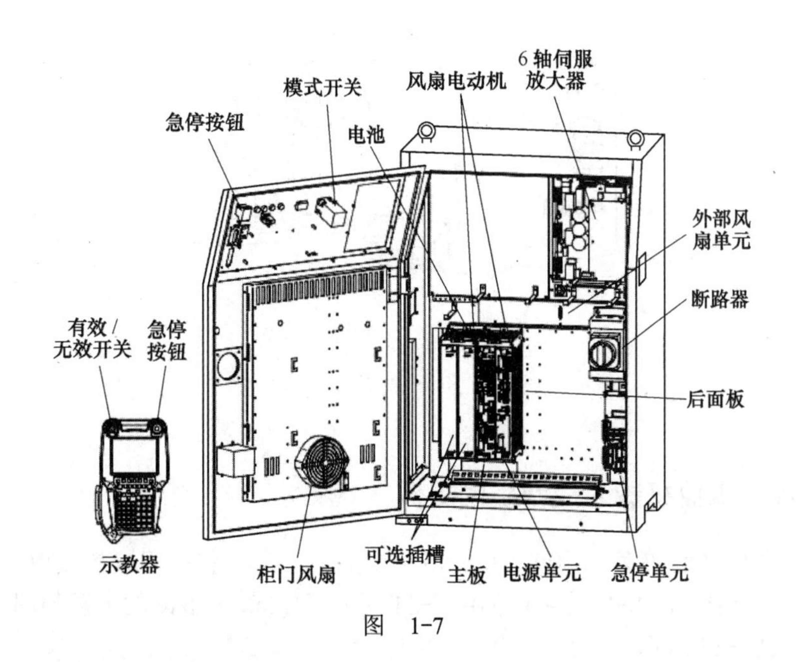

图　1-7

控制柜 R-30iB B 柜的背面安装结构如图 1-8 所示。

控制柜 R-30iB Mate 的内部安装结构如图 1-9 所示。

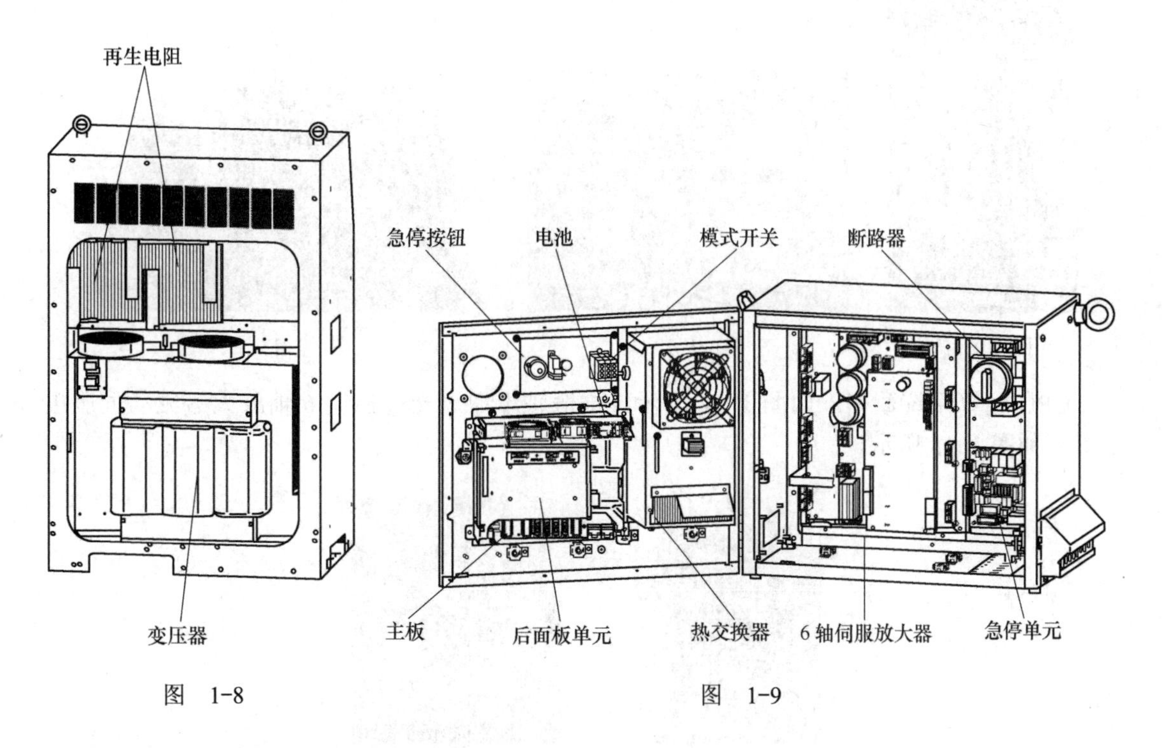

图　1-8

图　1-9

控制柜 R-30iB Mate 的背面安装结构如图 1-10 所示。

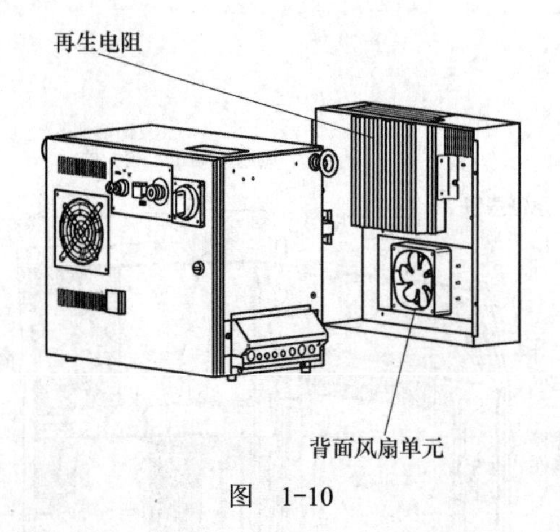

图 1-10

1.1.1 FANUC 工业机器人控制柜的主板

主板上安装有 CPU 及外围电路、FROM/SRAM 存储器、操作面板控制电路。主板可进行伺服系统位置控制。R-30iB 的主板如图 1-11 所示，R-30iB Mate 的主板如图 1-12 所示，主板的结构如图 1-13 所示。

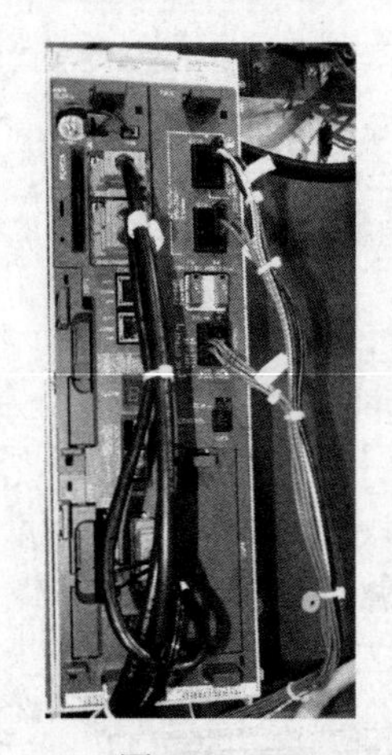

图 1-11

图 1-12

图 1-13

CPU 运算系统数据，如图 1-14 所示。伺服轴卡通过光纤控制 6 轴放大器驱动伺服电动机，如图 1-15 所示。

图 1-14

图 1-15

FROM/SRAM 存储器用于存储系统文件、I/O 配置文件以及程序文件，SRAM 中的文件在主机断电后需要 3V 的电池供电以保存数据，所以 FROM/SRAM 存储器更换前需要备份保存数据。FROM/SRAM 存储器所处位置如图 1-16 所示。

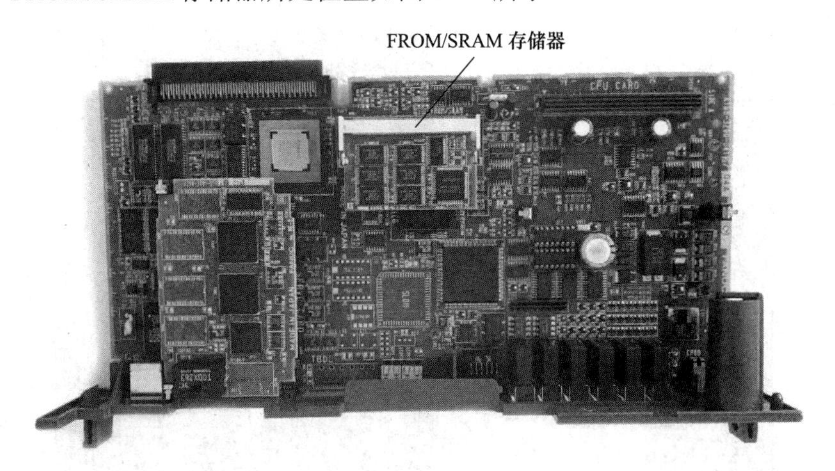

图　1-16

1.1.2　主板电池

在控制器电源关闭后，主板电池维持存储器状态不变。主板电池是不能充电的 3V 锂电池，应每两年更换一次。更换主板电池时，暂时接通工业机器人控制装置的电源 30s 以上，然后断开工业机器人控制装置的电源，更换新的电池；也可以在主板带电时更换电池，如图 1-17 所示。

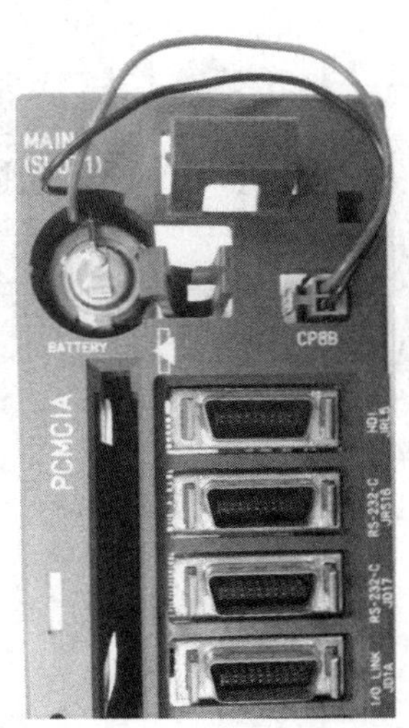

图　1-17

1.1.3　FANUC 输入输出印制电路板

FANUC 输入输出印制电路板可以选择多种不同的输入输出类型，通过 I/O LINK 总线进行通信，由主板的 JD1A 接到输入输出印制电路板的 JD1B。FANUC 控制柜 R-30iB 的 I/O 板如图 1-18 所示，在主板的位置如图 1-19 所示。FANUC 控制柜 R-30iB Mate 的 I/O 板如图 1-20 所示，R-30iB Mate I/O 板的接线端子 CRMA15、CRMA16 如图 1-21 所示。

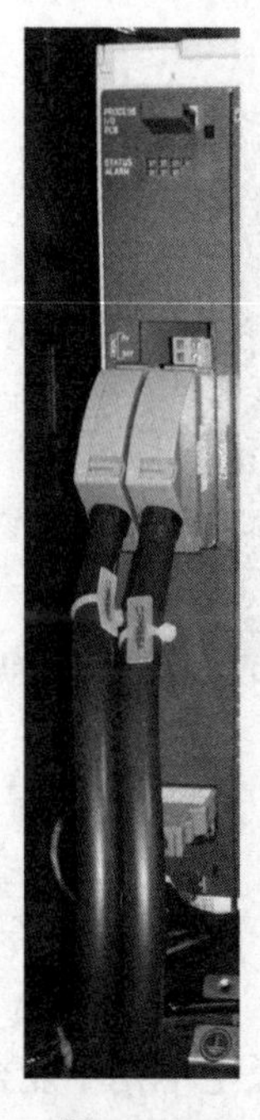

图 1-18

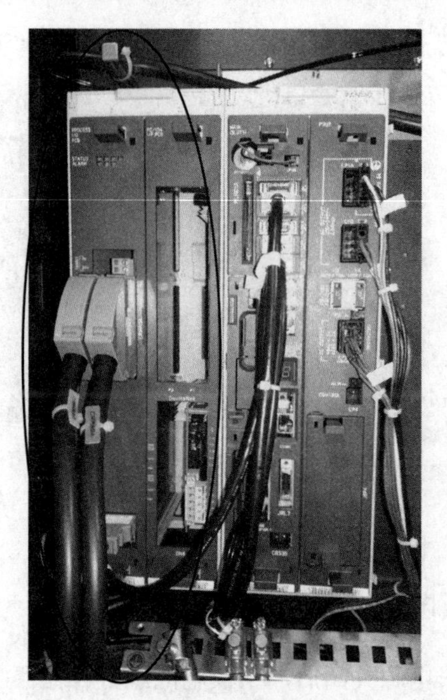

图 1-19

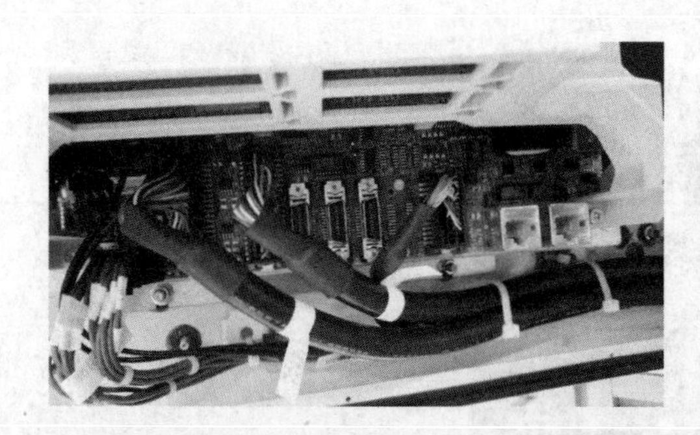

图 1-20

图 1-21

1.1.4 电源供给单元

电源供给单元可将 AC 电源转换为各类 DC 电源。电源经变压器从 CP1 引入，经过 F1 送入电源供给单元内部。CP1A 是带熔丝的交流输出。CP2 是 200V 交流输出，供给控制柜风扇和紧急停止单元。CP5 是 +24V 直流输出。CP6 是 +24E 直流（24V）输出，主要给紧急停止单元供电。电源供给单元还通过背板给主板和 I/O 板供电，如图 1-22、图 1-23 所示。

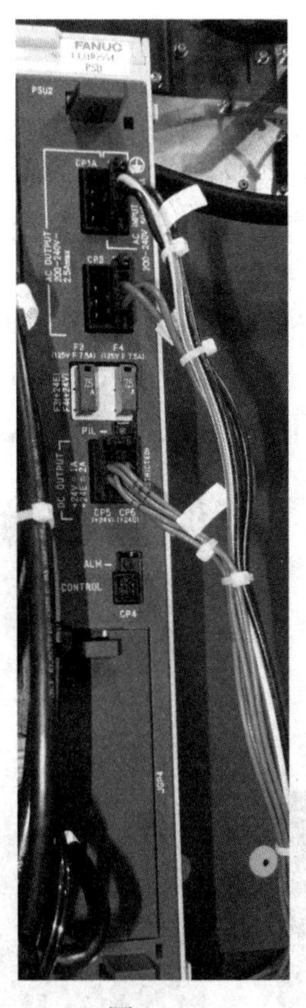

图　1-22

图　1-23

1.1.5　示教器

示教器可完成包括工业机器人编程在内的各种操作，以及通过液晶显示屏（LCD）显示控制装置的状态、数据等，如图 1-24 所示。

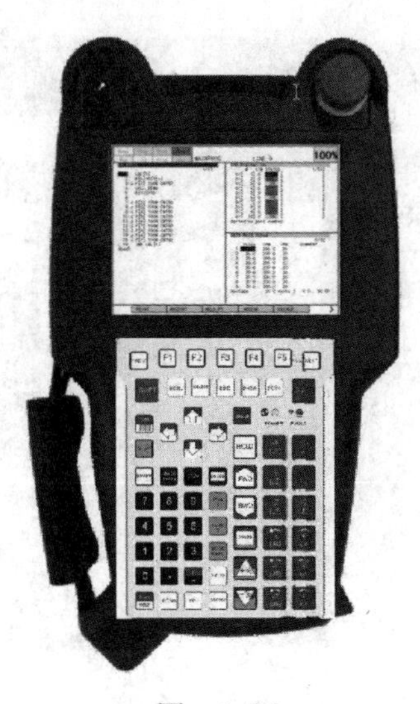

图　1-24

1.1.6 伺服放大器

FANUC 伺服放大器集成了六轴控制，伺服放大器控制伺服电动机运行，接受脉冲编码器的信号，同时控制制动器、超程、机械手断裂等，如图 1-25 所示。三相 220V 交流电从 CRR38A 端子接入，如图 1-26 所示，整流成直流电，再逆变成交流电，驱动 6 个伺服电动机运动，如图 1-27 所示。主板通过光缆 FSSB 控制六轴驱动器，如图 1-28 所示。FANUC 工业机器人使用绝对位置编码器，需要 6V 电池供电，每年应定期更换。按下急停按钮后，在控制器带电时更换，如图 1-29 所示。

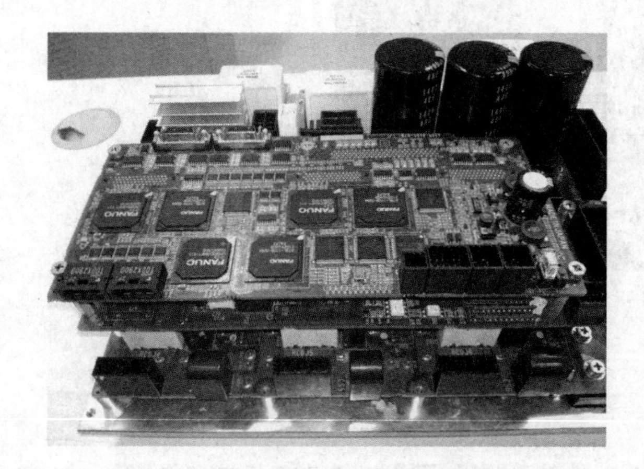

图 1-25

图 1-26

图 1-27

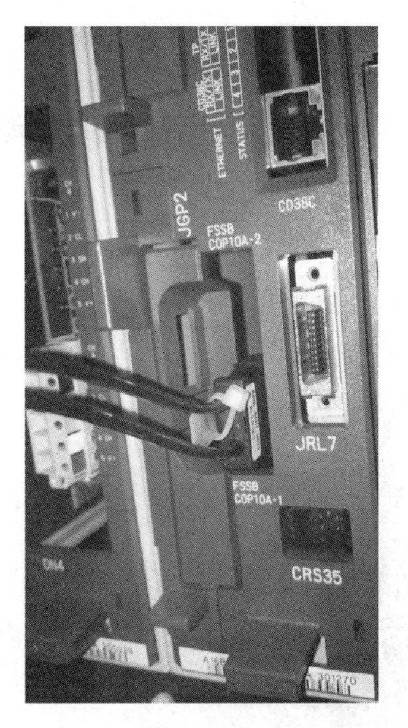

图　1-28

图　1-29

1.1.7　操作面板

操作面板通过按钮和 LED 进行工业机器人的状态显示、启动等操作，如图 1-30 所示。

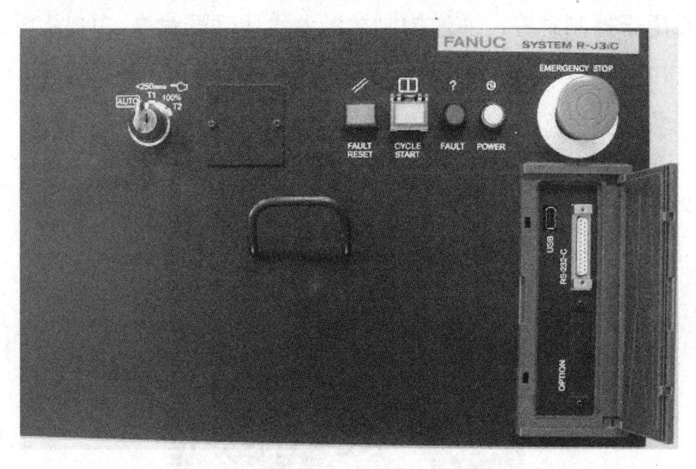

图　1-30

1.1.8　变压器

变压器将输入的电源转换成控制器的各种 AC 电源。

1.1.9　风扇单元和热交换器

风扇单元和热交换器用来冷却控制装置内部。

1.1.10 断路器

若控制装置内部的电气系统异常或者输入电源异常导致高电流，可将输入电源连接断路器，以保护设备。

1.1.11 再生电阻

再生电阻用于释放伺服电动机的反电动势，如图 1-31 所示。

图 1-31

1.1.12 紧急停止单元

紧急停止单元用于控制急停，通过控制接触器给驱动器供电，如图 1-32 所示。

图 1-32

FANUC 工业机器人控制柜 R-30iB Mate 的紧急停止单元如图 1-33 所示。

图　1-33

1.2　FANUC 工业机器人 R-30iB/R-30iB Mate 的综合连接

FANUC 工业机器人 R-30iB 连接方框图如图 1-34 所示，FANUC 工业机器人 R-30iB Mate 连接方框图如图 1-35 所示，具体内容将在后续章节详细介绍。

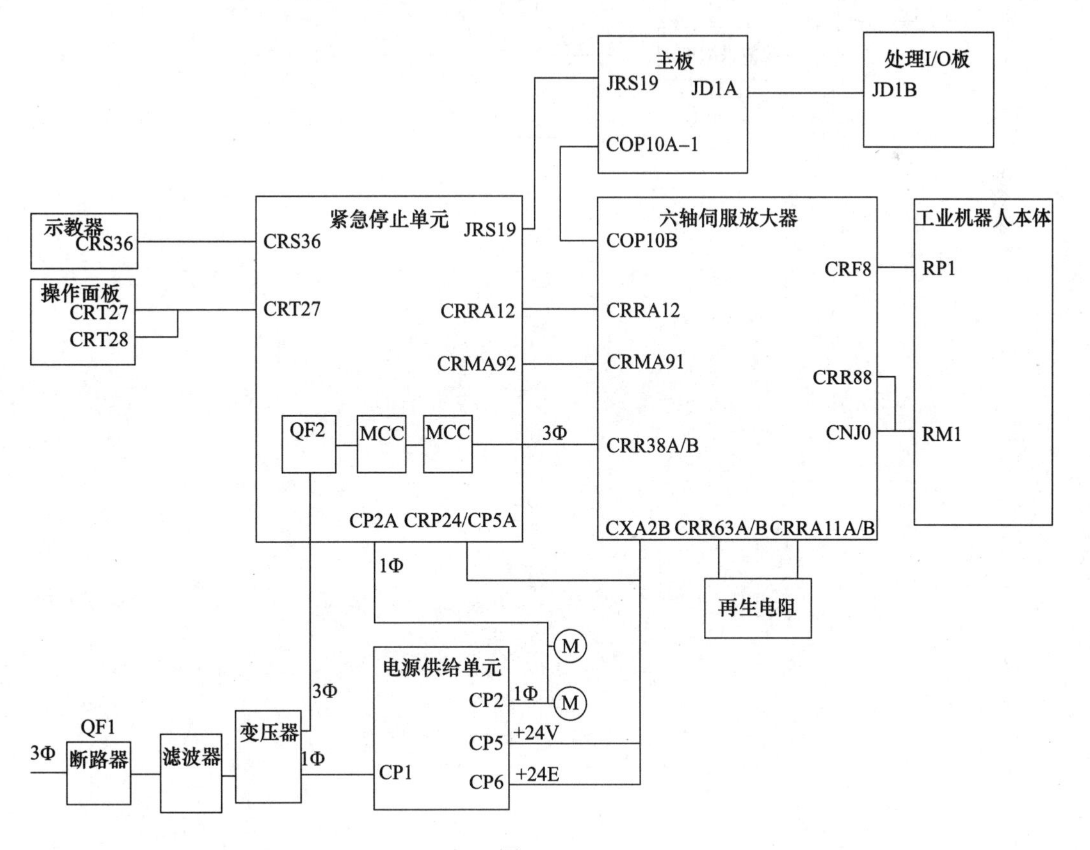

图　1-34

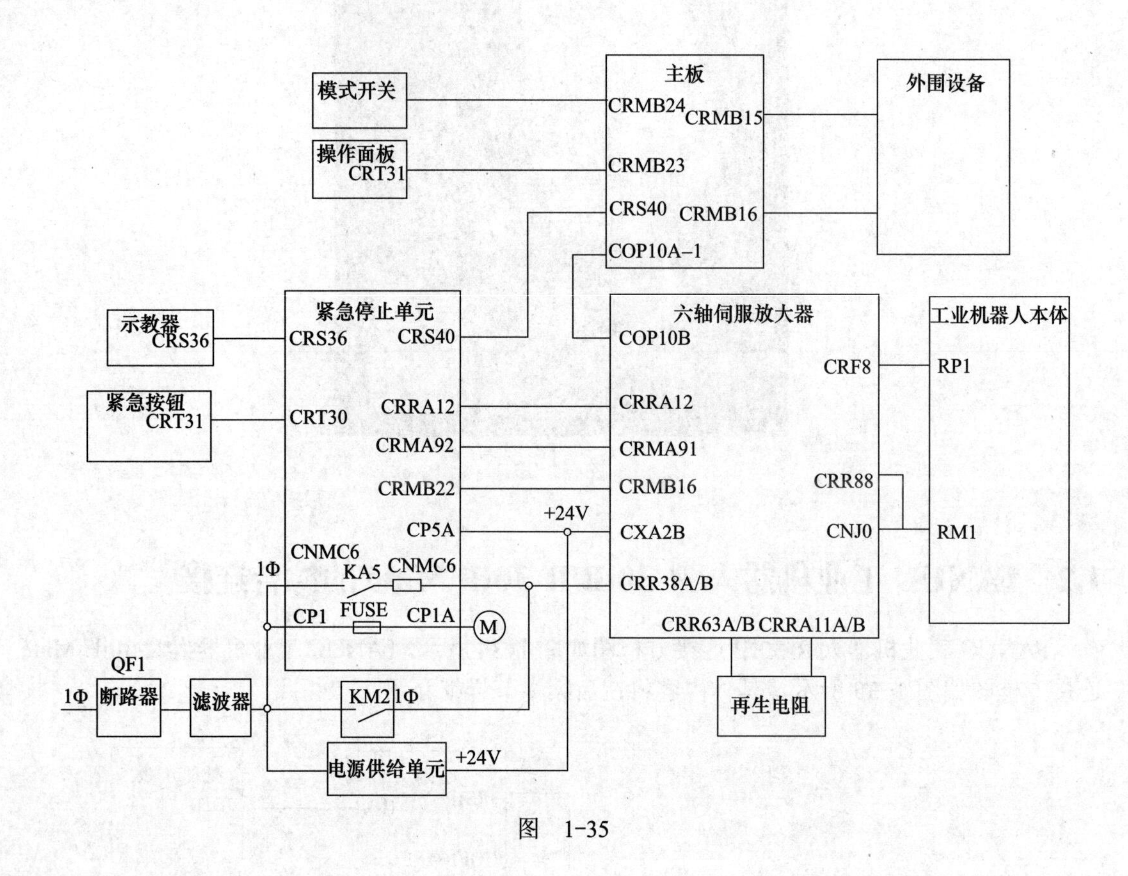
主板
外围设备
模式开关
CRMB24
CRMB15
操作面板
CRT31
CRMB23
CRS40
CRMB16
COP10A–1
紧急停止单元
六轴伺服放大器
工业机器人本体
示教器
CRS36
CRS36
CRS40
COP10B
CRF8
RP1
紧急按钮
CRT31
CRT30
CRRA12
CRRA12
CRMA92
CRMA91
CRR88
CRMB22
CRMB16
CP5A
+24V
CXA2B
CNJ0
RM1
CNMC6
1Φ
KA5
CNMC6
CRR38A/B
FUSE
CP1
CP1A
M
CRR63A/B
CRRA11A/B
QF1
1Φ
断路器
滤波器
KM2
1Φ
再生电阻
电源供给单元
+24V

图 1-35

第2章 电源供给单元

FANUC 工业机器人 R-30iB B 柜的电源供给单元输入 200 ～ 240V、50/60Hz 的交流电，在输出交流电的同时，产生 +5V、+3.3V、+2.5V、+24V、+24E、+15V、−15V 直流电，如图 2-1 所示。直流电压的输出名称、额定电压、允许的变动范围见表 2-1。

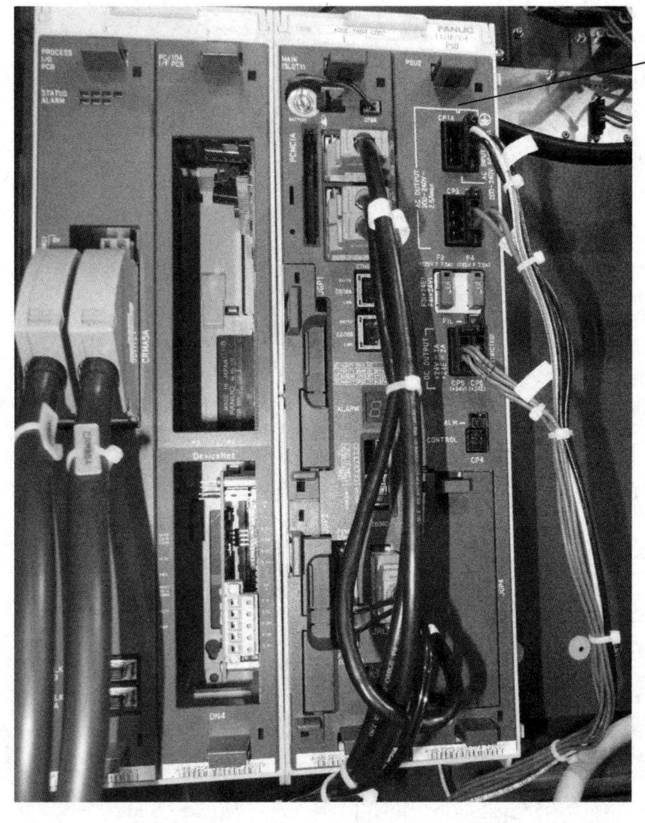

图 2-1

表 2-1

输出名称	额定电压 /V	允许的变动范围（%）
+5V	+5.1	−3 ～ 3
+3.3V	+3.3	−3 ～ 3
+2.5V	+2.5	−3 ～ 3
+24V	+24	−5 ～ 5
+24E	+24	−5 ～ 5
+15V	+15	−10 ～ 10
−15V	−15	−10 ～ 10

2.1 电源供给单元端子的作用

电源供给单元端子及作用如图 2-2 所示，部分端子具体说明如下：

CP1：交流控制电压输入端，交流 200 ～ 240V、50/60Hz、6A。

F1：交流输入熔丝，8.0A。

CP1A：交流控制电压输出端，交流电压值为 200 ～ 240V。

CP2、CP3：交流控制电压输出端，交流电压值为 200 ～ 240V。

F3：+24E 用熔丝，7.5A。

F4：+24V 用熔丝，7.5A。

PIL：电源输入指示灯（绿色）。

CP5：直流 +24V 输出端。

CP6：直流 +24E 输出端。

ALM：发光二极管（LED）（红色）。

CP4：控制用连接器。

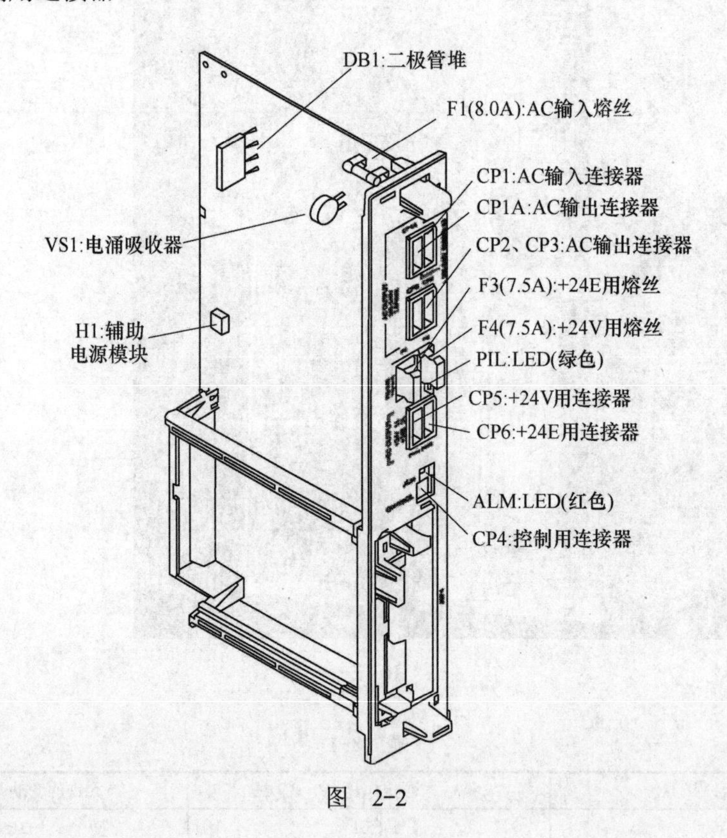

图 2-2

2.2 电源供给单元的连接

2.2.1 电源供给单元交流电源的连接

FANUC 工业机器人 R-30iB B 柜变压器的输出端子 1、2 输出 200V 的交流电压，接入电源供给单元的交流输入端 CP1，经过熔丝 F1（8A）输送到 CP1A、CP2、CP3 交流输出端。CP1A、CP3 是交流输出端的备用接口。CP2 端一路经过紧急停止单元的 CP2A 输出到伺服风扇单元、柜门外部风扇单元，另一路直接输出到柜门内部风扇单元，如图 2-3 所示。FANUC 工业机器人 R-30iB A 柜在紧急停止单元的接口为 CRRA8，其余接口与 FANUC 工业机器人 R-30iB 的 B 柜相同。

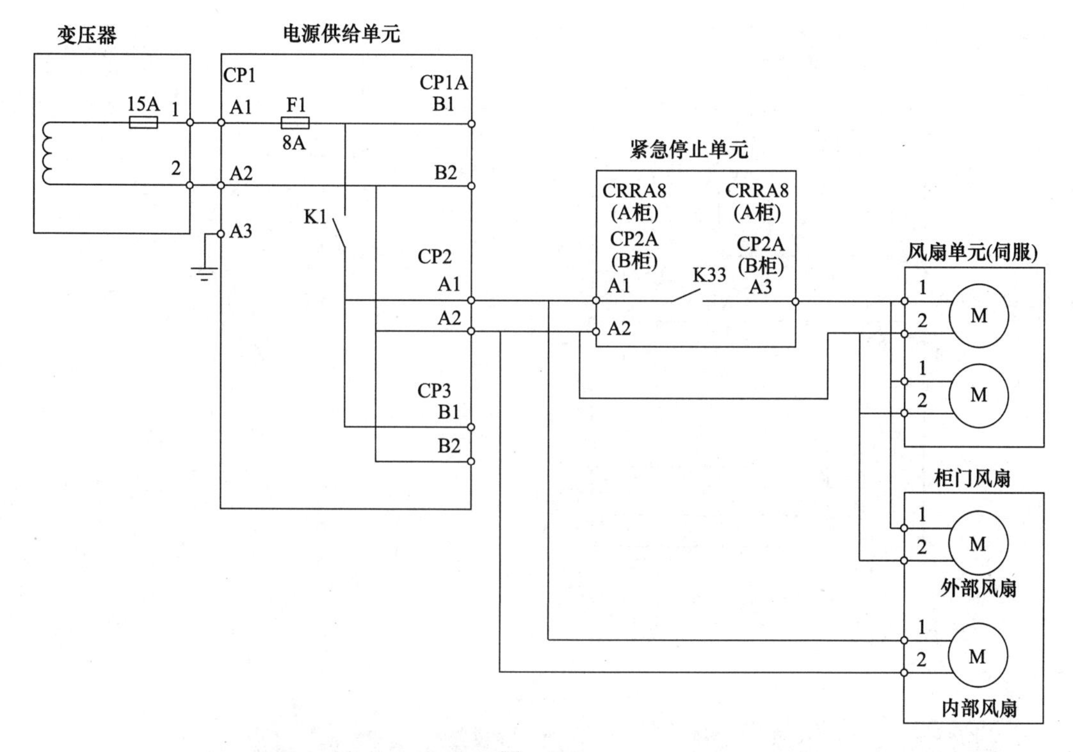

图　2-3

2.2.2　电源供给单元直流电源的连接

FANUC 工业机器人 R-30iB 的 B 柜由 CP1 输入的交流电压经过整流单元产生 +5V、+3.3V、+2.5V、+24V、+15V、−15V 电压。如图 2-4 所示，直流 24V 经过熔丝 F4（7.5A）输出到 CP5 端子，标记为 +24V，接入六轴伺服放大器的 CXA2B 端子，给六轴伺服放大器提供直流电源。六轴伺服放大器的 CXA2B 端子如图 2-5、图 2-6 所示。另一路接入紧急停止单元的 CRP24 的 A1、B1 端子，作为直流电源的输入端，CRP24 的位置如图 2-7 所示。

直流 24V 经过熔丝 F3（7.5A）输出到 CP6 端子，标记为 +24E，接入紧急停止单元的 CRP24 的 A2、B2 端子，作为直流电源的输入端。

电源供给单元通过背板给主板供电，使主板工作的同时，将 24V 直流电压（+24E）输送到主板的 JRS16、JD1A、JD17、CRS35、处理 I/O 板（PROCESS I/O）等接口。24V 直流电压（+24V）经过电压转换为 12V 输送到 JRL7 接口，如图 2-8 所示。

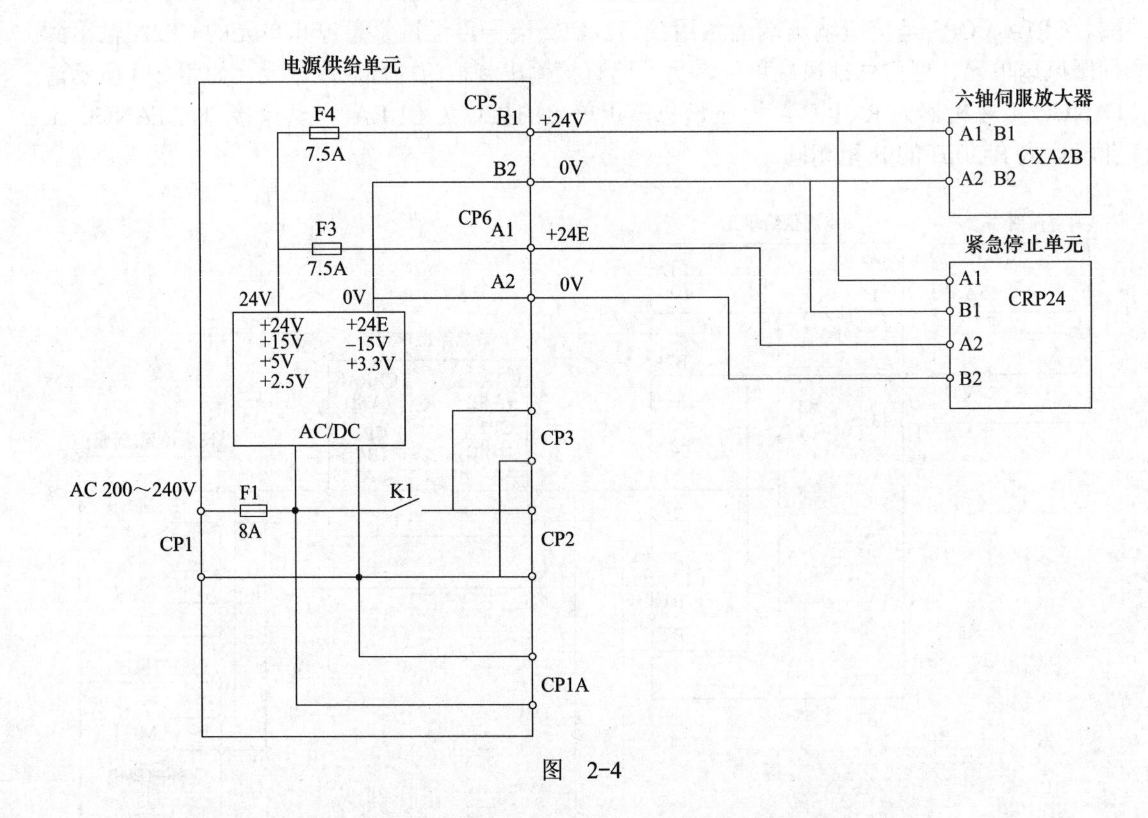
电源供给单元
CP5
B1
+24V
F4
7.5A
B2
0V
CP6
A1
+24E
F3
7.5A
A2
0V
24V
0V
+24V
+15V
+5V
+2.5V
+24E
−15V
+3.3V
AC/DC
CP3
AC 200～240V
F1
8A
K1
CP2
CP1
CP1A
六轴伺服放大器
A1 B1
CXA2B
A2 B2
紧急停止单元
A1
B1
CRP24
A2
B2

图 2-4

CXA2B
FANUC

图 2-5

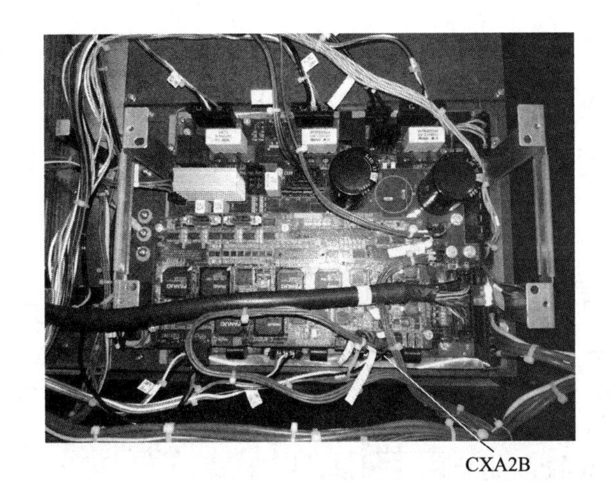
CXA2B

图　2-6

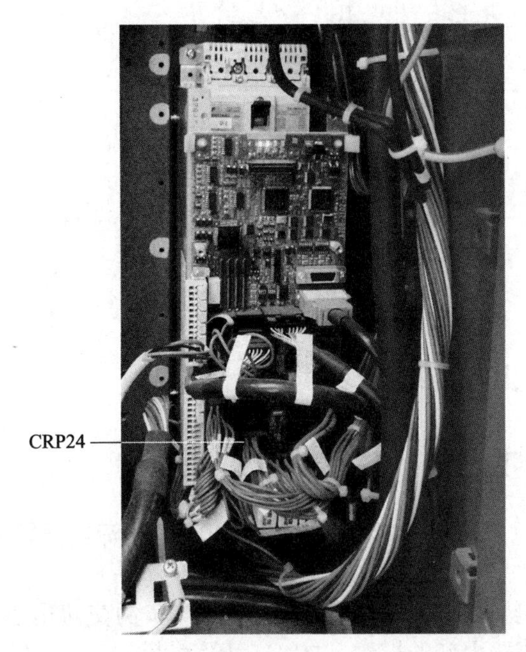
CRP24

图　2-7

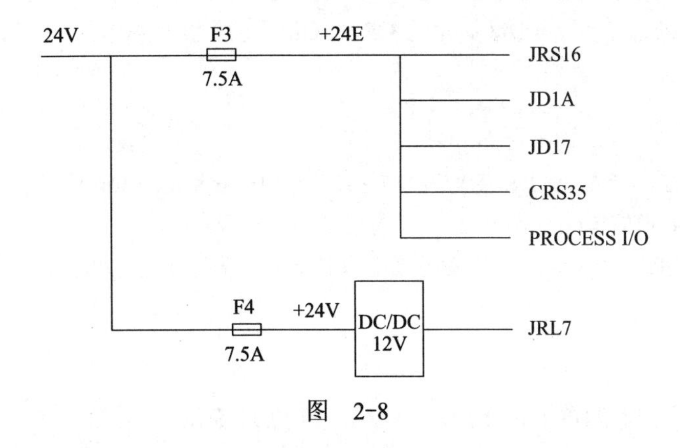
24V
F3
7.5A
+24E
JRS16
JD1A
JD17
CRS35
PROCESS I/O
F4
7.5A
+24V
DC/DC
12V
JRL7

图　2-8

FANUC 工业机器人 R-30iB A 柜的 CP5、CP6 接紧急停止单元的 CRP33，如图 2-9 所示。

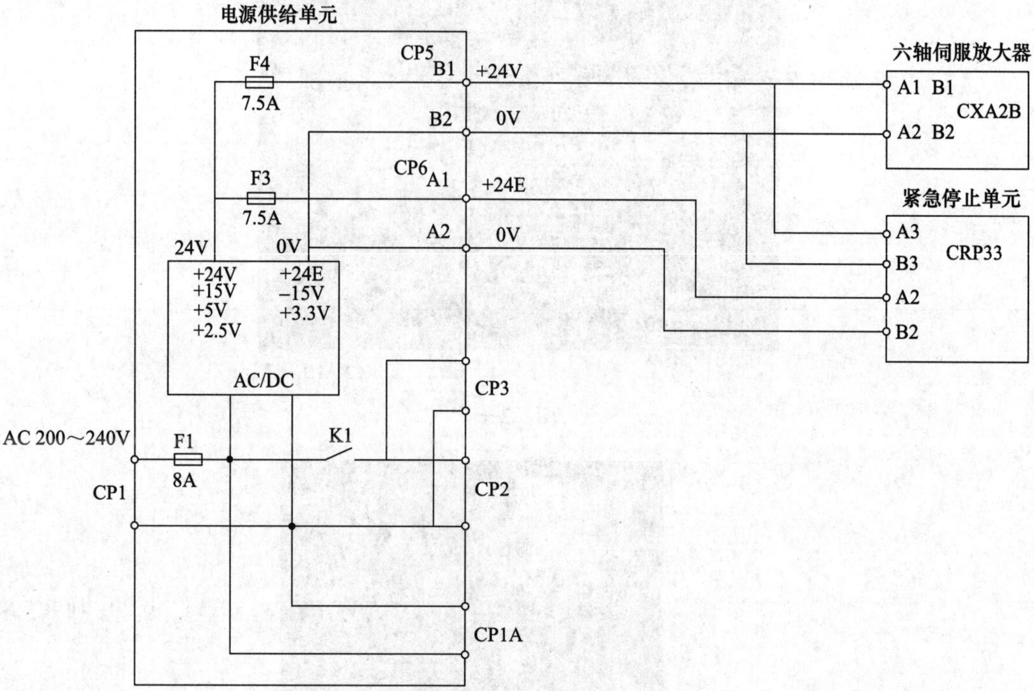

图 2-9

2.3 电源供给单元的检测和诊断

2.3.1 PIL 电源指示灯

PIL 电源指示灯（绿色）点亮时，表示有 200～240V 的交流电压输入到电源单元的 CP1 端。

PIL 电源指示灯没有点亮的原因及处理方法：

1）检查输入电源供给单元 CP1 是否有 200 ～ 240V 的交流电压。如果没有，检查变压器侧的输出端，可能变压器内部的熔丝（15A）已经熔断。

2）如果电源供给单元 CP1 已有 200 ～ 240V 的交流电压，检查熔丝 F1 是否熔断。F1 熔断的原因可能是风扇单元、电源单元的 CP2、CP3 连接器上的电缆短路。

2.3.2 熔丝 F3

熔丝 F3 熔断后，会显示“SERVO-217 E-STOP Board not found”（找不到急停板）或者“PRIO-091 E-Stop PCB comm.Error”（急停板通信错误）。

这时应检查紧急停止单元、主板及连接电缆，如有异常，应予以更换；否则更换电源单元。

2.3.3 熔丝 F4

熔丝 F4 熔断后，电源单元的 LED（ALM：红色）点亮。

F4熔断的原因是由于电源单元的连接器CP5上连接的设备异常所致。这时应检查六轴伺服放大器、主板及连接电缆，如有异常，应予以更换；否则更换电源单元。

2.3.4 ALM报警指示灯

ALM报警指示灯亮，可能原因有外部电缆的+24V短路或接地故障引起。

这时应检查熔丝F4是否熔断，如果熔断，F4熔断的原因有电源单元的连接器CP5上连接的设备异常。检查六轴伺服放大器、主板及连接电缆，如有异常，应予以更换。

如果熔丝F4没有熔断，可能是电源供给单元、主板、处理I/O（PROCESS I/O）、紧急停止单元故障引起，相应予以更换即可解决。

2.4 FANUC工业机器人R-30iB Mate电源供给单元

FANUC工业机器人R-30iB Mate电源供给单元位置如图2-10所示。变压器输出单相交流电U2、V2，经过电源供给单元整流后，输出直流电压24V。24V直流电压输入六轴伺服放大器的CXA2B和紧急停止单元的CP5A，如图2-11所示。

图 2-10

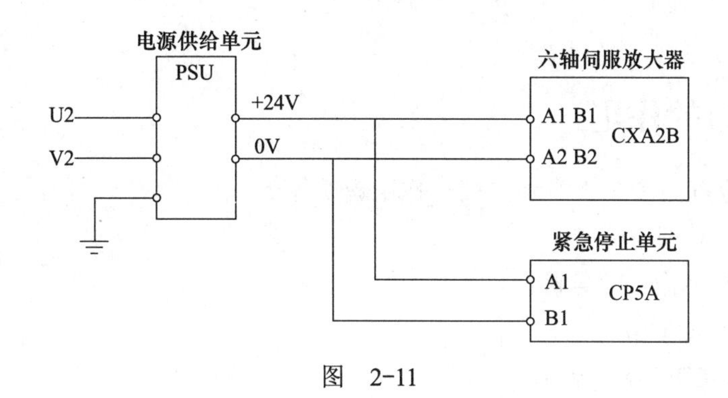

图 2-11

第3章 主板

主板上安装有 CPU 及外围电路、FROM/SRAM 存储器、轴控制卡、操作面板控制电路，可进行伺服系统位置控制，是 FANUC 工业机器人的控制核心，如图 3-1 所示。

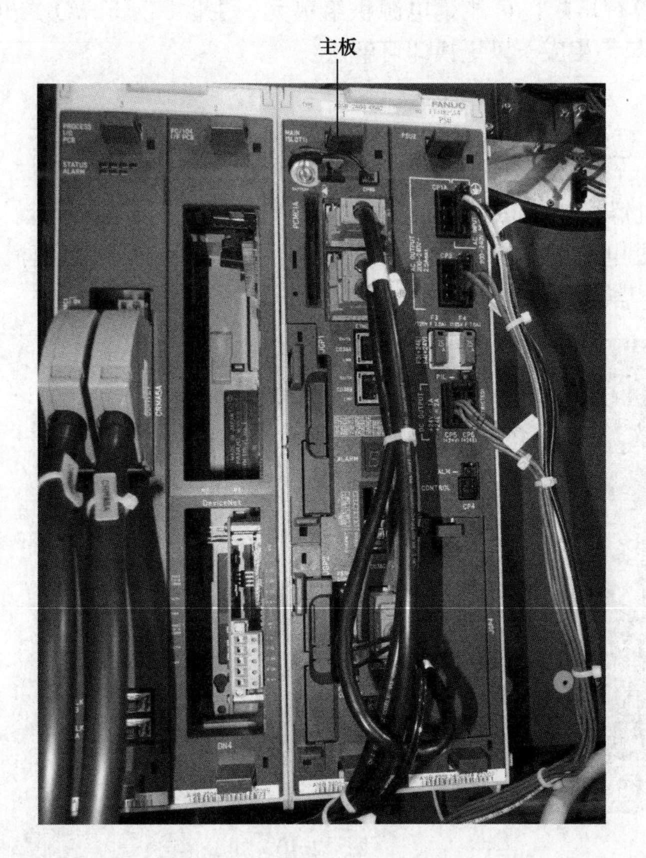

图 3-1

3.1 主板接口的作用

主板接口的位置如图 3-2 所示，接口作用说明如下。

CP8B：主板 3V 锂电池接口。

JRL8：高速数字输入信号接口。

JRS16：RS232-C/USB 接口。

JD17：RS232-C/RS485 接口。

JD1A：I/O LINK 总线接口。

JRS19：与急停板通信的 ON-OFF/ 示教器 /LINK i 总线接口。

CD38A、CD38B、CD38C：以太网接口。

ALARM：报警指示灯。

STATUS：状态指示灯。

COP10A-1、COP10A-2：FSSB（发那科串行伺服总线）光缆接口。

CRJ3：相机接口。

CRS35：力传感器接口。

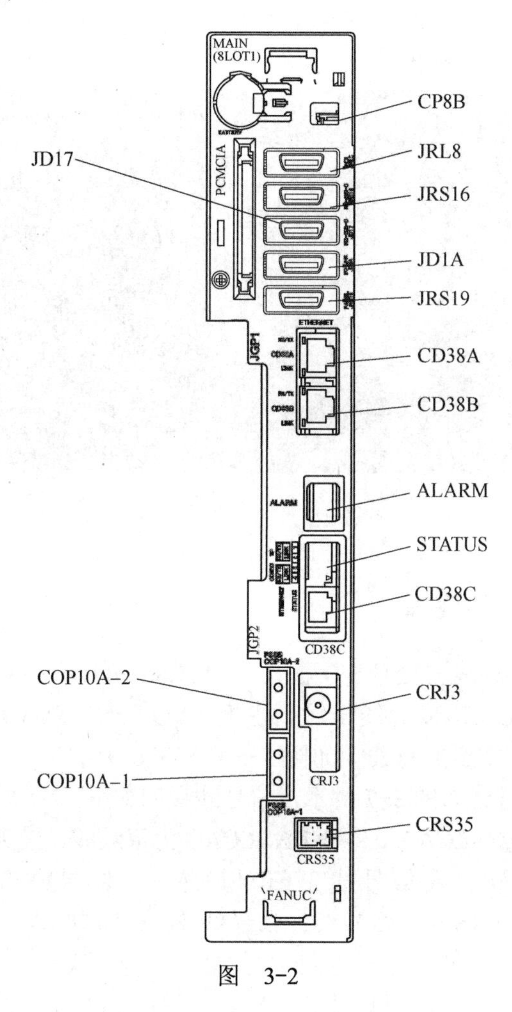

图　3-2

3.2　主板的连接

3.2.1　FSSB 的连接

FSSB 是 FANUC Serial Servo Bus 的缩写，其作用是在主板和六轴伺服放大器之间进行通信，主板通过 FSSB 完成对伺服电动机的控制以及编码器的反馈信号的处理，是 FANUC 工业机器人非常重要的控制总线。

主板的 COP10A-1 接口通过光纤电缆连接六轴伺服放大器的 COP10B 接口，如图 3-3、图 3-4 所示，主板中的轴控制卡将电信号转换为光信号通过光纤电缆进行传输。

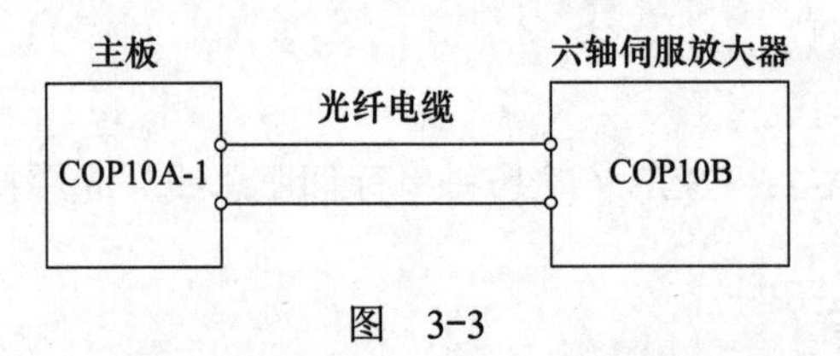

图 3-3

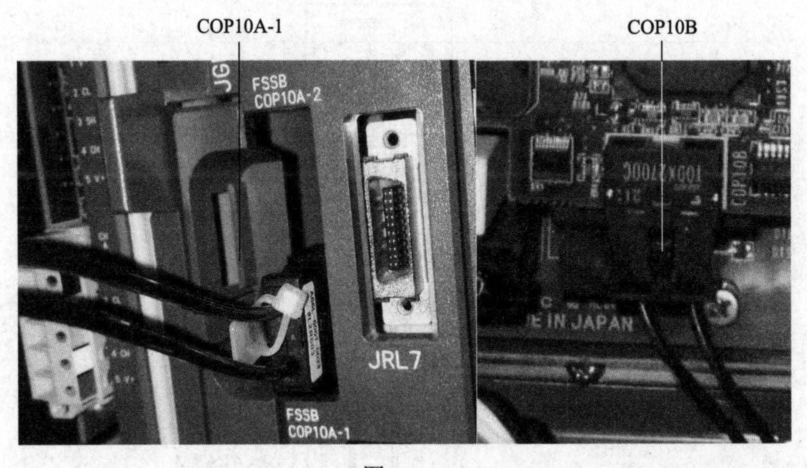

图 3-4

3.2.2 I/O LINK 总线的连接

主板通过 I/O LINK 总线与处理 I/O 板（PROCESS I/O）等外围设备进行通信，输入 / 输出（I/O）信号通过 I/O LINK 总线传输到主板，I/O LINK 总线是 FANUC 工业机器人控制输入 / 输出信号的非常重要的总线，如图 3-5、图 3-6 所示。

I/O LINK 总线的信号线如图 3-7 所示，信号线说明如下：

JD1A 端信号线 1（RXSLCA）、2（XRXSLCA）为双绞线，接到 JD1B 端的 3（SOUT）、4（XSOUT）信号线；JD1A 端信号线 3（TXSLCA）、4（XTXSLCA）为双绞线，接到 JD1B 端的 1（SIN）、2（XSIN）信号线；信号线 11 ～ 16 接 0V。虚线表示屏蔽层，屏蔽层需要接地。

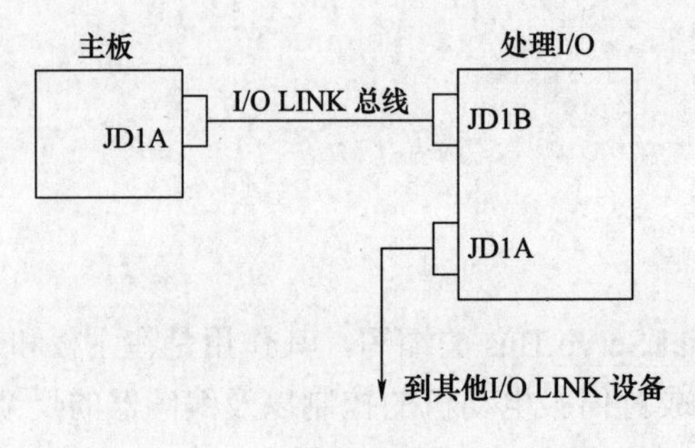

图 3-5

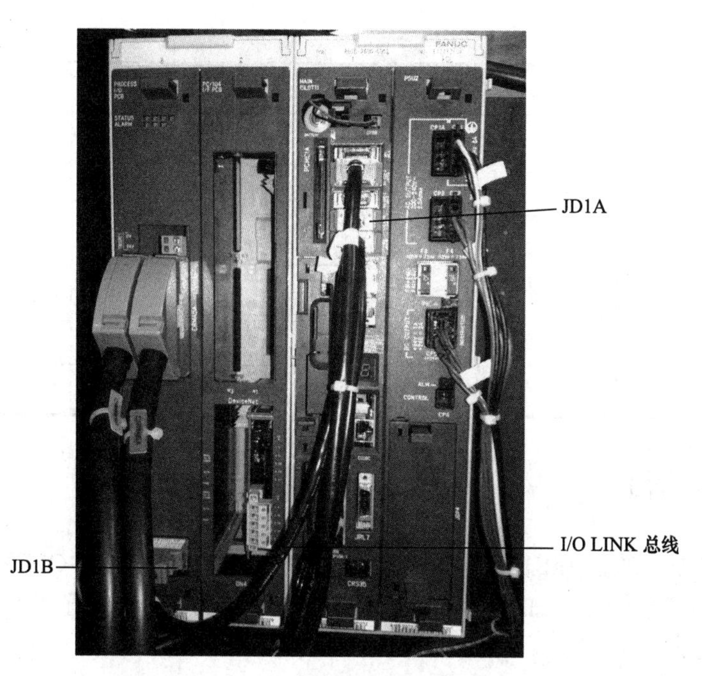

图 3-6

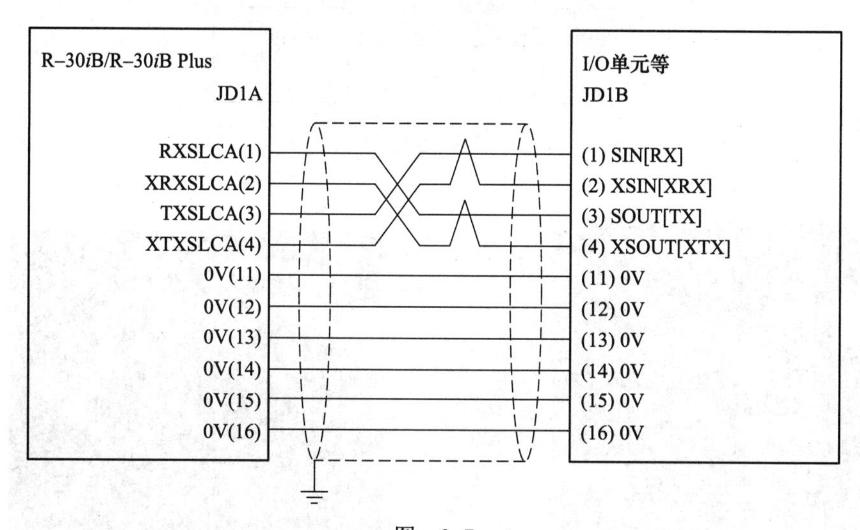

图 3-7

JD1A 端子信号见表 3-1。

表 3-1

插脚编号	信号	插脚编号	信号
1	RXSLCA	5	
2	XRXSLCA	6	
3	TXSLCA	7	
4	XTXSLCA	8	

（续）

插脚编号	信号	插脚编号	信号
9	+5V	15	0V
10	+24E	16	0V
11	0V	17	
12	0V	18	+5V
13	0V	19	+24E
14	0V	20	+5V

3.2.3 JRS19 接口

主板与急停单元通过 JRS19 接口进行通信，完成开关功能（ON-OFF）、与示教器通信（TP）、LINK i 总线通信，如图 3-8 所示。JRS19 接口在主板的位置如图 3-9 所示。JRS19 接口在急停单元的位置如图 3-10 所示。

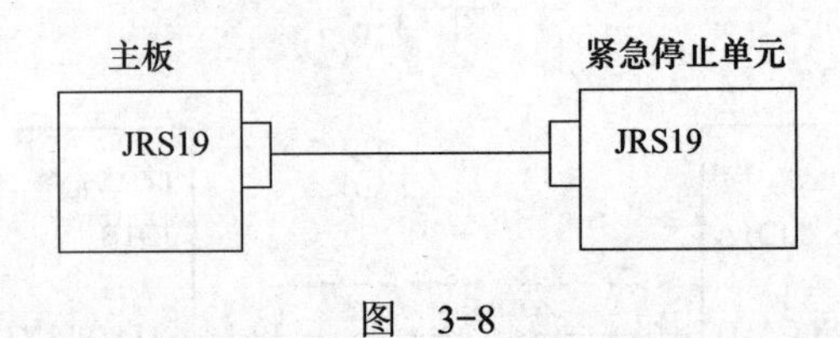

图 3-8

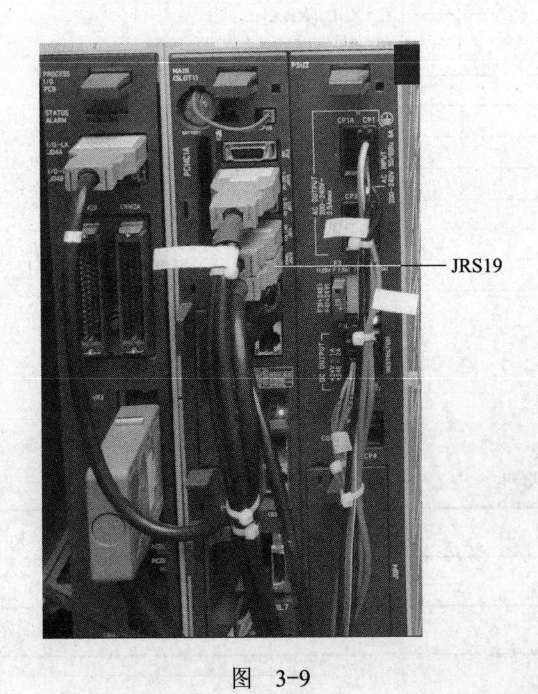

图 3-9

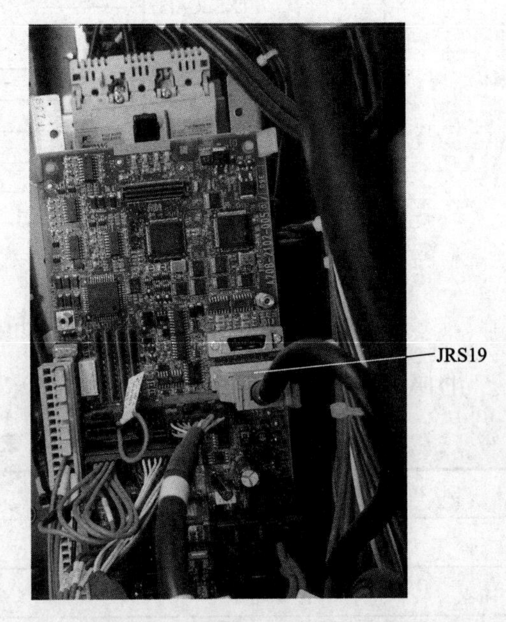

图 3-10

JRS19 端子信号见表 3-2。

表　3-2

插脚编号	信号	插脚编号	信号
1	RXTP	11	RXP_TP
2	XRXTP	12	RXN_TP
3	TXTP	13	TXP_TP
4	XTXTP	14	TXN_TP
5	ON	15	COM
6	OFF	16	0V
7	RXSILC1	17	
8	*RXSILC1	18	
9	TXSILC1	19	
10	*TXSILC1	20	

3.2.4　JRS16 接口

JRS16 是 RS232-C/USB 接口，主板位置如图 3-11 所示，连接如图 3-12 所示。

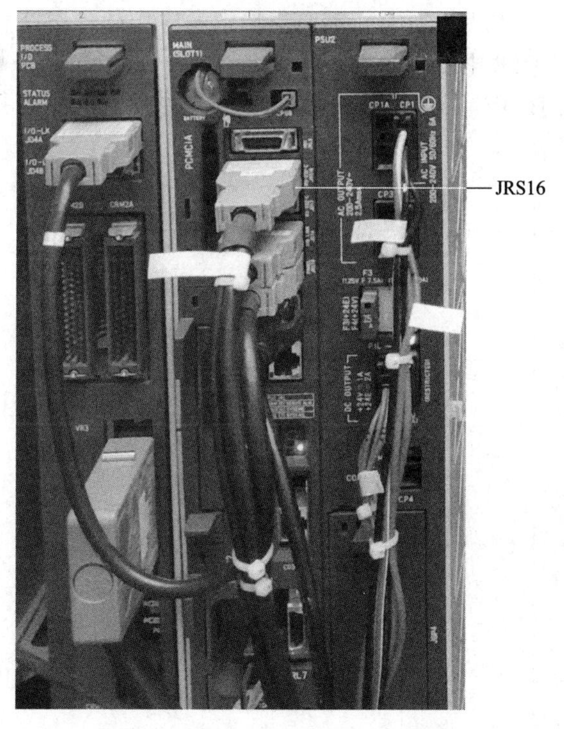

图　3-11

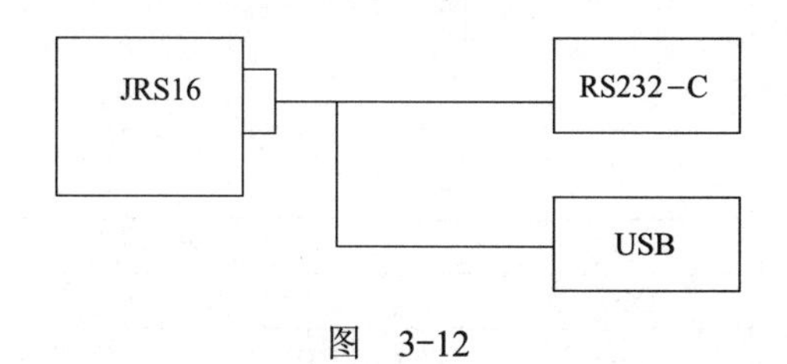

图　3-12

JRS16 端子信号见表 3-3。

表 3-3

插脚编号	信号	插脚编号	信号
1	RXDA	11	TXDA
2	0V	12	0V
3	DSRA	13	DTRA
4	0V	14	0V
5	CTSA	15	RTSA
6	0V	16	0V
7	USB_5V	17	USB_P
8	USB_0V	18	USB_N
9		19	+24E
10	+24E	20	

3.2.5 JRL8 接口

JRL8 的高速数字输入信号（HDI）需要与特定的应用软件组合使用，不能作为通用的数字输入（DI）使用。JRL8 电缆连接如图 3-13 所示。

高速数字输入信号接 0V 时，输入信号为 1；高速数字输入信号接高电平时，输入信号为 0，是低电平有效的信号。

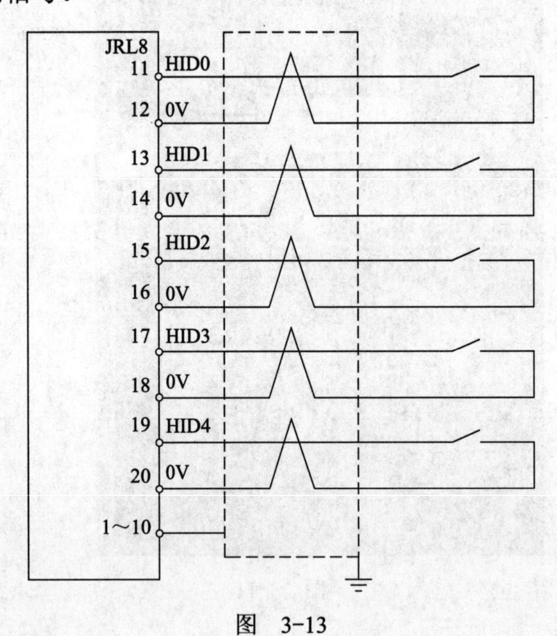

图 3-13

JRL8 端子信号见表 3-4。

表 3-4

插脚编号	信号	插脚编号	信号
1	RXSLCB	3	*RXSLCB
2	0V	4	0V

（续）

插脚编号	信号	插脚编号	信号
5	TXSLCB	13	*HDI1
6	RXSLCC	14	0V
7	*TXSLCB	15	*HDI2
8	*RXSLCC	16	0V
9	TXSLCC	17	*HDI3
10	*TXSLCC	18	0V
11	*HDI0	19	*HDI4
12	0V	20	0V

3.2.6　CP8B 接口

在控制器电源关闭之后，主板电池维持存储器的状态不变。主板电池是不能充电的 3V 锂电池，电池每两年应更换一次。电池、CP8B 接口所在位置如图 3-14 所示。

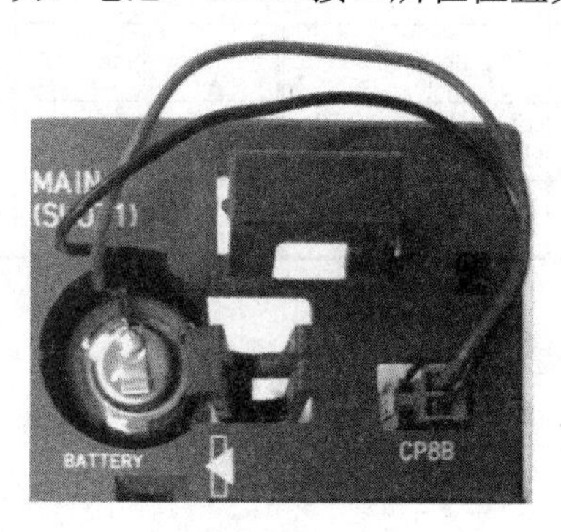

图　3-14

3.2.7　CD38A、CD38B、CD38C 接口

CD38A、CD38B、CD38C 接口用于以太网通信，位置如图 3-2 所示。CD38A、CD38B、CD38C 的连接如图 3-15 所示。

R-30iB/R-30iB Plus

CD38A/CD38B(R-30iB/R-30iB Plus)
CD38C(R-30iB Plus)

Pin No.	100BASE-TX (CD38A/CD38B)	1000BASE-T (CD38C)
1	TX+	MDI0+
2	TX-	MDI0-
3	RX+	MDI1+
4		MDI2+
5		MDI2-
6	RX-	MDI1-
7		MDI3+
8		MDI3-

RJ-45
组合式连接器

MAX100m

HUB

Pin No.	100BASE-TX	1000BASE-T
1	TX+	MDI0+
2	TX-	MDI0-
3	RX+	MDI1+
4		MDI2+
5		MDI2-
6	RX-	MDI1-
7		MDI3+
8		MDI3-

图　3-15

CD38A、CD38B 端子信号见表 3-5，CD38C 端子信号见表 3-6。

表 3-5

插脚编号	信号	含义	插脚编号	信号	含义
1	TX+	发送 +	5		
2	TX–	发送 –	6	RX–	接收 –
3	RX+	接收 +	7		
4			8		

表 3-6

插脚编号	信号	含义	插脚编号	信号	含义
1	MDI0+	收发 0+	5	MDI2+	收发 2+
2	MDI0–	收发 0–	6	MDI2–	收发 2–
3	MDI1+	收发 1+	7	MDI3+	收发 3+
4	MDI1–	收发 1–	8	MDI3–	收发 3–

3.2.8 CRJ3 接口

CRJ3 插脚信号为 CAMERA，传输相机信号。

3.2.9 CRS35 接口

CRS35 接口端子信号见表 3-7。

表 3-7

插脚编号	信号	插脚编号	信号
A1	SDATA	B1	+24E
A2	*SDATA	B2	0V
A3	CAMDO4	B3	CAMDO5S

3.3 主板的构成

主板由 CPU、伺服光纤（轴控制卡）、SRAM/FROM 以及母板构成，如图 3-16 ～图 3-18 所示。CPU 用来运算系统数据。伺服光纤负责伺服数据的收发，通过光纤电缆 FSSB 传输到六轴伺服放大器。SRAM/FROM 存储系统文件、系统配置文件、用户文件等。

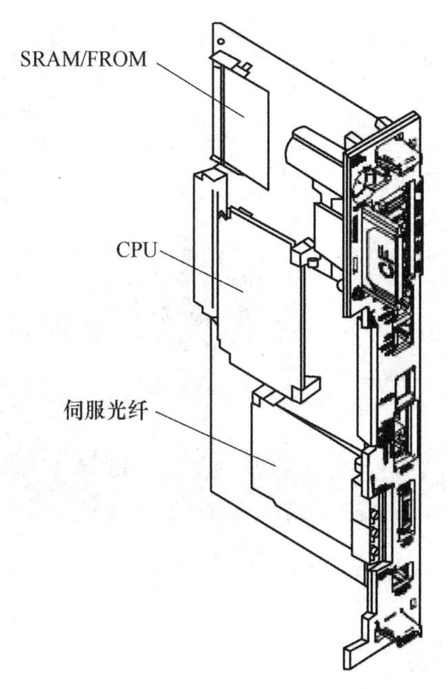

图　3-16

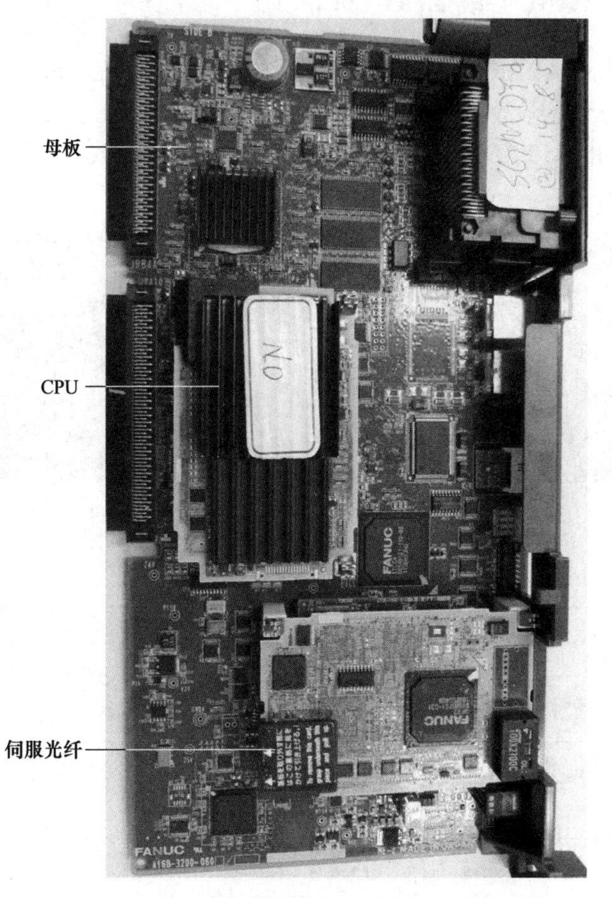

图　3-17

图 3-18

3.4 主板的检测和诊断

3.4.1 主板的 ALARM 七段 LED 窗口

主板正常启动后，ALARM 七段 LED 只有右下角指示灯点亮，如图 3-19、图 3-20 所示。否则以数字的形式显示故障原因，具体见表 3-8。在表 3-8、表 3-9 有“*”的对策中，提示在更换主板、SRAM/FROM 时，会导致存储器内容（参数、示教数据等）丢失，在更换前需要备份好数据。

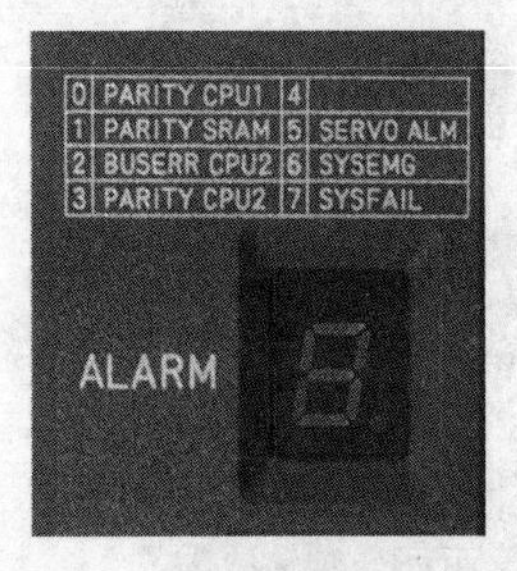

图 3-19

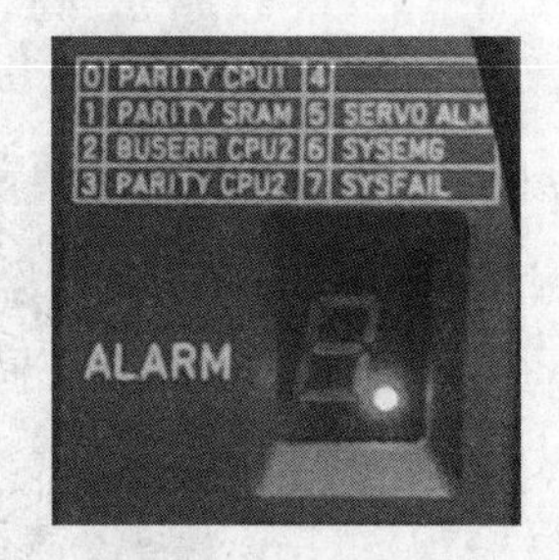

图 3-20

表 3-8

LED 显示	含义
0.	发生了安装在主板的 CPU 上的 DRAM 的奇偶性报警 对策 1：更换 CPU * 对策 2：更换主板
1.	发生了安装在主板的 FROM/SRAM 模块上的 SRAM 的奇偶性报警 * 对策 1：更换 FROM/SRAM 模块 * 对策 2：更换主板
2.	在通信控制装置中发生了总线错误 * 对策：更换主板

（续）

LED 显示	含义
	发生了由通信控制装置控制的 DRAM 的奇偶性报警 * 对策：更换主板
	发生了主板上的伺服报警 对策 1：更换轴控制卡 * 对策 2：更换主板 对策 3：使用可选板时，更换可选板
	发生了 SYSEMG（系统急停） 对策 1：更换轴控制卡 对策 2：更换 CPU * 对策 3：更换主板
	发生了 SYSFAIL（系统故障） 对策 1：更换轴控制卡 对策 2：更换 CPU * 对策 3：更换主板 对策 4：使用可选板时，更换可选板
	已向主板供给 5V 电源，尚未发生上述报警的状态

注：表的“LED 显示”栏中，黑色代表 LED 点亮。

3.4.2　主板的 STATUS 状态指示灯

STATUS 状态指示灯如图 3-21 ～图 3-23 所示。工业机器人接通电源后，如表 3-9 所示，从步骤 1 开始依次按照步骤 1、2、3…的顺序亮灯，出现异常时，在该步骤停下，需要按照对策处理。

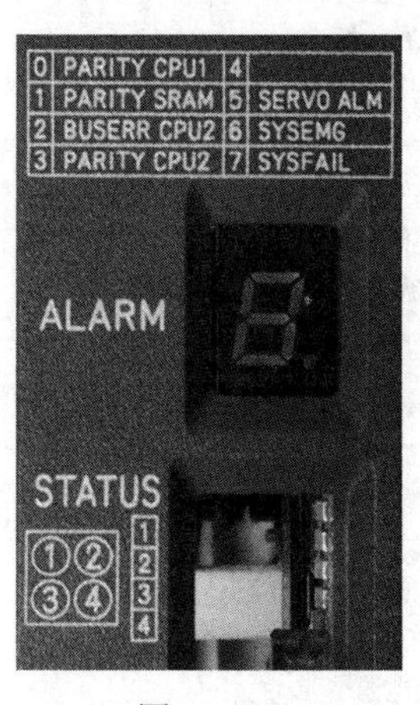

图　3-21

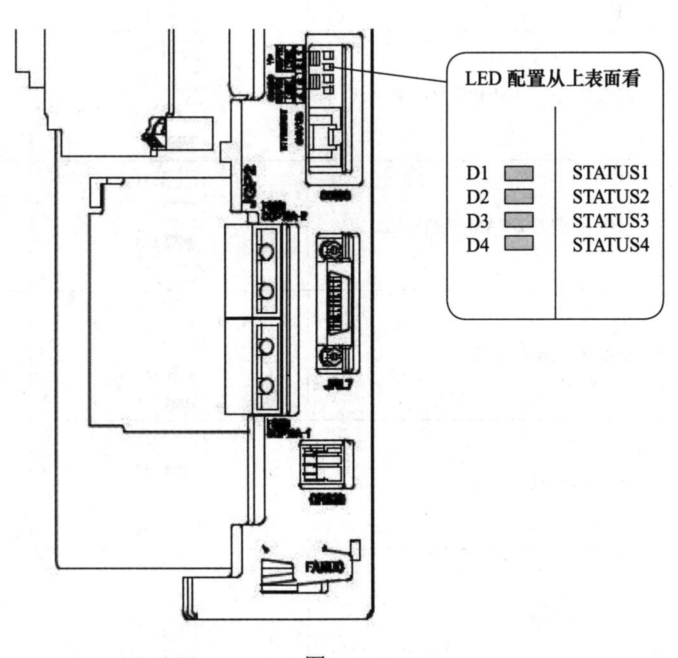

图　3-22

图 3-23

表 3-9

步骤	LED 的显示	对策
1．接通电源后，所有的 LED 都暂时亮灯	■ D1 ■ D2 ■ D3 ■ D4	对策 1：更换 CPU * 对策 2：更换主板
2．软件开始运行	□ D1 □ D2 □ D3 □ D4	对策 1：更换 CPU * 对策 2：更换主板
3．CPU 上的 DRAM 初始化结束	□ D1 □ D2 □ D3 ■ D4	对策 1：更换 CPU * 对策 2：更换主板
4．通信 IC 侧的 DRAM 的初始化结束	□ D1 □ D2 ■ D3 □ D4	对策 1：更换 CPU * 对策 2：更换主板 * 对策 3：更换 FROM/SRAM 模块
5．通信 IC 的初始化结束	□ D1 □ D2 ■ D3 ■ D4	对策 1：更换 CPU * 对策 2：更换主板 * 对策 3：更换 FROM/SRAM 模块
6．基本软件的加载结束	□ D1 ■ D2 □ D3 □ D4	* 对策 1：更换主板 * 对策 2：更换 FROM/SRAM 模块
7．基本软件开始运行	□ D1 ■ D2 □ D3 ■ D4	* 对策 1：更换主板 * 对策 2：更换 FROM/SRAM 模块 对策 3：更换电源单元

（续）

步骤	LED 的显示	对策
8．开始与示教器进行通信	□D1 ■D2 ■D3 □D4	* 对策 1：更换主板 * 对策 2：更换 FROM/SRAM 模块
9．选装软件的加载结束	□D1 ■D2 ■D3 ■D4	* 对策 1：更换主板 对策 2：更换处理 I/O 板
10．DI/DO 的初始化	■D1 □D2 □D3 □D4	* 对策 1：更换 FROM/SRAM 模块 * 对策 2：更换主板
11．SRAM 模块的准备结束	■D1 □D2 □D3 ■D4	对策 1：更换轴控制卡 * 对策 2：更换主板 对策 3：更换伺服放大器
12．轴控制卡的初始化	■D1 □D2 ■D3 □D4	对策 1：更换轴控制卡 * 对策 2：更换主板 对策 3：更换伺服放大器
13．校准结束	■D1 □D2 ■D3 ■D4	对策 1：更换轴控制卡 * 对策 2：更换主板 对策 3：更换伺服放大器
14．伺服系统开始通电	■D1 ■D2 □D3 □D4	* 对策：更换主板
15．执行程序	■D1 ■D2 □D3 ■D4	* 对策 1：更换主板 对策 2：更换处理 I/O 板
16．DI/DO 输出开始	■D1 ■D2 ■D3 □D4	* 对策：更换主板
17．初始化结束	■D1 ■D2 ■D3 ■D4	初始化已正常结束
18．正常操作时	☆D1 ☆D2 ■D3 ■D4	在状态 LED 的 1、2 闪烁时，系统正常操作

注：表 3-9 的“LED 显示”栏中，黑色代表 LED 点亮。

3.5 FANUC 工业机器人 R-30iB Mate 主板单元

3.5.1 FANUC 工业机器人 R-30iB Mate 主板接口的作用

FANUC 工业机器人 R-30iB Mate 主板如图 3-24 所示，接口位置、散热风扇、电池如图 3-25 ～图 3-27 所示，接口作用说明如下。

图 3-24

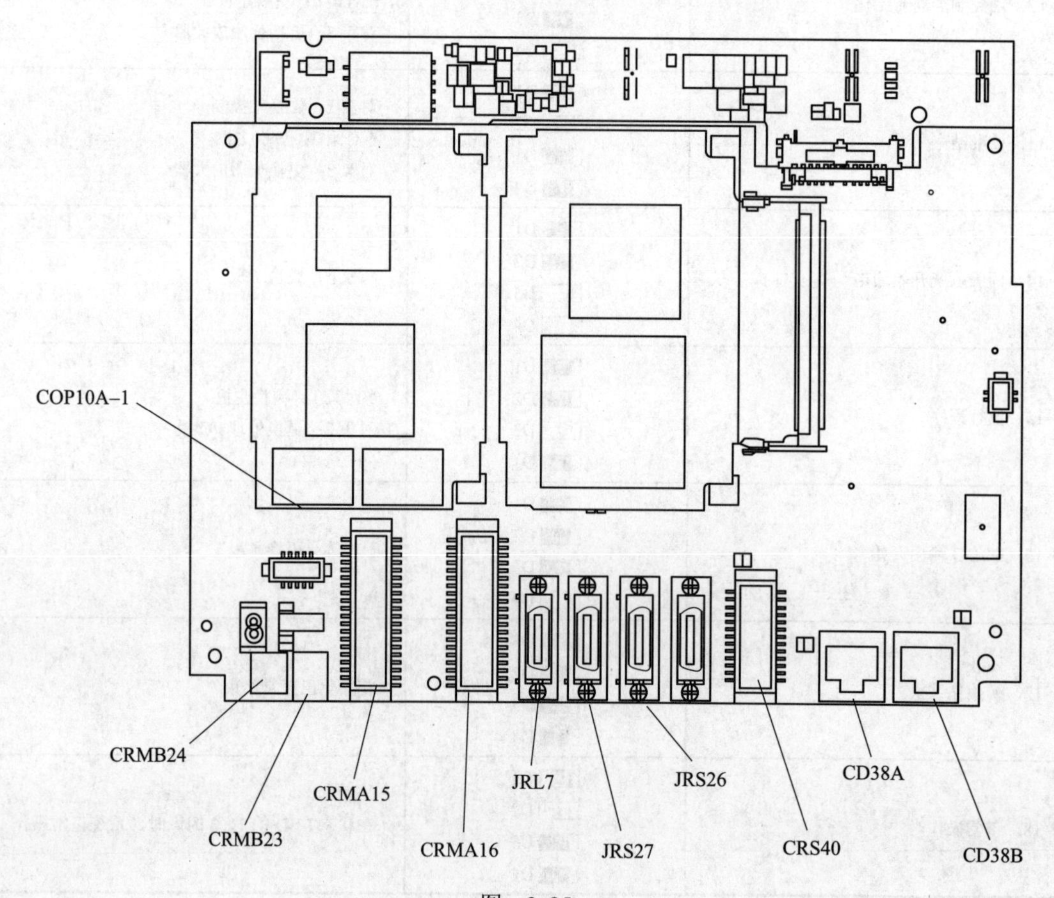

图 3-25

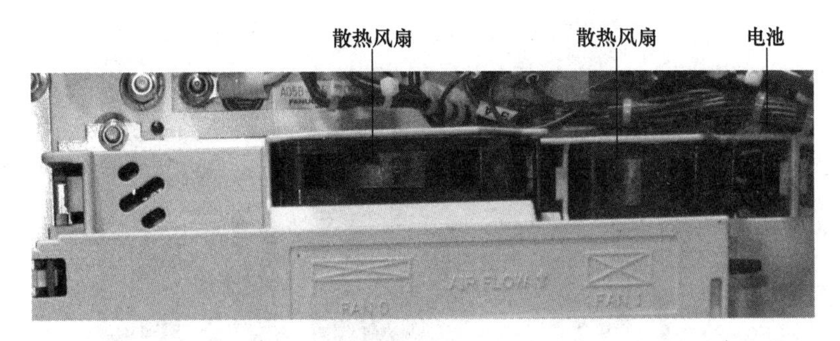

图　3-26

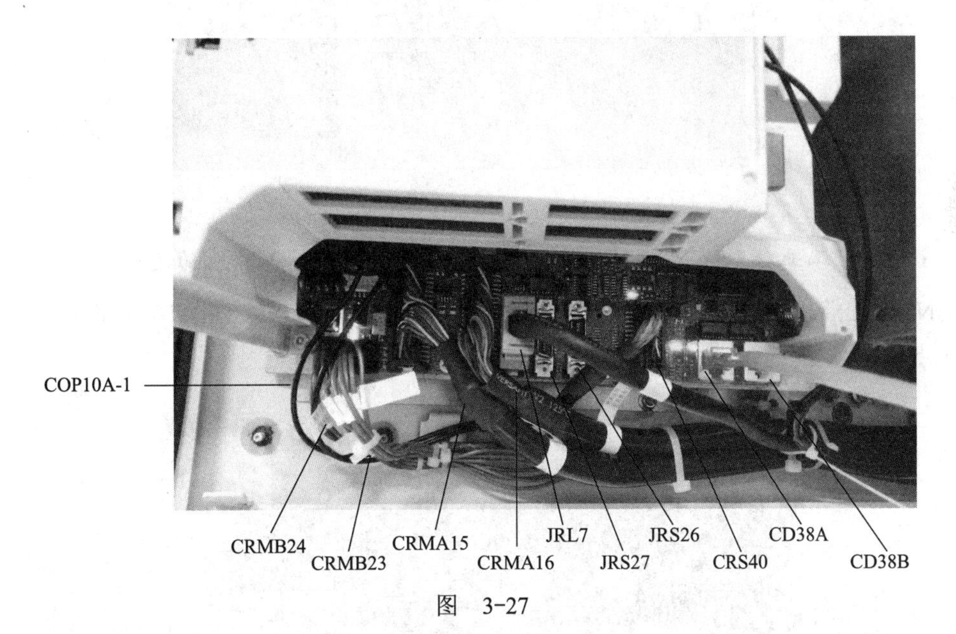

图　3-27

CRMB23：操作面板开关、主板电源接口，通过 A3、B3 端子给主板供电。

CRMB24：模式开关接口。

COP10A-1：FSSB 光缆接口。

JRS27：RS232-C、以太网、相机接口。

JRS26：I/O LINK 总线接口。

JRL7：相机接口。

CRMA15/CRM16：输入输出接口。

CRS40：主板和急停单元连接通信接口。

CD38A、CD38B：以太网接口。

3.5.2　FANUC 工业机器人 R-30iB Mate 主板单元的连接

1. FANUC 工业机器人 R-30iB Mate FSSB 的连接

FANUC 工业机器人 R-30iB Mate FSSB 的连接如图 3-28 所示。

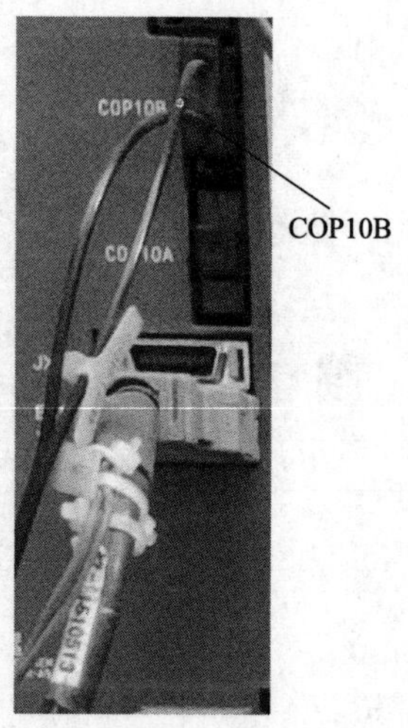

图 3-28

2. FANUC 工业机器人 R-30iB Mate CRMA15/CRMA16 输入输出的连接

FANUC 工业机器人 R-30iB Mate 集成的两条电缆 CRMA15/CRMA16 提供了 28 点输入输、24 点输出，如图 3-29、图 3-30 所示。

图 3-29

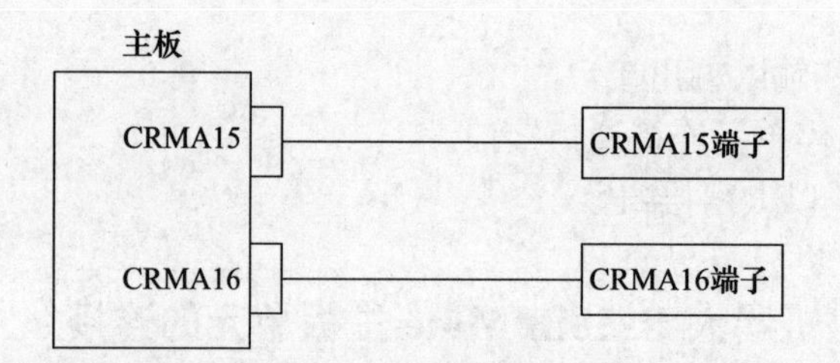

图 3-30

CRMA15 端子信号见表 3-10。CRMA16 端子信号见表 3-11。

表 3-10

插脚编号	信号	插脚编号	信号
A1	24VF	B1	24VF
A2	24VF	B2	24VF
A3	SDICOM1	B3	SDICOM2
A4	0V	B4	0V
A5	DI101	B5	DI102
A6	DI103	B6	DI104
A7	DI105	B7	DI106
A8	DI107	B8	DI108
A9	DI109	B9	DI110
A10	DI111	B10	DI112
A11	DI113	B11	DI114
A12	DI115	B12	DI116
A13	DI117	B13	DI118
A14	DI119	B14	DI120
A15	DO101	B15	DO102
A16	DO103	B16	DO104
A17	DO105	B17	DO106
A18	DO107	B18	DO108
A19	0V	B19	0V
A20	DOSRC1	B20	DOSRC1

表 3-11

插脚编号	信号	插脚编号	信号
A1	24VF	B1	24VF
A2	24VF	B2	24VF
A3	SDICOM3	B3	
A4	0V	B4	0V
A5	XHOLD	B5	RESET
A6	START	B6	ENBL
A7	PNS1	B7	PNS2
A8	PNS3	B8	PNS4

（续）

插脚编号	信号	插脚编号	信号
A9		B9	
A10	DO109	B10	DO110
A11	DO111	B11	DO112
A12	DO113	B12	DO114
A13	DO115	B13	DO116
A14	DO117	B14	DO118
A15	DO119	B15	DO120
A16	CMDENBL	B16	FAULT
A17	BATALM	B17	BUSY
A18		B18	
A19	0V	B19	0V
A20	DOSRC2	B20	DOSRC2

CRMA15/CRMA16 外部接线端子如图 3-31 所示。

图 3-31

CRMA15 外部接线端子信号（第一排）见表 3-12。

表 3-12

1	2	3	4	5	6	7	8	9
DI101	DI102	DI103	DI104	DI105	DI106	DI107	DI108	DI109
10	11	12	13	14	15	16	17	18
DI110	DI111	DI112	DI113	DI114	DI115	DI116	0V	0V

CRMA15 外部接线端子信号（第二排）见表 3-13。

表 3-13

		19	20	21	22	23	24	25
		SDICOM1	SDICOM2		DI117	DI118	DI119	DI120
26	27	28	29	30	31	32		
			0V	0V	DOSRC1	DOSRC1		

CRMA15 外部接线端子信号（第三排）见表 3-14。

表 3-14

33	34	35	36	37	38	39	40	41
DO101	DO102	DO103	DO104	DO105	DO106	DO107	DO108	
42	43	44	45	46	47	48	49	50
							24F	24F

CRMA16 外部接线端子信号（第一排）见表 3-15。

表 3-15

1	2	3	4	5	6	7	8	9
XHOLD	RESET	START	ENBL	PNS1	PNS2	PNS3	PNS4	
10	11	12	13	14	15	16	17	18
							0V	0V

CRMA16 外部接线端子信号（第二排）见表 3-16。

表 3-16

		19	20	21	22	23	24	25
		SDICOM3		DO120				
26	27	28	29	30	31	32		
DO117	DO118	DO119	0V	0V	DOSRC2	DOSRC2		

CRMA16 外部接线端子信号（第三排）见表 3-17。

表 3-17

33	34	35	36	37	38	39	40	41
CMDENBL	FAULT	BATALM	BUSY					DO109
42	43	44	45	46	47	48	49	50
DO110	DO111	DO112	DO113	DO114	DO115	DO116	24F	24F

输入信号的接线方法如图 3-32、图 3-34 所示，输入信号公共端（SDICOM1、SDICOM2、SDICOM3）接 0V。外围设备输入信号的一端接 24F，提供直流电压 24V；另一端接到对应的输入（DI）端子上。

输出信号的接线方法如图 3-33、图 3-35 所示，输出信号公共端（DOSRC1、DOSRC2）接直流电压 24V。外围设备的输出负载（LOAD）例如继电器（RELAY）线圈的一端接到对应的输出（DO）端子上，另一端接到 0V。

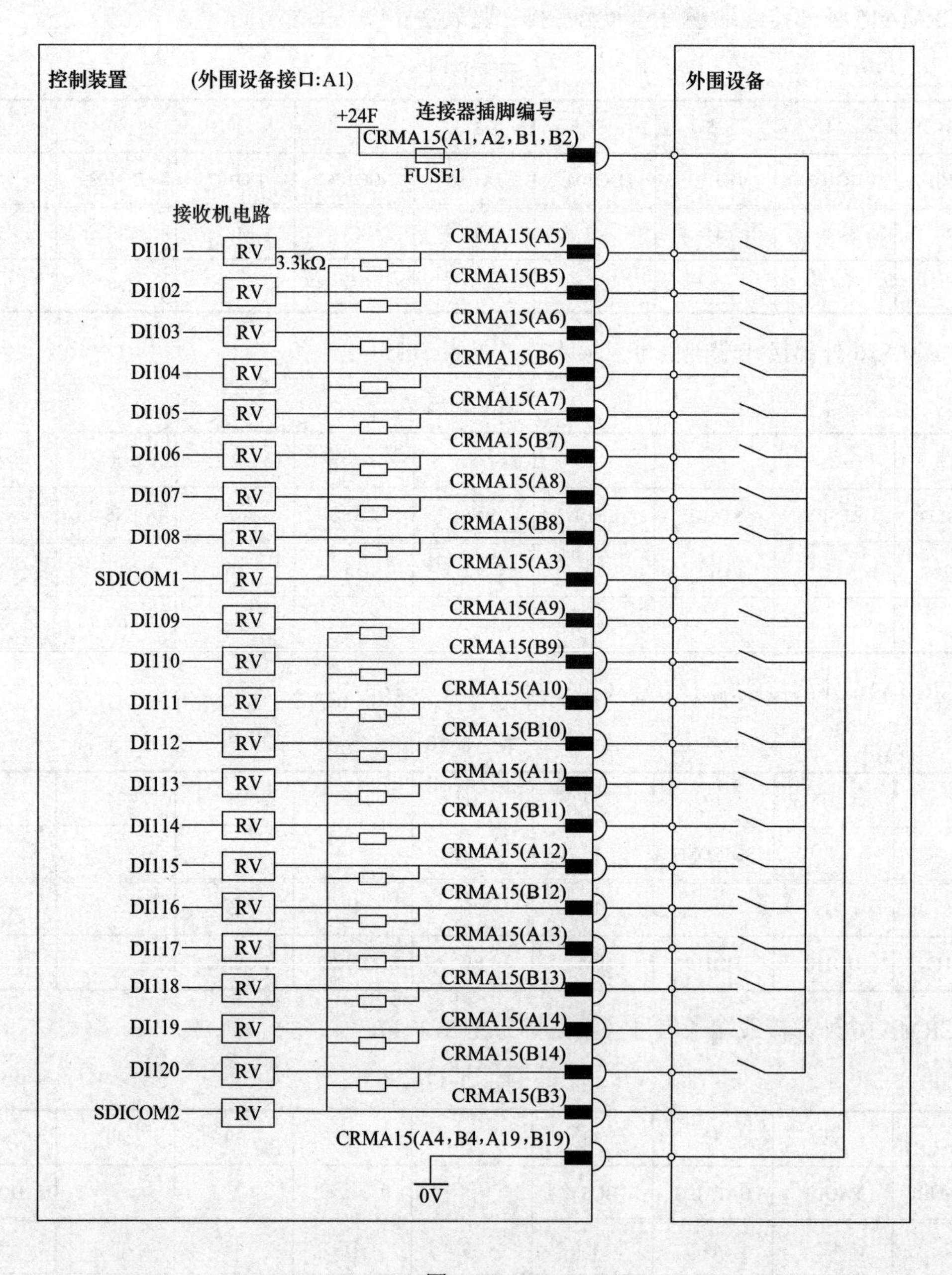

图 3-32

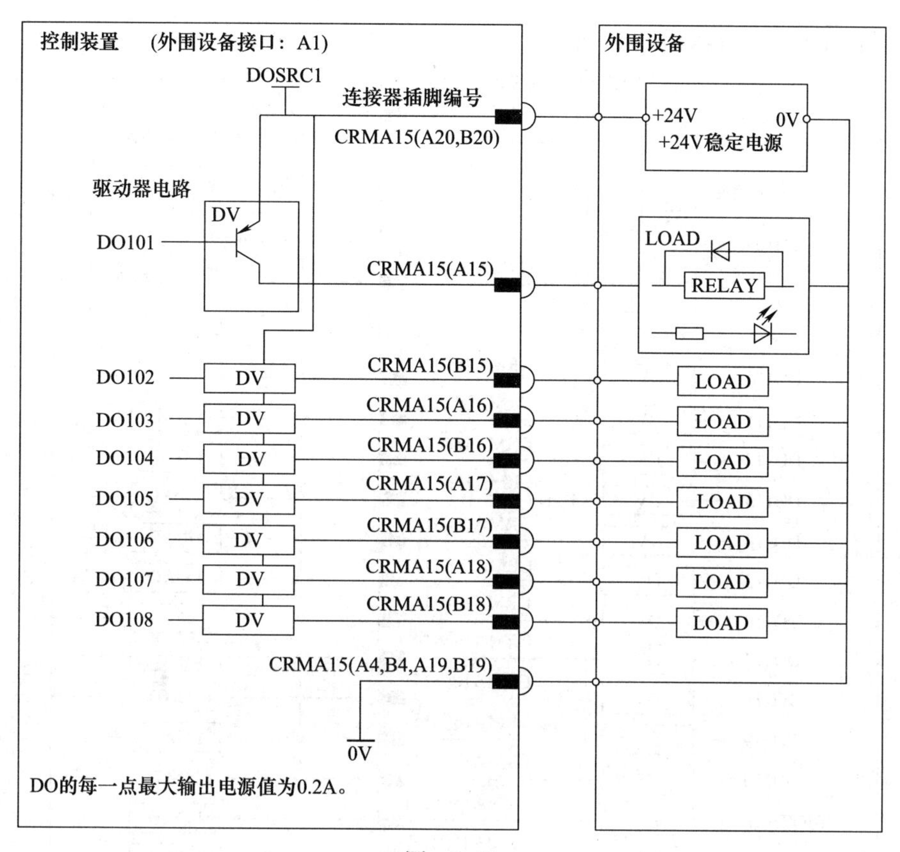

控制装置　(外围设备接口：A1)
外围设备
DOSRC1
连接器插脚编号
CRMA15(A20,B20)
+24V
0V
+24V稳定电源
驱动器电路
DV
DO101
LOAD
RELAY
CRMA15(A15)
DO102
DO103
DO104
DO105
DO106
DO107
DO108
CRMA15(B15)
CRMA15(A16)
CRMA15(B16)
CRMA15(A17)
CRMA15(B17)
CRMA15(A18)
CRMA15(B18)
CRMA15(A4,B4,A19,B19)
0V
DO的每一点最大输出电源值为0.2A。

图　3-33

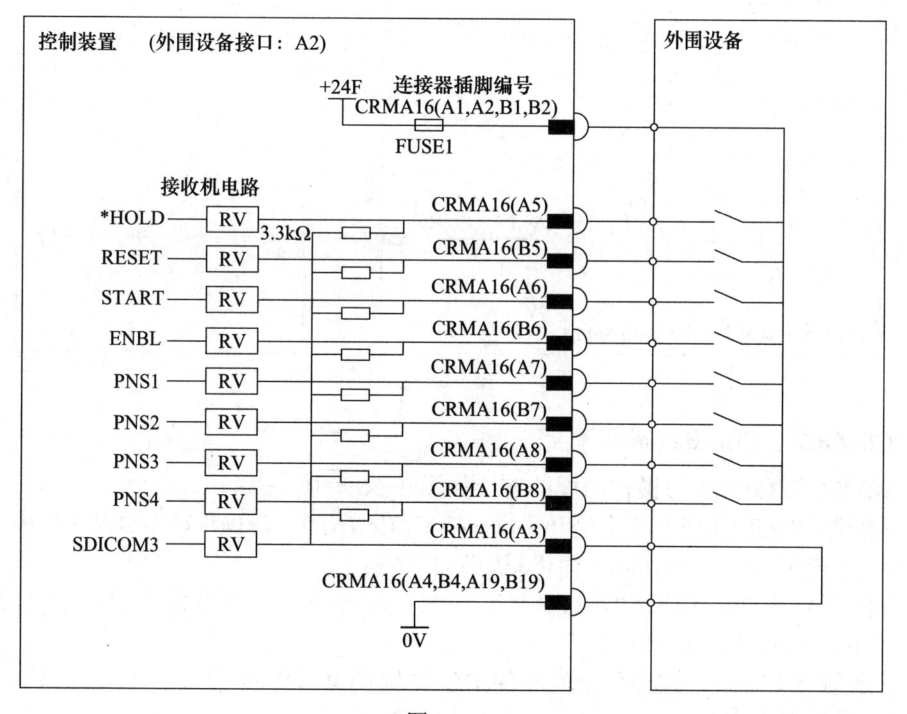

控制装置　(外围设备接口：A2)
外围设备
+24F
连接器插脚编号
CRMA16(A1,A2,B1,B2)
FUSE1
接收机电路
*HOLD
RESET
START
ENBL
PNS1
PNS2
PNS3
PNS4
SDICOM3
RV
3.3kΩ
CRMA16(A5)
CRMA16(B5)
CRMA16(A6)
CRMA16(B6)
CRMA16(A7)
CRMA16(B7)
CRMA16(A8)
CRMA16(B8)
CRMA16(A3)
CRMA16(A4,B4,A19,B19)
0V

图　3-34

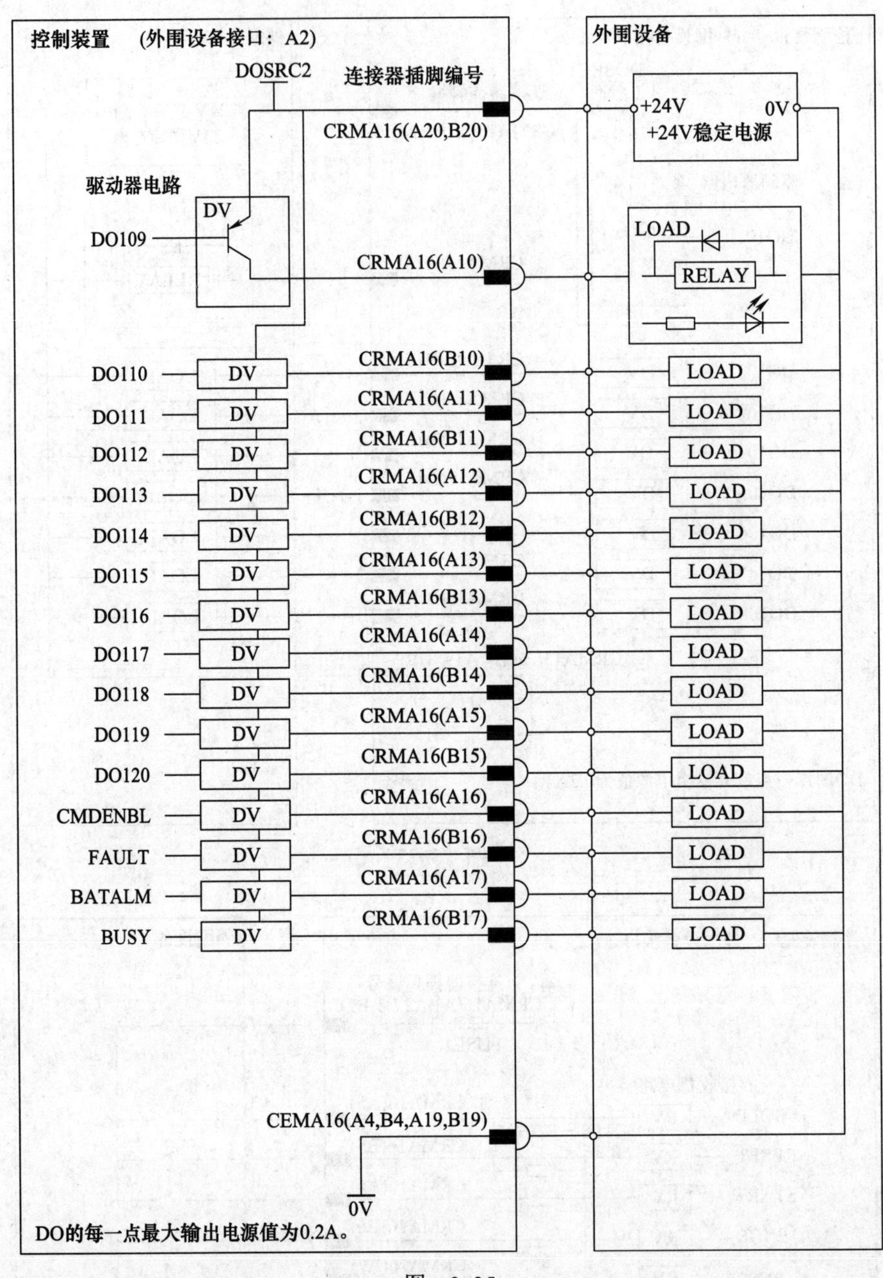

图 3-35

3. CRMB23、CRMB24 接口

CRMB23、CRMB24 与操作面板的连接如图 3-36 ～图 3-38 所示。

故障复位（FAULT RESET）、循环启动（CYCLE START）等操作按钮以及工作中（BUSY）等指示灯工作电路如图 3-39 所示。简化图如图 3-40 所示。

按下循环启动（CYCLE START）按钮，24V 高电平送入紧急停止单元 DI/DO 模块的 PDI2 端子中，由系统处理。

经过系统处理后，紧急停止单元 DI/DO 模块的 PDO1 端子输出低电平 0V，工作中（BUSY）指示灯点亮。

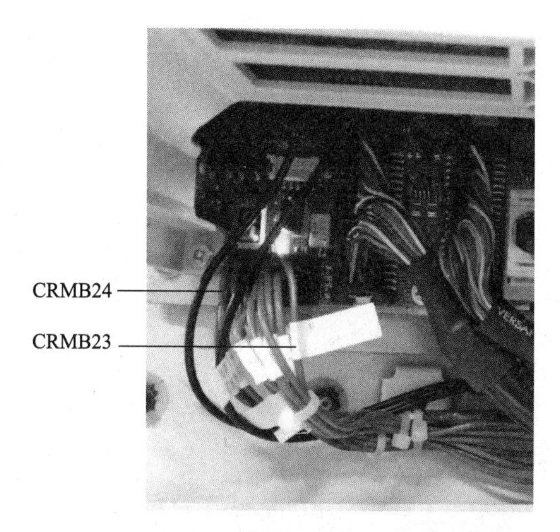

图　3-36

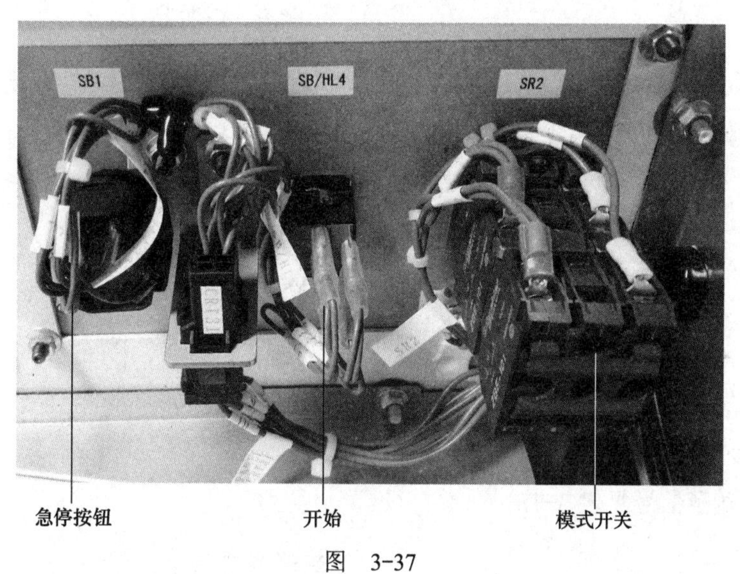

图　3-37

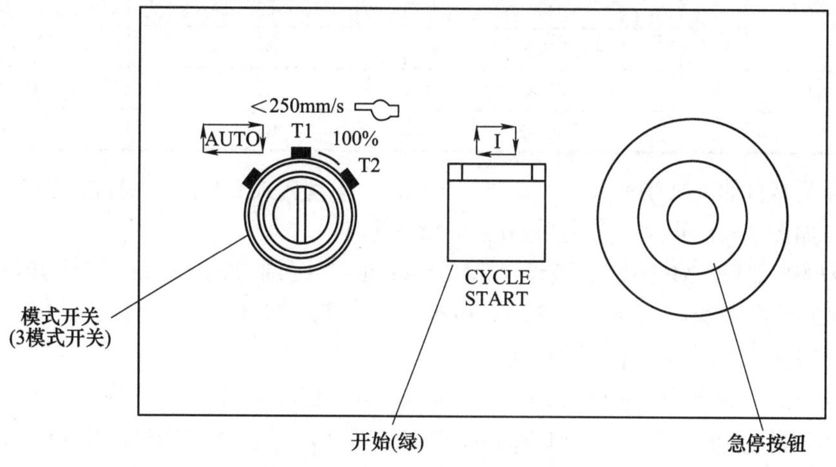

图　3-38

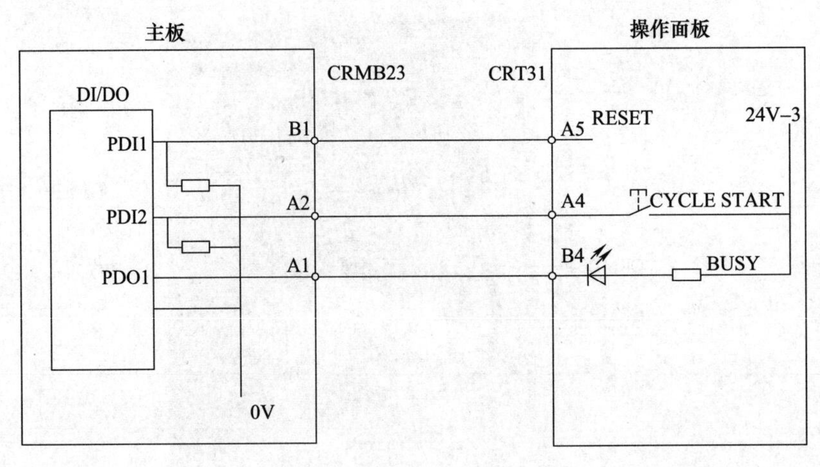

图 3-39

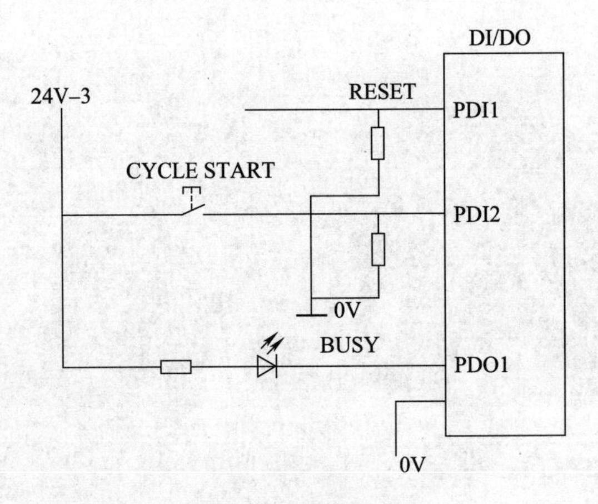

图 3-40

CRMB23 端子信号见表 3-18。

表 3-18

插脚编号	信号	插脚编号	信号
A1	BUSY	B1	RESET
A2	START	B2	OPEMG3
A3	24V-3	B3	0V

模式开关有自动（AUTO）、手动方式 1（T1）、手动方式 2（T2）三种模式。经过 CRMB24 接入主板，如图 3-41 所示。简化图如图 3-42 所示。

在自动模式下，MODE11 接通 24V、MODE12 接通 0V，系统通过 OFFCHECK1、OFFCHECK2 激活 PI 集成电路，形成 24V 和 0V 通路，PI 的 MODE11、MODE12 信号送入系统。

在手动方式 1 模式下，信号不接通。

在手动方式 2 模式下，MODE21 接通 24V、MODE22 接通 0V，系统通过 OFFCHECK1、OFFCHECK2 激活 PI 集成电路，形成 24V 和 0V 通路，PI 的 MODE21、MODE22 信号送入系统。

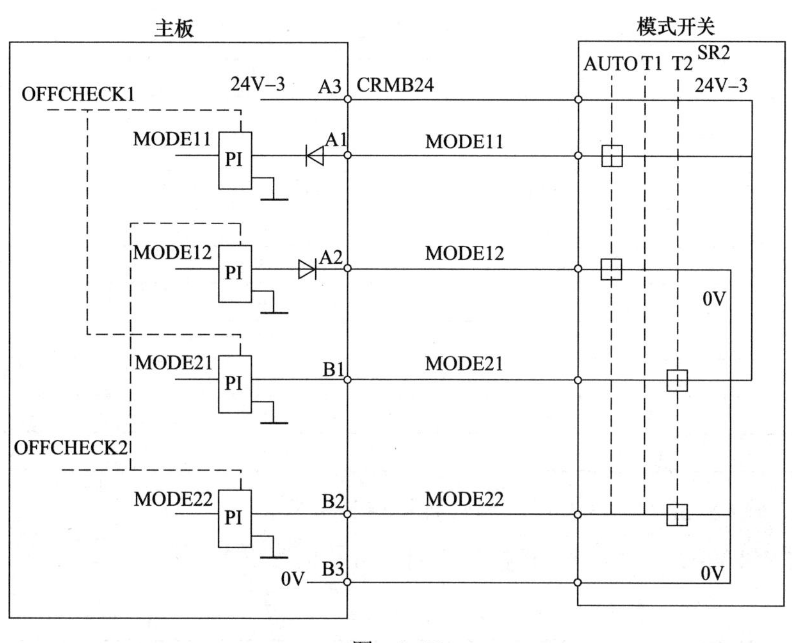

图　3-41

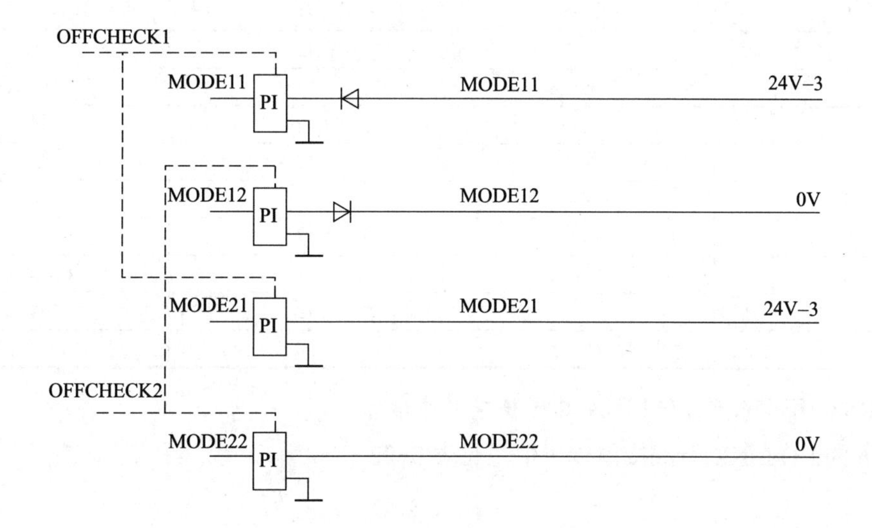

图　3-42

CRMB24 端子信号见表 3-19。

表　3-19

插脚编号	信号	插脚编号	信号
A1	MODE11	B1	MODE21
A2	MODE12	B2	MODE22
A3	24V–3	B3	0V

4. JRL7 接口端子信号

JRL7 接口端子信号见表 3-20。

表 3-20

插脚编号	信号	插脚编号	信号
1	XVD	11	CAMDO2
2	0V	12	0V
3	XHD	13	CAMDO3
4	0V	14	0V
5	XTRIG	15	CAMDI1
6	0V	16	CAMDI2
7	VIDEOIN	17	CAMDI0
8	0V	18	CAMDO0
9	24V–3	19	P12V
10	0V	20	CAMDO1

5. JRS27 的 RS232-C、以太网、相机接口端子信号

JRS27 的 RS232-C、以太网、相机接口端子信号见表 3-21。

表 3-21

插脚编号	信号	插脚编号	信号
1	RXDA	11	TXDA
2	0V	12	0V
3	DSRA	13	DTRA
4	0V	14	0V
5	CTSA	15	RTSA
6	0V	16	0V
7	CAMRX+	17	CAMTX+
8	CAMRX–	18	CAMTX–
9		19	24V–3
10	24V–3	20	

6. JRS26/JD44A 的 I/O LINK 总线接口端子信号

JRS26 的 I/O LINK 总线接口端子信号见表 3-22。

表 3-22

插脚编号	信号	插脚编号	信号
1	RXSLCB	11	0V
2	*RXSLCB	12	0V
3	TXSLCB	13	0V
4	*TXSLCB	14	0V
5	RXSLCC	15	0V
6	*RXSLCC	16	0V
7	TXSLCC	17	
8	*TXSLCC	18	5V
9	5V	19	24V–3
10	24V–3	20	5V

JD44A 的 I/O LINK 总线接口端子信号见表 3-23。

表 3-23

插脚编号	信号	插脚编号	信号
1	保留	11	0V
2	保留	12	0V
3	保留	13	0V
4	保留	14	0V
5	RXSLCS	15	0V
6	*RXSLCS	16	0V
7	TXSLCS	17	
8	*TXSLCS	18	5V
9	5V	19	24V-3
10	24V-3	20	5V

7. CRS40 接口

CRS40 是主板与急停单元通信的接口，如图 3-43 所示。CRS40 在主板的位置如图 3-44 所示。CRS40 在急停单元的位置如图 3-45 所示。

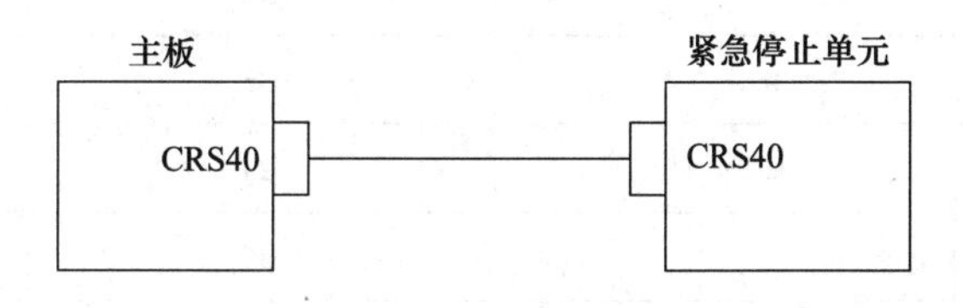

图 3-43

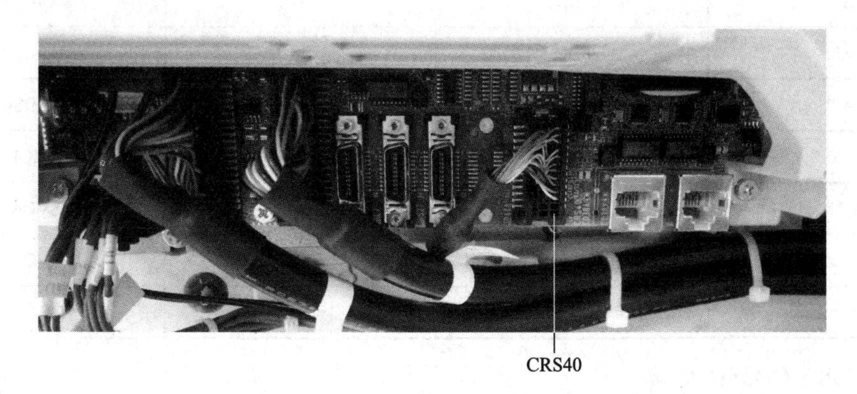

图 3-44

图 3-45

CRS40 接口端子信号见表 3-24。

表 3-24

插脚编号	信号	插脚编号	信号
A1		B1	
A2		B2	
A3	RXP_TP	B3	TXP_TP
A4	RXN_TP	B4	TXN_TP
A5		B5	0V
A6	MODE11	B6	MONKM1
A7	TPDM1	B7	MONKM2
A8	TPDM2	B8	MONKMA
A9	EAS1	B9	TPDSC
A10	EAS2	B10	EMGID
A11	EES1	B11	SVON1
A12	EES2	B12	SVON2
A13	24V-2	B13	ON_OFF

8. CD38A/CD38B 接口

CD38A/CD38B 接口连接与 FANUC 工业机器人 R-30iB B 柜的相同。

3.5.3 FANUC 工业机器人 R-30iB Mate 主板的检测和诊断

FANUC 工业机器人 R-30iB Mate 主板的 7 段 LED、状态指示灯位置如图 3-46 所示。7 段 LED、状态指示灯（LEDG1、LEDG2、LDEG3、LDEG4）与 FANUC 工业机器人 R-30iB B 柜的连接相同，请参照 FANUC 工业机器人 R-30iB B 柜的相关内容。

RLED1 如果为红色，表示 CPU 没有工作，需要更换 CPU。

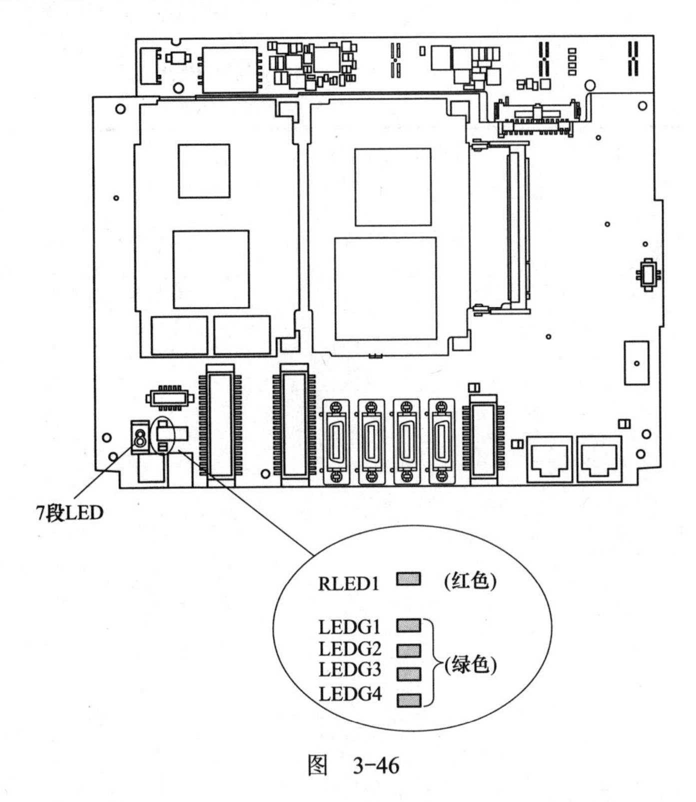

图 3-46

FANUC 工业机器人 R-30iB Mate 主板的熔丝 FUSE1 位置如图 3-47 所示，熔丝作用见表 3-25。FUSE1 用于外围设备接口 +24V 输出保护。

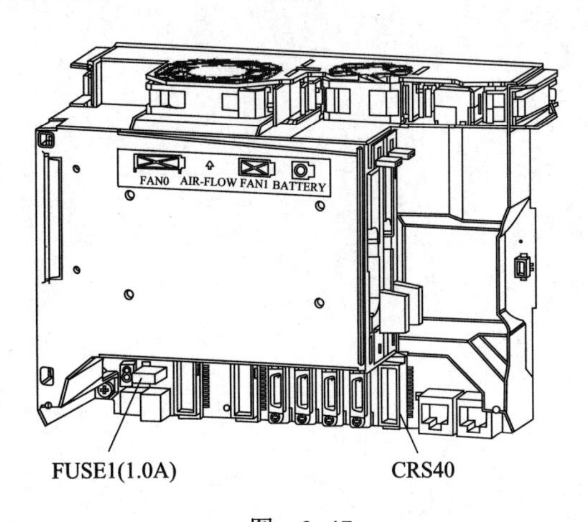

图 3-47

表 3-25

名称	熔断时的现象	对策
FUSE1	示教器上显示报警（SRVO-220）	1）有可能 24SDI 与 0V 短路。检查外围设备电缆是否有异常，如有需要应予以更换 2）拆除 CRS40 的连接。即便这样 FUSE1 仍然继续熔断时，应更换主板 3）更换急停单元—伺服放大器之间的电缆 4）更换主板—急停单元之间的电缆 5）更换紧急停止单元 6）更换伺服放大器

第 4 章 紧急停止单元

紧急停止单元用于控制急停，并通过控制接触器给驱动器（六轴伺服放大器）供电。FANUC 工业机器人 R-30iB B 柜的紧急停止单元如图 4-1 所示，FANUC 工业机器人 R-30iB Mate 的紧急停止单元如图 4-2 所示。

图 4-1

图 4-2

4.1 FANUC 工业机器人 R-30iB B 柜紧急停止单元的接口及端子排作用

FANUC 工业机器人 R-30iB B 柜紧急停止单元的接口及端子排如图 4-3 所示，接口和端子排作用说明如下。

JD1A：与 FANUC 输入 / 输出（I/O）模块通信的接口。

JRS19：与主板进行通信的接口。

CRS36：连接示教器的接口。

CP2A：与电源供给单元的 200V 交流电连接的接口。

CNMC7：供给 KM1、KM2 的线圈电源的接口。

CNMC6：与变压器连接的预充电 220V 交流电源输入及预充电输出的接口。

CRRA12：三相电源监控的接口。

CRMA96：NTED（与示教器的使能键开关串联，手动模式的多重保护）的接口。

CNMC3：KM1、KM2 辅助触点的接口。

CRP24/CP5A：来自电源供给单元的 24V 直流电源的接口。

CRMA92：与六轴伺服放大器互锁的接口。

CRMA74：继电器、接触器监控短接的接口。

CRT27：模式开关、面板急停、操作面板信号的接口。

CRMA93：面板输入输出信号的接口。

CRMA83：面板输入信号的接口。

TBOP10：KM1、KM2 辅助触点，外部 24V（EXT24V、EXT0V）、急停输出等端子排。

TBOP11：外部急停、外部停止及其他外部线路等端子排。

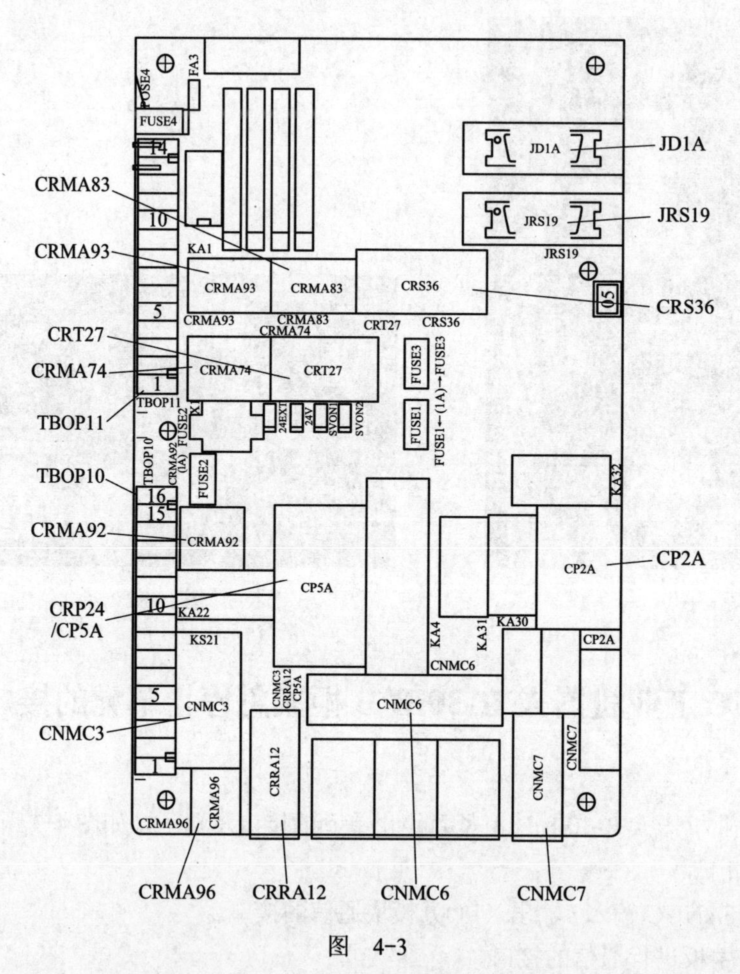

图 4-3

4.2 FANUC 工业机器人 R-30iB B 柜紧急停止单元的连接

4.2.1 CRP24/CP5A 接口

CRP24、CP5A 与电源供给单元的 +24V 直流电源 CP5、CP6 接口相连，作为紧急停止单元的直流电源，如图 4-4 所示。

1）CRP24 的 A1、B1 端子的 +24V 直流电源经过熔丝 FUSE3，通过 CRS36 的 A1、A2 端子提供 24V，CRS36 的 A6、B6 提供 0V，给示教器供电。这一路电源标记为 +24T。

2）CRP24 的 A2、B2 端子的 +24V 直流电源经过熔丝 FUSE1，产生 5V、3.3V 的直流电源给紧急停止单元自身的内部电路供电。

3）CRP24 的 A2、B2 端子的 +24V、0V 直流电源分别接到端子排 TBOP10 的 14、15（INT24V、INT0V）端子，作为内部电源。外部急停输入按钮如果需要内部电源供电，TBOP10 的 13、16（EXT24V、EXT0V）外部电源端子连接 TBOP10 的 14、15 端子，可以接入内部电源，通过 FUSE2 由内部电源给急停安全回路供电。这一路电源标记为 +24EXT。

4）CRP24 的 A2、B2 端子的 +24V 直流电源通过熔丝 FUSE4 接入监控接口 CRMA74 的 A4、A5 端子，给 KM1 的常开触点供电。工业机器人操作面板通过 CRT27 的端子 A1、A2 接入 24V，B1 接入 0V，给操作面板供电。安全 I/O 板通过 CRMA90 的 A1、B1 端子接入电源。这一路电源标记为 24E-2。

5）CRP24 的 A2、B2 端子的 +24V 直流电源接到 CP5A 的 A4、A5、A6（24V）和 B4、B5、B6（0V），为外围 I/O 电路提供电源。这一路电源标记为 +24E。

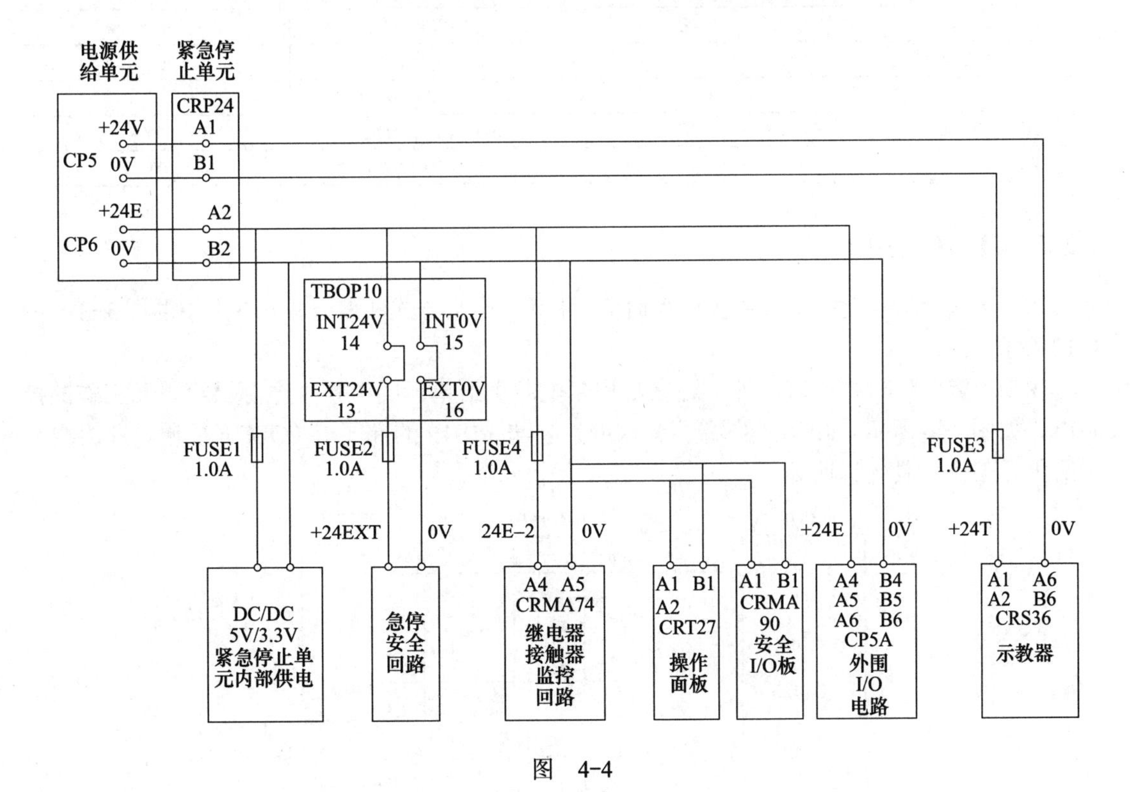

图　4-4

CP5A、CRP24 的位置如图 4-5 所示。

CRP24、CP5 A 端子信号见表 4-1。

图 4-5

表 4-1

插脚编号	信号	插脚编号	信号
A1（CP5A）	+24E	B1（CP5A）	0V
A2（CP5A）	+24E	B2（CP5A）	0V
A3（CP5A）	+24E	B3（CP5A）	0V
A4		B4	
A5（CRP24A2）	+24E	B5（CRP24B2）	0V
A6（CRP24A1）	+24V	B6（CRP24B1）	0V

4.2.2 JRS19 接口

JRS19 是紧急停止单元与主板进行通信的接口，连接方式和信号见第 3 章中的图 3-8～图 3-10 和表 3-2。

JRS19 接口除与主板通信外，还参与控制电源供给单元的工作。电源供给单元工作的控制电路如图 4-6 所示。JRS19 的端子 5（ON）要与 JRS19 的端子 6（OFF）导通，此时电源供给单元工作。具体说明如下：

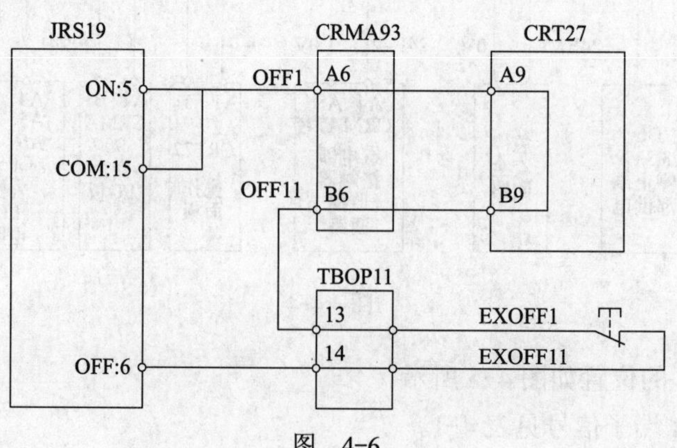

图 4-6

FANUC 工业机器人 R-30iB B 柜的紧急停止单元 JRS19 的端子 5 接到 CRMA93 的端子 A6，再接到 CRT27 的端子 A9，继续接到 CRT27 的端子 B9（CRT27 的端子 A9 和 B9 可以短接，也可以接外部开关）。CRT27 的端子 B9 连接 CRMA93 的端子 B6，再连接到端子排 TBOP11 的端子 13，经过外部常闭按钮连接到端子 14，最后连接到 JRS19 的端子 6（OFF），启动电源供给单元工作。连接简化图如图 4-7 所示，继电器 K1 工作，电源 CP1 输送给 CP2。

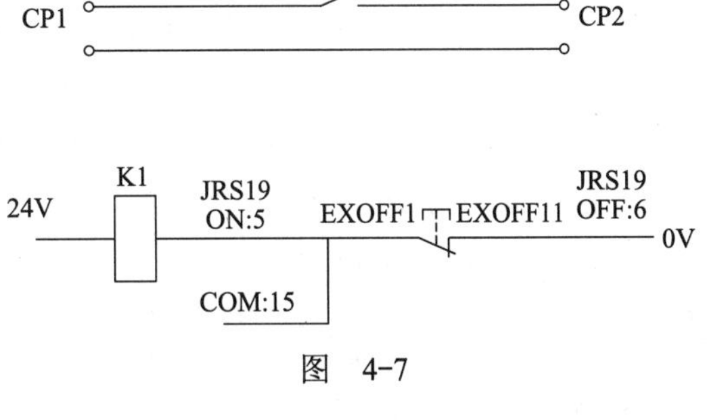

图　4-7

如果电源供给单元的 PIL 指示灯（绿色）已经点亮，但是没有正常工作，应检查 JRS19 的端子 5 和 6 之间的回路是否接通。尤其应注意 CRT27 的端子 A9、B9 以及 TBOP11 的端子 13、14 是否导通。

4.2.3　CRS36 接口

紧急停止单元与示教器通过 CRS36 接口进行通信，如图 4-8、图 4-9 所示。

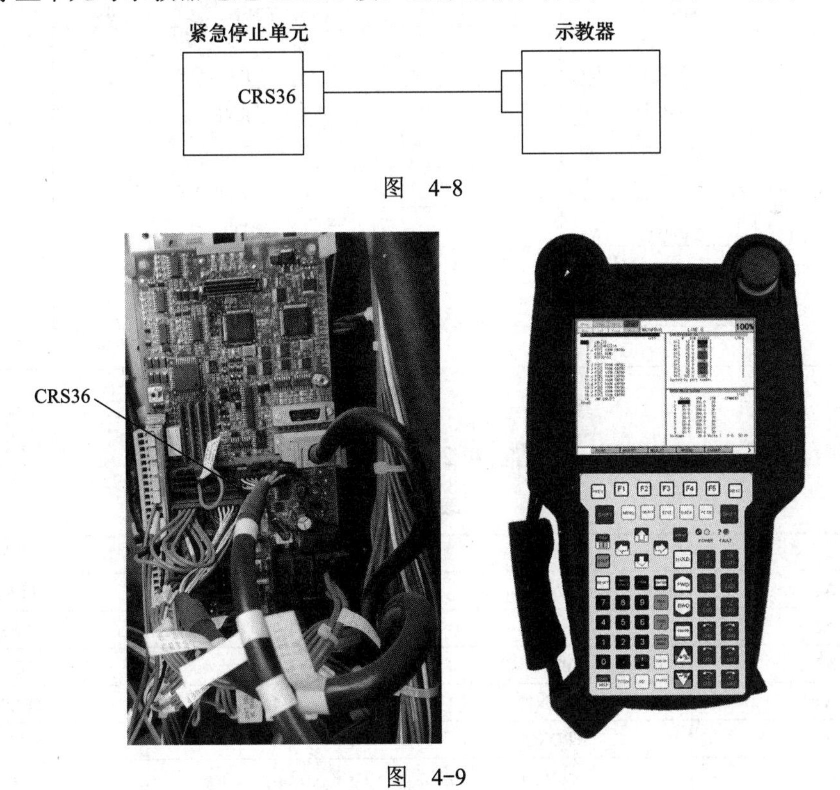

图　4-8

图　4-9

急停单元与示教器工作的控制电路如图 4-10 所示，紧急停止单元的 +24V 由 FUSE3 通过 CRS36 的端子 A1、A2，由连接电缆送入示教器的 9、10 引脚，紧急停止单元的 0V 通过 CRS36 的端子 A6、B6，送入示教器的 19、20 引脚，这两路成为示教器的电源。

示教器的 SB2 为急停按钮，急停按钮的双通路信号其中一路 TPESP1、TPESP11 经过示教器的 12、13 引脚送入紧急停止单元 CRS36 的 B4、B3 端子；另外一路 TPESP2、TPESP21 经过示教器的 15、16 引脚送入紧急停止单元 CRS36 的 B2、B1 端子。

示教器的使能键也是双通道信号。其中一路经过示教器的 11 端子送入紧急停止单元 CRS36 的 A4 端子，另外一路经过示教器的 18 端子送入紧急停止单元 CRS36 的 A3 端子。

TXN_TP、TXP_TP、RXP_TP、RXN_TP 为紧急停止单元和示教器的以太网通信电缆。

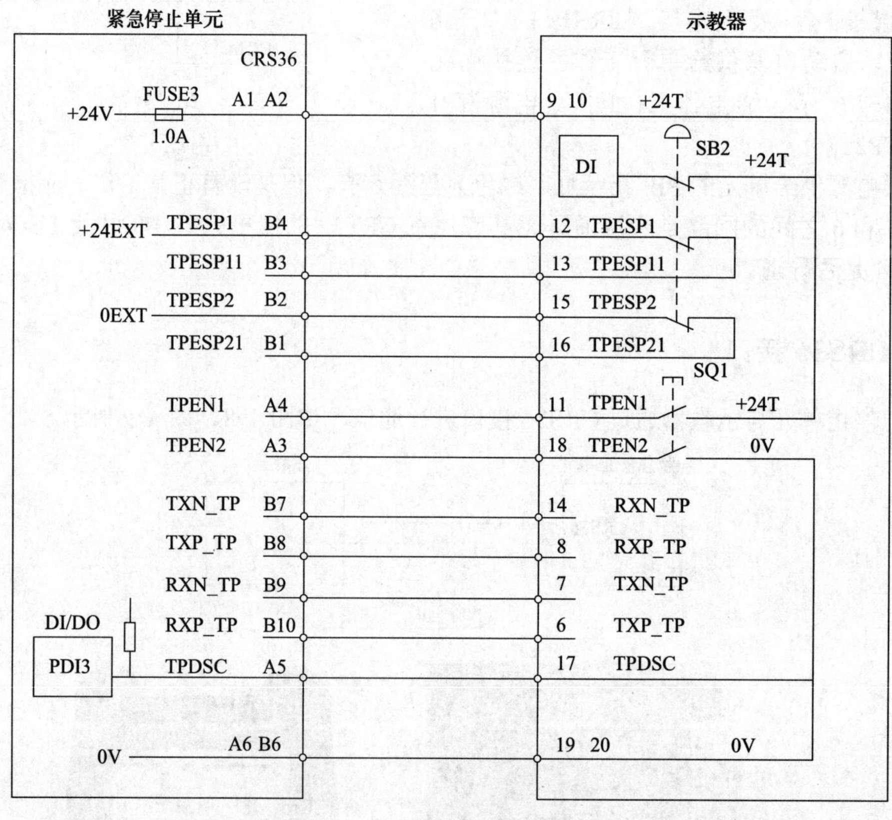

图 4-10

紧急停止单元 CRS36 端子信号见表 4-2。

表 4-2

插脚编号	信号	插脚编号	信号
A1	+24T	B1	TPESP21
A2	+24T	B2	TPESP2
A3	TPEN2	B3	TPESP11
A4	TPEN1	B4	TPESP1
A5	TPDSC	B5	0V
A6	0V	B6	0V
A7	* TXTP	B7	TXN_TP
A8	TXTP	B8	TXP_TP
A9	*RXTP	B9	RXN_TP
A10	RXTP	B10	RXP_TP

示教器电缆的端子信号见表 4-3，表格内容按照引脚排列编写。

表　4-3

插脚编号	信号	插脚编号	信号	插脚编号	信号	插脚编号	信号	插脚编号	信号	插脚编号	信号
		4		3		2		1			
10	+24T	9	+24T	8	RXP_TP	7	TXN_TP	6	TXP_TP	5	DRAIN
16	TPESP21	15	TPESP2	14	RXN_TP	13	TPESP11	12	TPESP1	11	TPEN1
		20	0V	19	0V	18	TPEN2	17	TPDSC		

4.2.4　CRT27 接口

紧急停止单元与操作面板通过 CRT27 接口连接，如图 4-11 ～图 4-14 所示。

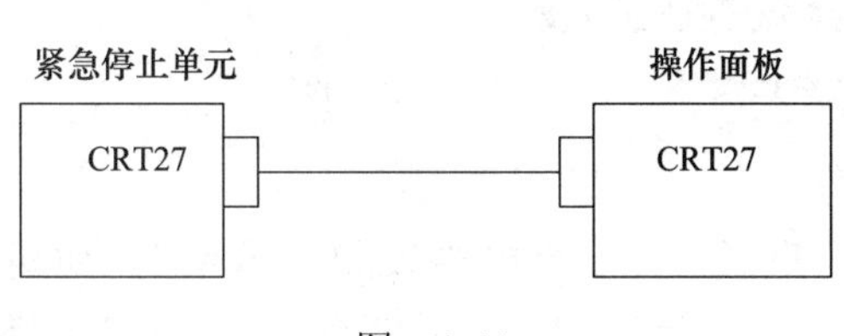

图　4-11

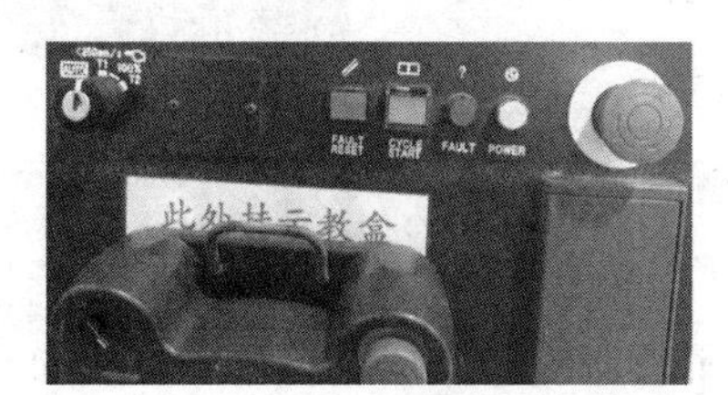

图　4-12

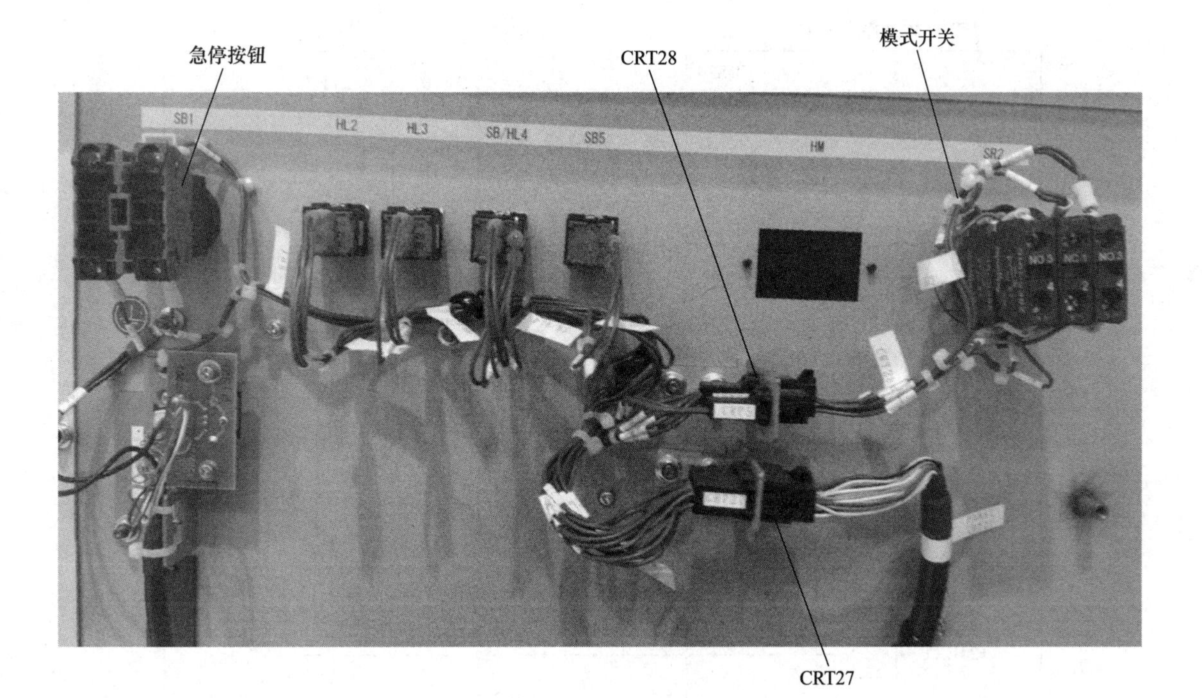

图　4-13

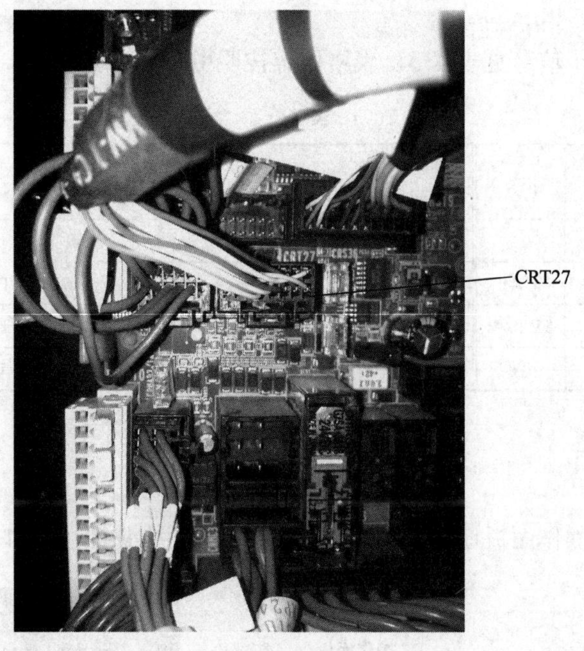

图 4-14

1. ***急停按钮的连接***

示教器的急停按钮和操作面板的急停按钮串联，控制继电器 KA21、KA22，如图 4-15 所示，简化图如图 4-16 所示。急停按钮闭合，继电器 KA21、KA22 得电，TBOP10 端子排的 9、10 和 11、12 闭合。断开任意一个急停按钮，TBOP10 端子排的 9、10 和 11、12 断开。

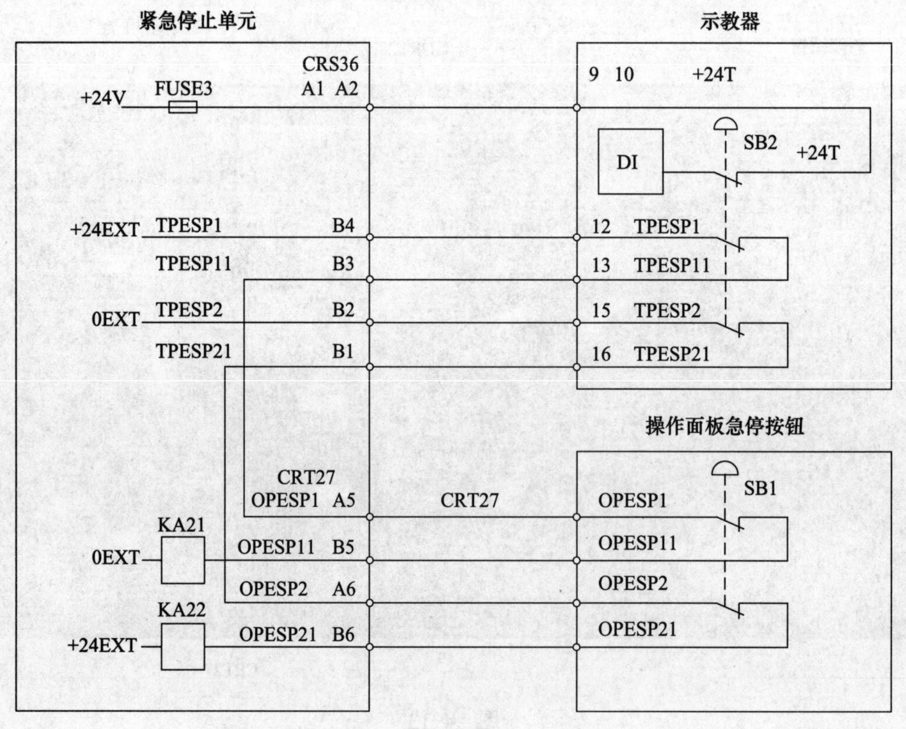

图 4-15

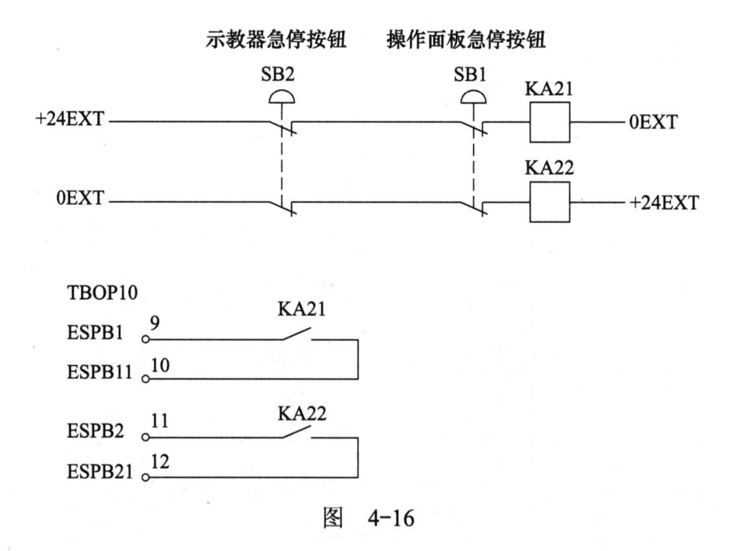

图　4-16

2. 操作按钮的连接

故障复位（FAULT RESET）、循环启动（CYCLE START）等操作按钮以及工作中（BUSY）、故障（FAULT）、电源（POWER）等指示灯如图 4-17 所示，简化图如图 4-18 所示。

POWER 指示灯在 +24E 经过熔丝 FUSE4 后经过限流电阻点亮。

按下 FAULT RESET、CYCLE START 按钮，24V 高电平送入紧急停止单元 DI/DO 模块的 PDI1、PDI2 端子中，由系统处理。

当紧急停止单元 DI/DO 模块的 PDO1、PDO2 端子输出低电平 0V 时，BUSY、FAULT 指示灯点亮。

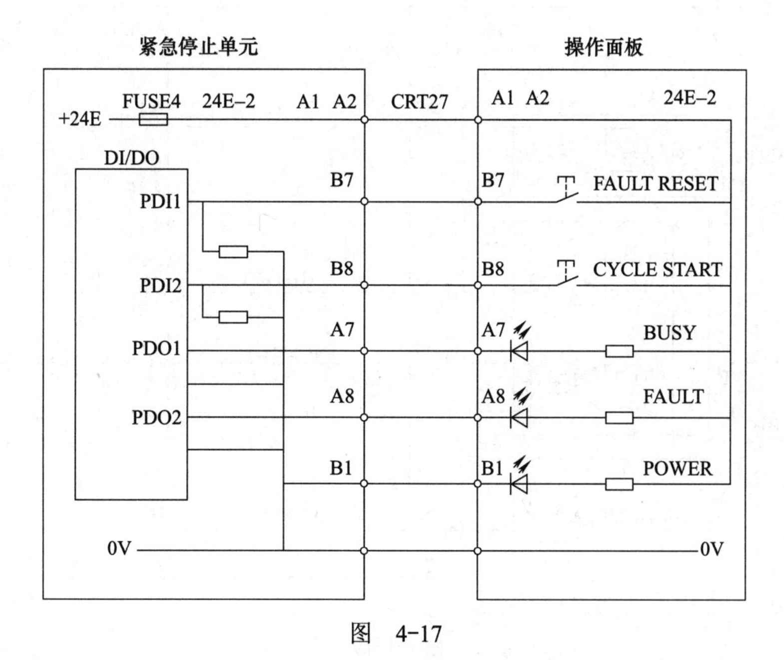

图　4-17

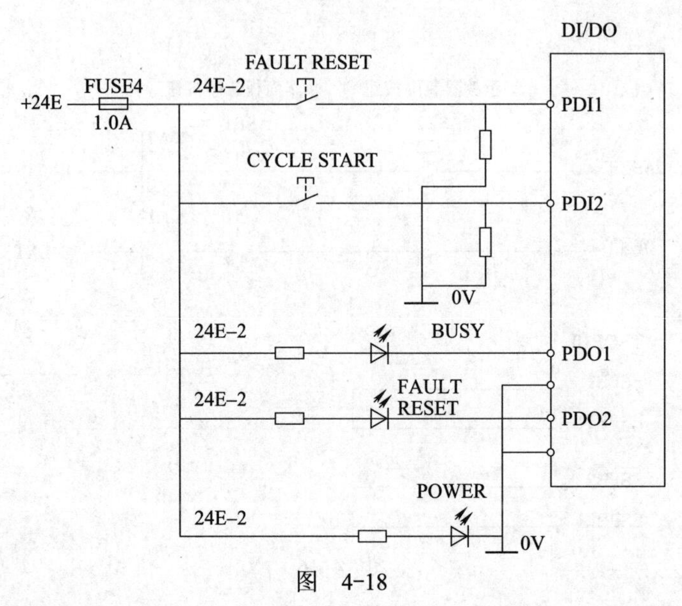

图 4-18

3. 模式开关的连接

模式开关有自动（AUTO）、手动方式 1（T1）、手动方式 2（T2）三种模式。模式开关经过 CRT28 接入 CRT27，然后送入急停单元，如图 4-19 所示，简化图如图 4-20 所示。

在 AUTO 模式下，AUTO1B 接通 24V、AUTO2B 接通 0V，系统通过 OFFCHECK1、OFFCHECK2 激活三极管，形成 24V 和 0V 通路，将 MODE11、MODE12 信号送入系统。

在 T1 模式下，信号不接通。

在 T2 模式下，MODE1B 接通 24V、MODE2B 接通 0V，系统通过 OFFCHECK1、OFFCHECK2 激活三极管，形成 24V 和 0V 通路，将 MODE21、MODE22 信号送入系统。

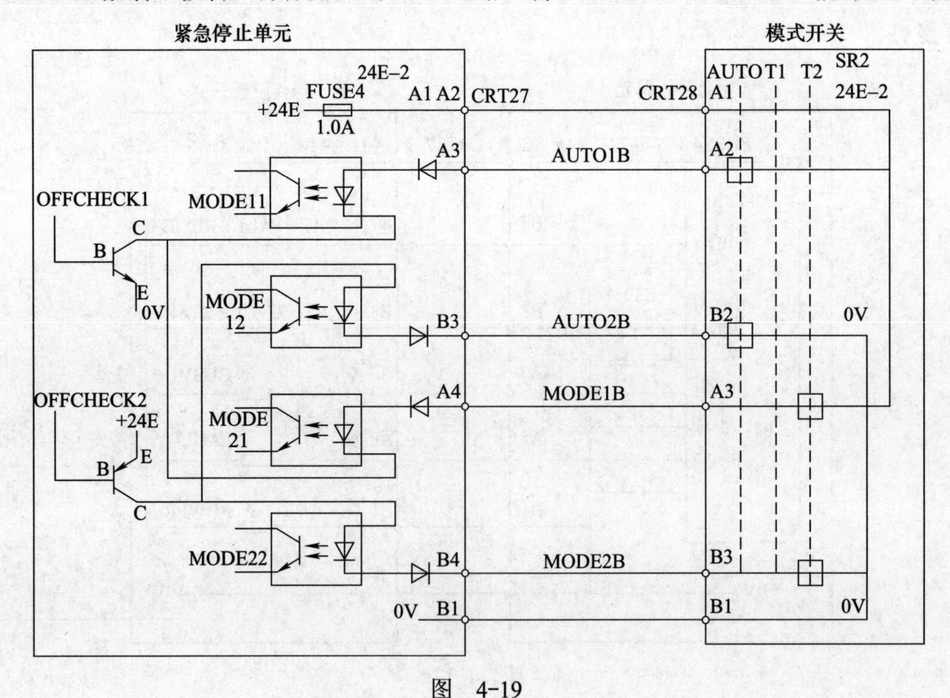

图 4-19

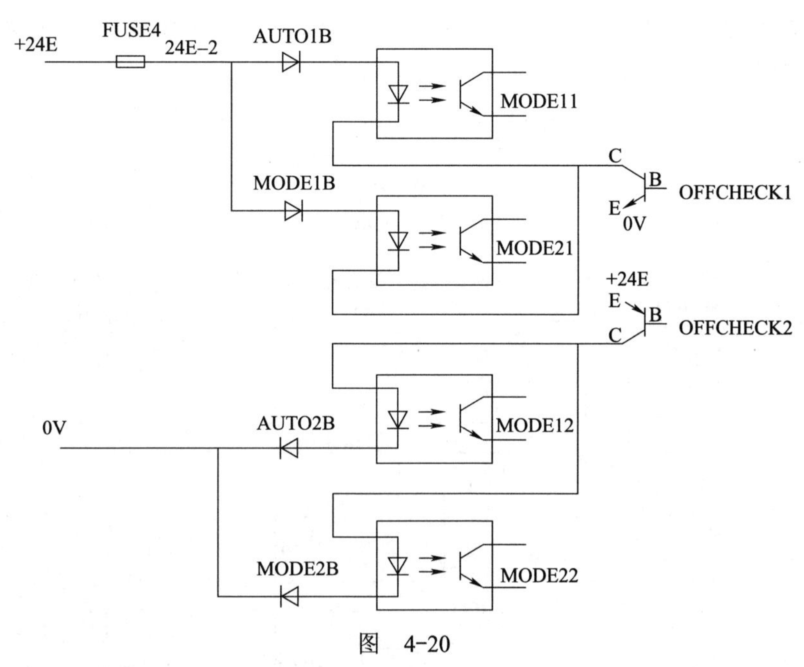

图 4-20

CRT27 端子信号见表 4-4。

表 4-4

插脚编号	信号	插脚编号	信号
A1	24E-2	B1	0V
A2	24E-2	B2	HMI
A3	AUTO1B	B3	AUTO2B
A4	MODE1B	B4	MODE2B
A5	OPESP1	B5	OPESP11
A6	OPESP2	B6	OPESP21
A7	PDO1 (BUSY)	B7	PDI1 (FAULT RESET)
A8	PDO2 (FAULT)	B8	PDI2 (CYCLE START)
A9	OFF1	B9	OFF11
A10		B10	

CRT28 端子信号见表 4-5。

表 4-5

插脚编号	信号	插脚编号	信号
A1	24E-2	B1	0V
A2	AUTO1B	B2	AUTO2B
A3	MODE1B	B3	MODE2B

4.2.5 CRMA96 NTED 接口

CRMA96 的 NTED 接口与示教器的使能键串联，和示教器的使能键具有相同的、使工业机器人停止的功能，如图 4-21 所示，简化图如图 4-22 所示。CRMA96 的 NTED 接口将信号 SQ5 接通，示教器的使能键将 SQ1 接通，两通路激活光电耦合回路，给系统输入信号 NTED1、NTED2。DM1 对应电位 +24V，DM2 对应电位 0V。

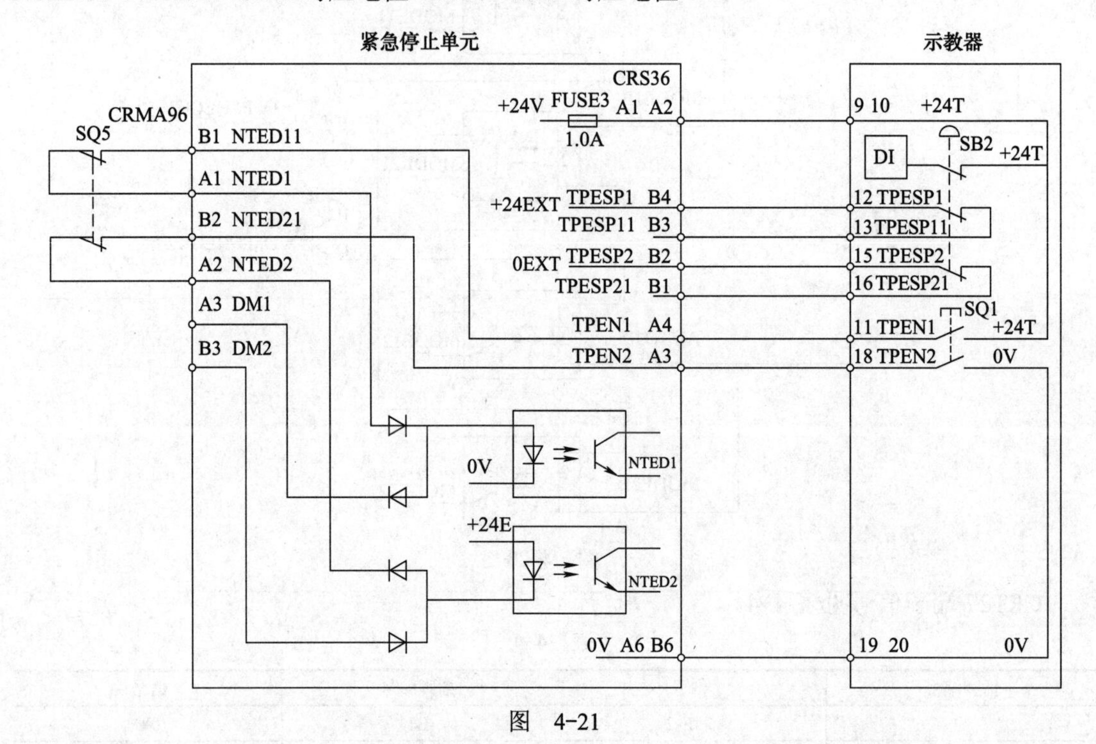

图 4-21

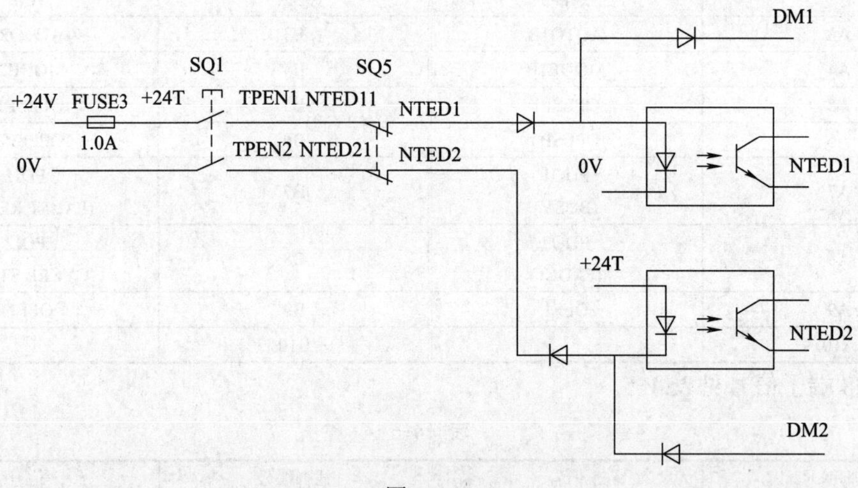

图 4-22

CRMA96 端子信号见表 4-6。

表 4-6

插脚编号	信号	插脚编号	信号
A1	NTED1	B1	NTED11
A2	NTED2	B2	NTED21
A3	DM1	B3	DM2

4.2.6　CP2A 接口

CP2A 接口连接电源供给单元的 200V 交流电，系统发出风扇关闭（FAN OFF）信号，继电器 KA33 得电，风扇单元（伺服）、风扇单元（柜门）的外部风扇得电工作。风扇单元（柜门）的内部风扇由 CP2 直接供电，如图 4-23 所示。CP2A 接口的位置如图 4-24 所示。

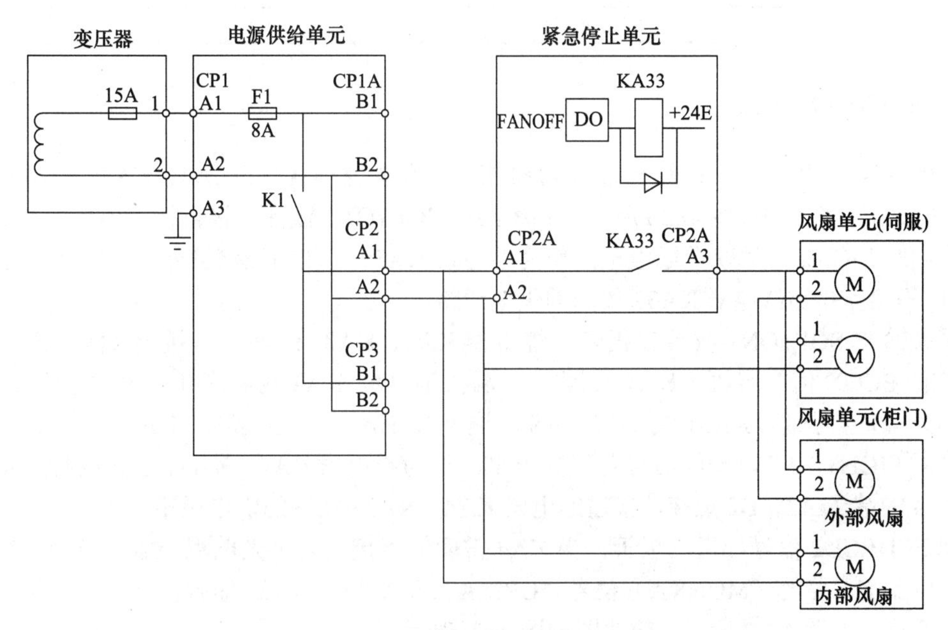

图　4-23

图　4-24

CP2A 端子信号见表 4-7，200A、200B 为单相 200V 交流电源，200FAN、200B 为风扇电源。

表 4-7

插脚编号	信号	插脚编号	信号
A1	200A	B1	200A
A2	200B	B2	200B
A3	200FAN	B3	200FAN

4.2.7 CRMA74 接口

CRMA74 是继电器、接触器监控短接接口。继电器 KA32、KA4、KA31 控制回路如图 4-25 所示，简化图如图 4-26 所示。系统给出 SOFTON2 激活三极管，继电器 KA32 线圈得电，同时 MON2 信号获得低电平，作为继电器 KA32 工作的检测信号。CRMA74 的端子 A3、B3 短接，接通继电器 KA32 线圈的供电通路。

系统给出 SOFTON1 激活三极管，继电器 KA4、KA31 线圈一端接通 24V。六轴伺服放大器的 PCON 信号导通，KA4 线圈另一端接通 0V，KA4 线圈得电。六轴伺服放大器的 MCON 信号导通，KA31 线圈另一端接通 0V，KA31 线圈得电。KA4、KA31 线圈得电，同时 MON1、XSVEMG 信号获得高电平，作为继电器 KA4、KA31 工作的检测信号。CRMA74 的端子 A2、B2 短接，接通继电器 KA4、KA31 线圈的供电通路。

OFFCHECK2 信号导通三极管，当 KA4 常闭触点接通时，光电耦合器件导通，给系统送入继电器 KA 监控（MONKA）信号；CRMA74 的端子 A5、B6 短接，接通光电耦合器件的供电通路，如图 4-27 所示，简化图如图 4-28 所示。

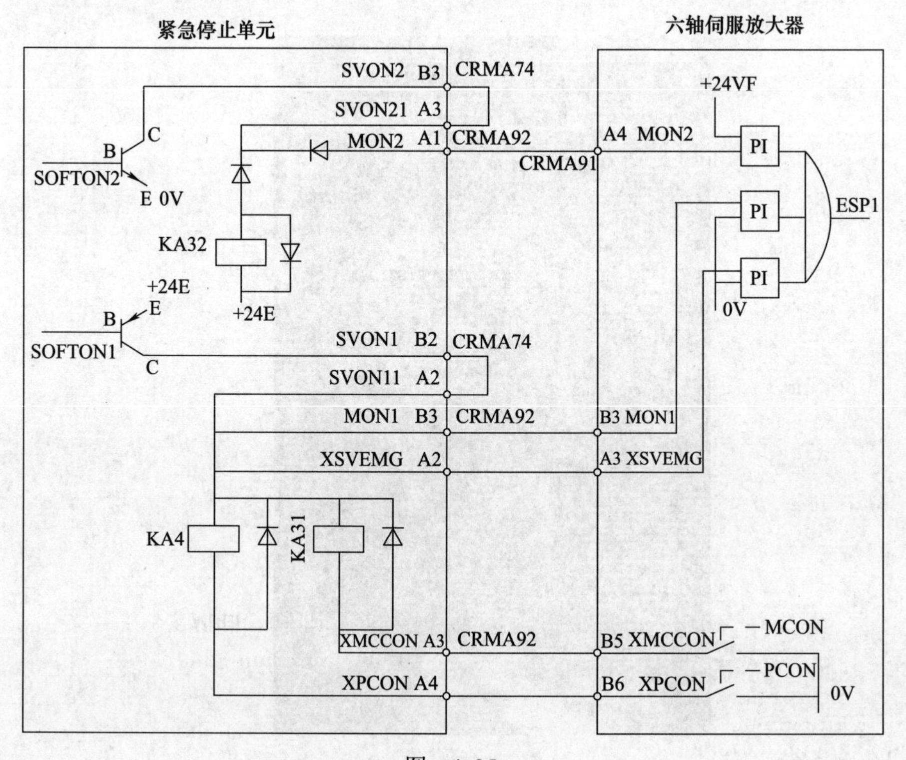

图 4-25

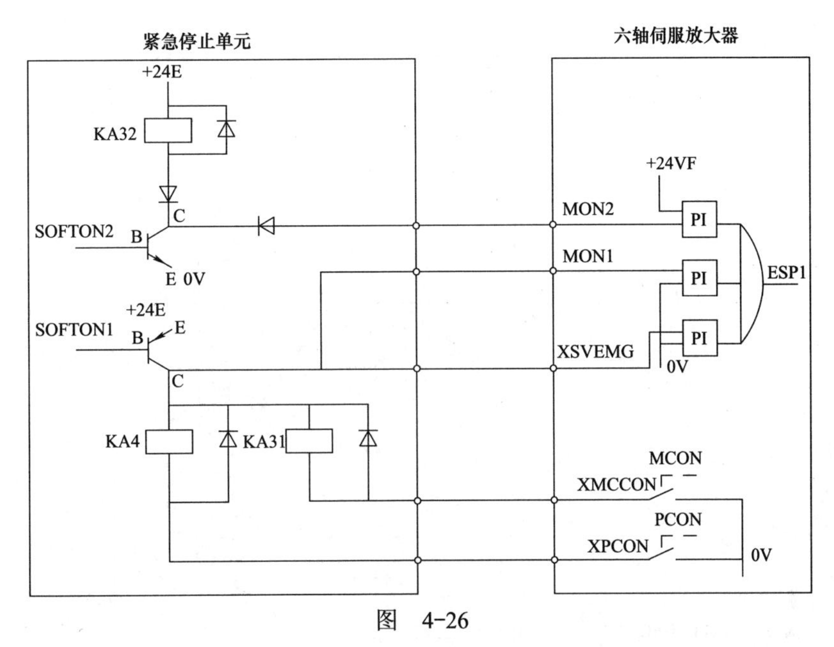

图 4-26

KM2 常闭触点通过接口 CNMC3 的端子 A2、B2 接入，当 KM2 常闭触点接通时，光电耦合器件导通，给系统送入接触器 KM2 监控（MONKM2）信号；CRMA74 的端子 A5、B5 短接，接通光电耦合器件的供电通路，如图 4-27 所示，简化图如图 4-28 所示。

OFFCHECK1 信号导通三极管，KM1 常闭触点通过接口 CNMC3 的端子 A1、B1 接入，当 KM1 常闭触点接通时，光电耦合器件导通，给系统送入接触器 KM1 监控（MONKM1）信号；CRMA74 的端子 A4、B4 短接，接通光电耦合器件的供电通路，如图 4-27 所示，简化图如图 4-28 所示。

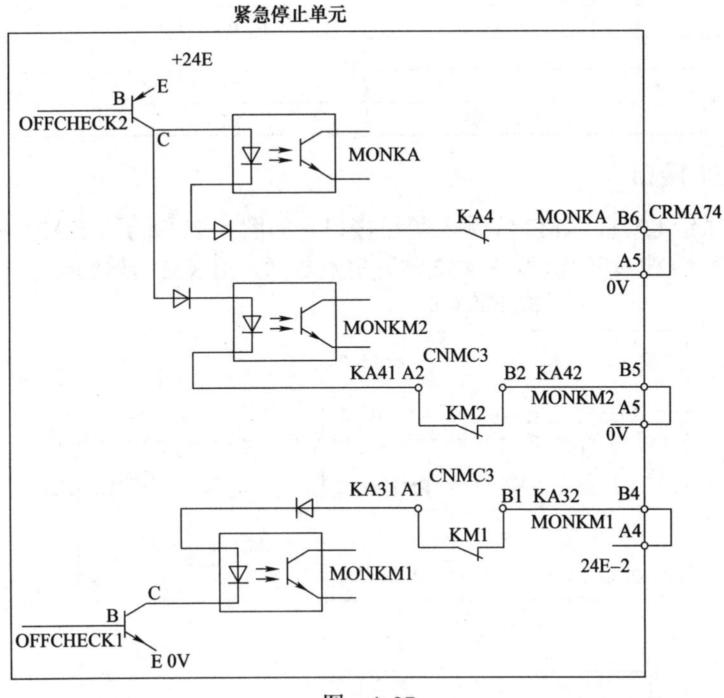

图 4-27

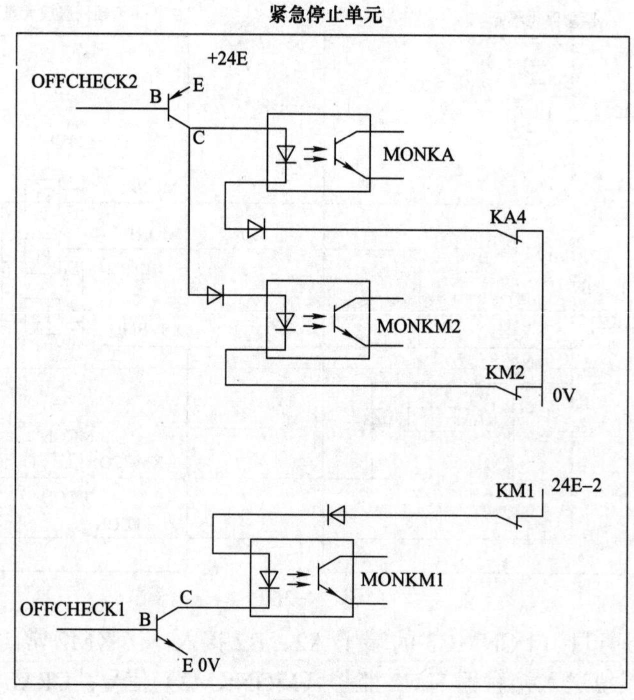

图 4-28

CRMA74 端子信号见表 4-8。

表 4-8

插脚编号	信号	插脚编号	信号
A1	MONKA1	B1	BRKDLY
A2	SVON11	B2	SVON1
A3	SVON21	B3	SVON2
A4	24E-2	B4	MONKM1
A5	0V	B5	MONKM2
A6	FANOFF	B6	MONKA

4.2.8 CNMC7 接口

CNMC7 是供给 KM1、KM2 线圈电源的接口，如图 4-29 所示，KA31 常开触点导通，给 KM2 线圈提供 200V 交流电源；KA32 常开触点导通，给 KM1 线圈提供 200V 交流电源。

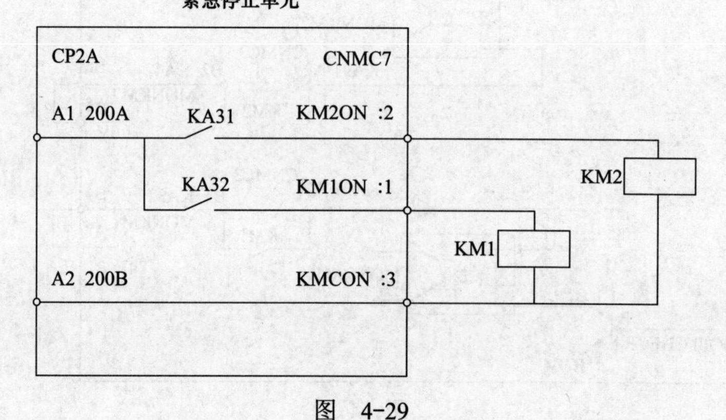

图 4-29

CNMC7 端子信号见表 4-9。

表　4-9

插脚编号	信号
1	KM1ON（COIL1）
2	KM2ON（COIL2）
3	KMCON（COILC）

4.2.9　CNMC6、CRRA12 接口

CNMC6 是预充电 220V 交流电源输入及预充电输出接口，CRRA12 是三相电源监控接口。如图 4-30 所示，三相电源 U0、V0、W0 经过滤波器、变压器，输出三相 220V 交流电源 U3、V3、W3。KM1 接触器工作，KA4 触点接通，经过电阻限流启动，可以防止冲击，将三相电接入六轴伺服放大器的电源接口 CRR38A 中，给伺服电动机供电。

KM2 接通，短接 KA4、限流电阻，将三相 220V 交流电源直接接入六轴伺服放大器的电源接口 CRR38A。

三相交流电源经过紧急停止单元的 CRRA12 接口，接入六轴伺服放大器的 CRRA12 接口中，对三相电源进行监视。

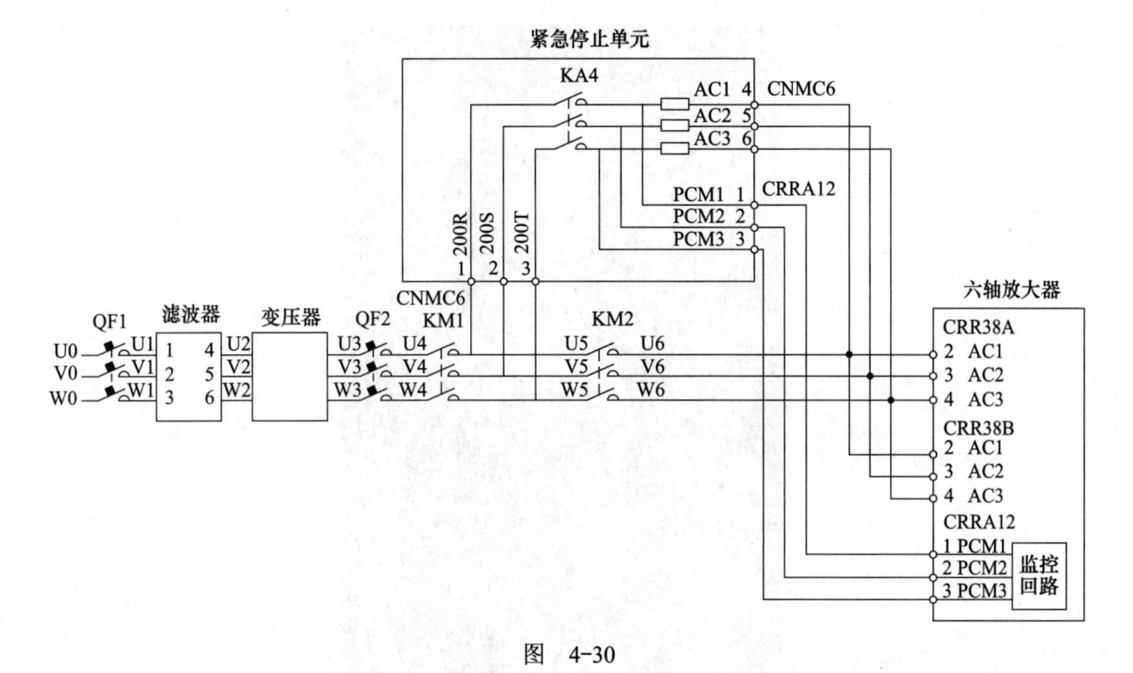

图　4-30

QF2 的位置如图 4-31 所示。KM1、KM2 在 QF2 的下方（紧急停止单元的下面）。

CRRA12、CNMC6 的位置如图 4-32 所示。

CNMC6、KA4、KA31、KA32、KA33 位置如图 4-33 所示。

CNMC6 端子信号见表 4-10。

CRRA12 端子信号见表 4-11。

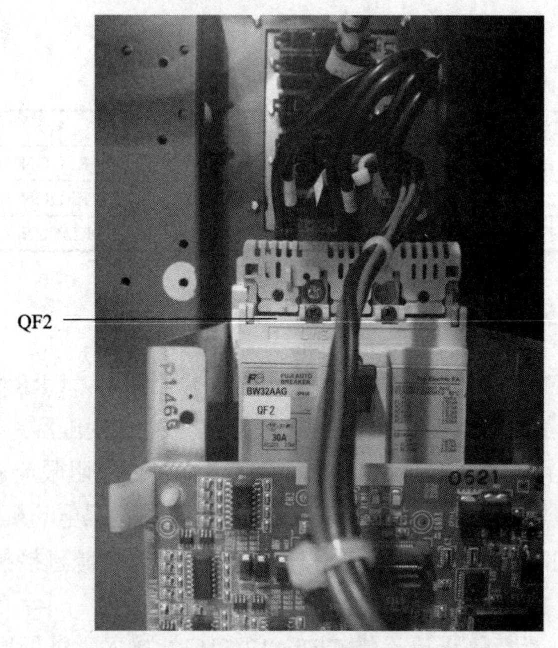

图 4-31

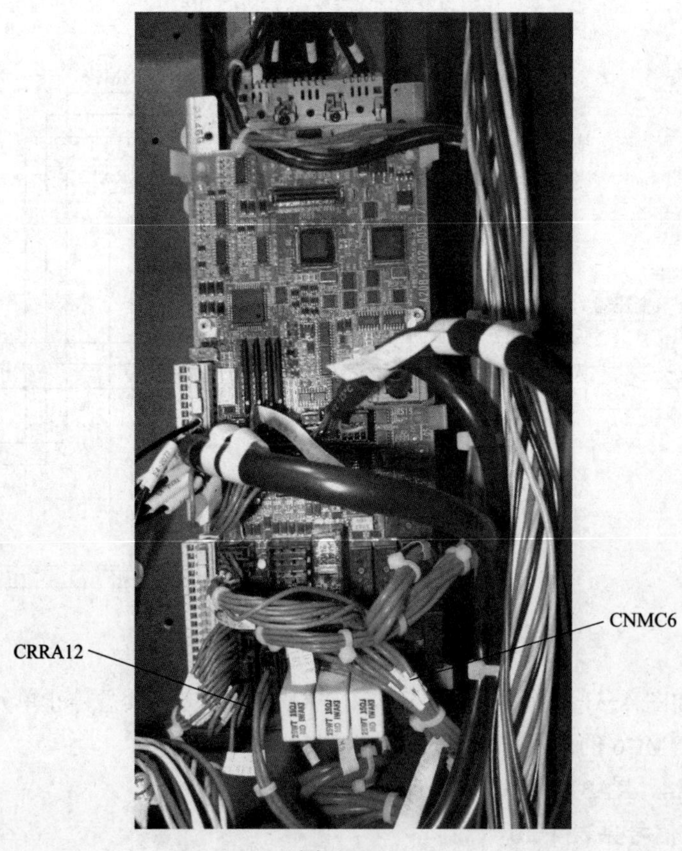

图 4-32

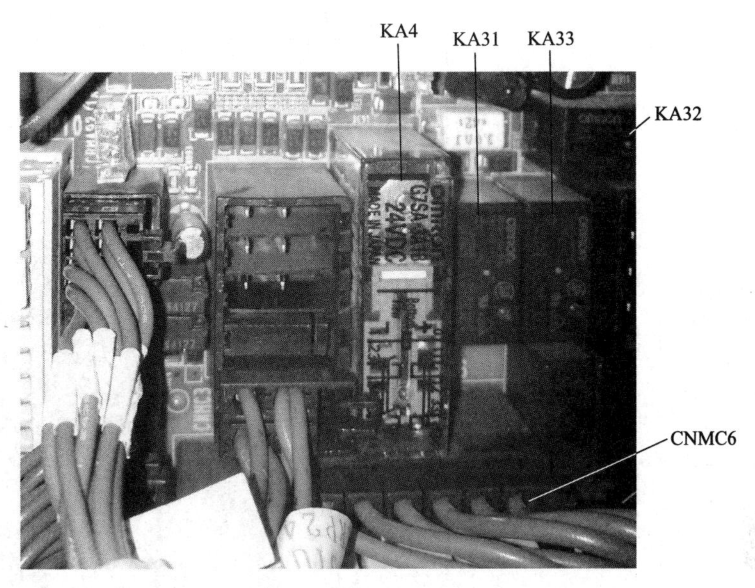

图　4-33

表　4-10

插脚编号	信号
1	200R
2	200S
3	200T
4	AC1
5	AC2
6	AC3

表　4-11

插脚编号	信号
1	PCM1
2	PCM2
3	PCM3

4.2.10　TBOP10 端子排

TBOP10端子排是KM1、KM2的常开、常闭辅助触点的接线端子。TOP10电路图如图4-34所示。INT24V 为内部 24V 电源端，INT0V 为内部电源的 0V 端。EXT24V、EXT0V 为外部电源接线端子。EXT24V、EXT0V 端子可以外接独立的外部电源，也可以如图 4-34、图 4-35所示，使用内部电源。外部电源 EXT24V、EXT0V 接线端子通过 FUSE2 熔丝从内部电源INT24V、INT0V 获取直流 24V 电源。TBOP10 位置如图 4-36 所示。

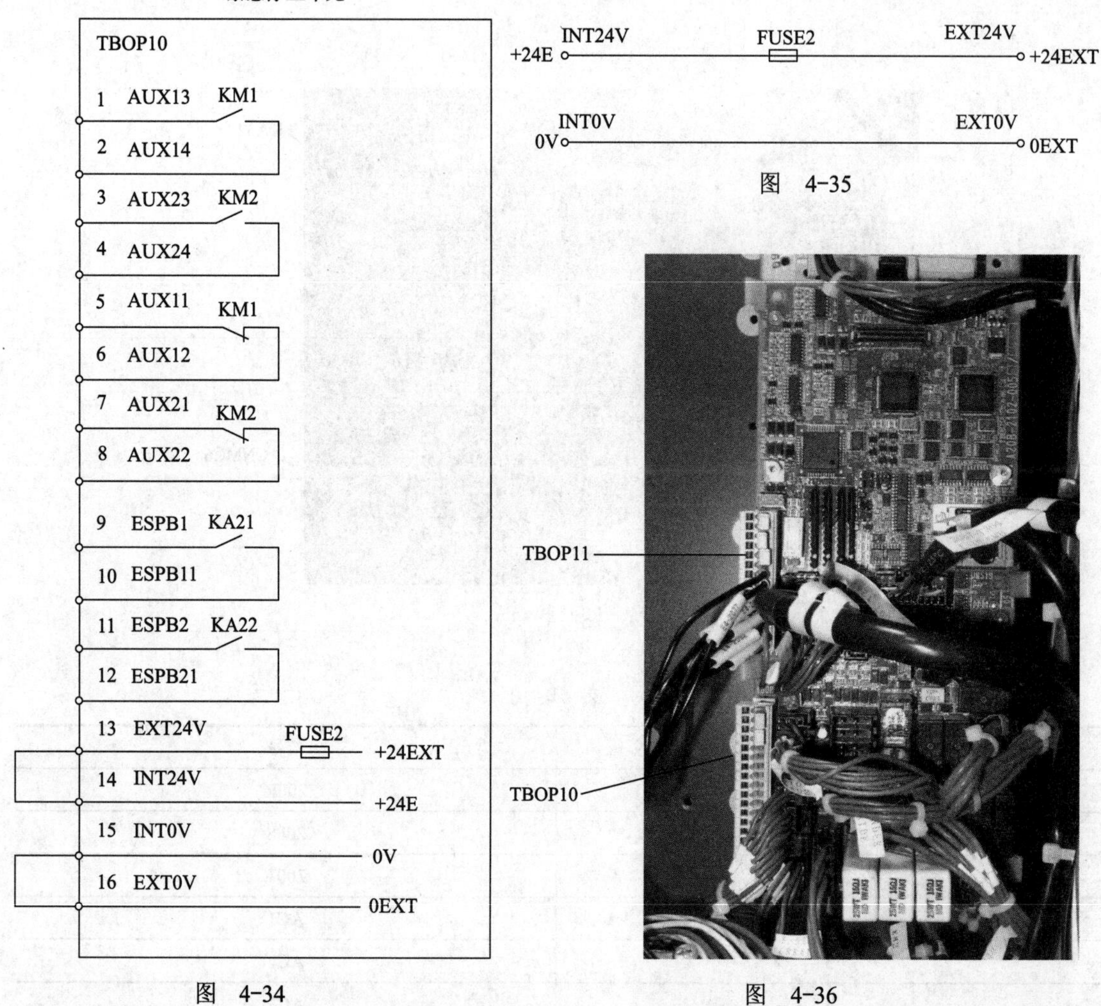

图 4-34

图 4-35

图 4-36

TBOP10 端子信号见表 4-12。

表 4-12

插脚编号	信号	插脚编号	信号
1	AUX13	9	ESPB1
2	AUX14	10	ESPB11
3	AUX23	11	ESPB2
4	AUX24	12	ESPB21
5	AUX11	13	EXT24V
6	AUX12	14	INT24V
7	AUX21	15	INT0V
8	AUX22	16	EXT0V

4.2.11 TBOP11 端子排

TBOP11 为外部急停、外部停止等接线端子排，其位置如图 4-36 所示。

如图 4-37 所示，SB3 为双通路急停按钮，EES1、EES11 和 EES2、EES21 中任一路信号断开，工业机器人将处于急停状态。

SQ2 为双通路自动停止开关，例如安全门锁，EAS1、EAS11 和 EAS2、EAS21 中任一路信号断开，当工业机器人处于 AUTO 模式时，工业机器人会按照事先设定的停止模式停止。在 T1、T2 模式下，可以进行工业机器人的操作。

SQ3 为双通路伺服停止开关，EGS1、EGS11 和 EGS2、EGS21 中任一路信号断开，工业机器人的六轴伺服放大器将处于停止状态。

EXOFF 电源外部停止信号如图 4-6、图 4-7 所示，信号断开，电源供给单元将不能正常工作。

TBOP11 四路简化图如图 4-38 ～图 4-40 所示。

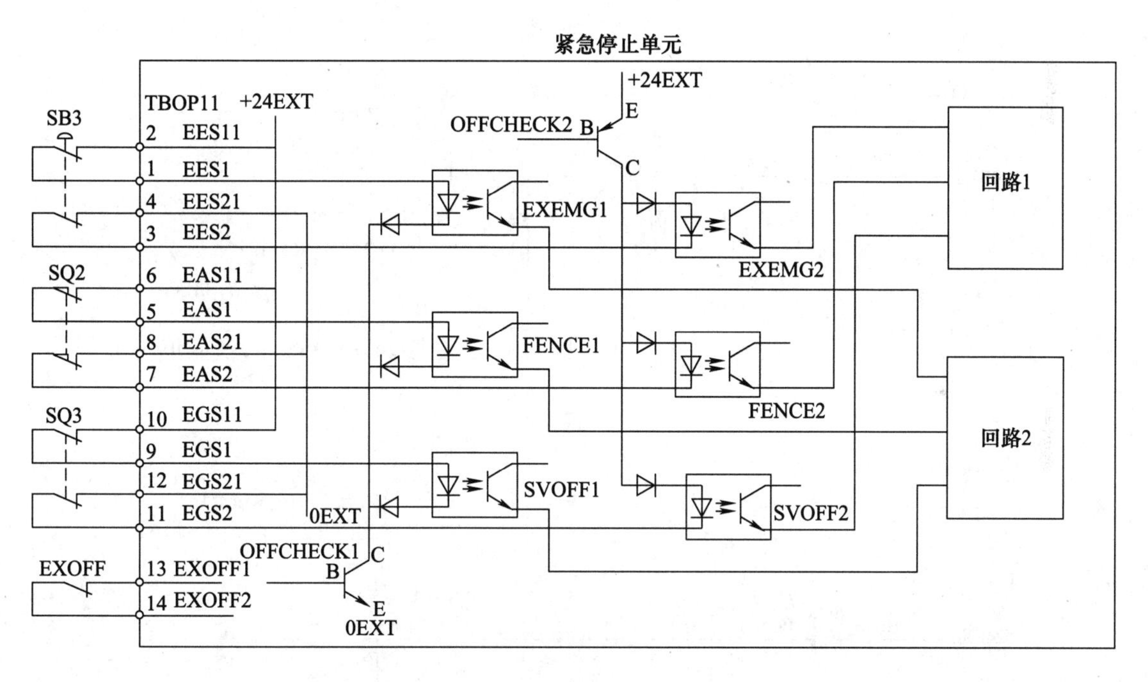

图　4-37

系统发出 OFFCHECK1、OFFCHECK2 信号时，三极管导通，通路接通 +24EXT、0EXT 电源。

外部信号（EES1、EES11 和 EES2、EES21）导通，激活光电耦合器件，向系统发出 EXEMG1、EXEMG2 信号。

外部信号（EAS1、EAS11 和 EAS2、EAS21）导通，激活光电耦合器件，向系统发出 FENCE1、FENCE2 信号。

外部信号（EGS1、EGS11 和 EGS2、EGS21）导通，激活光电耦合器件，向系统发出 SVOFF1、SVOFF2 信号。

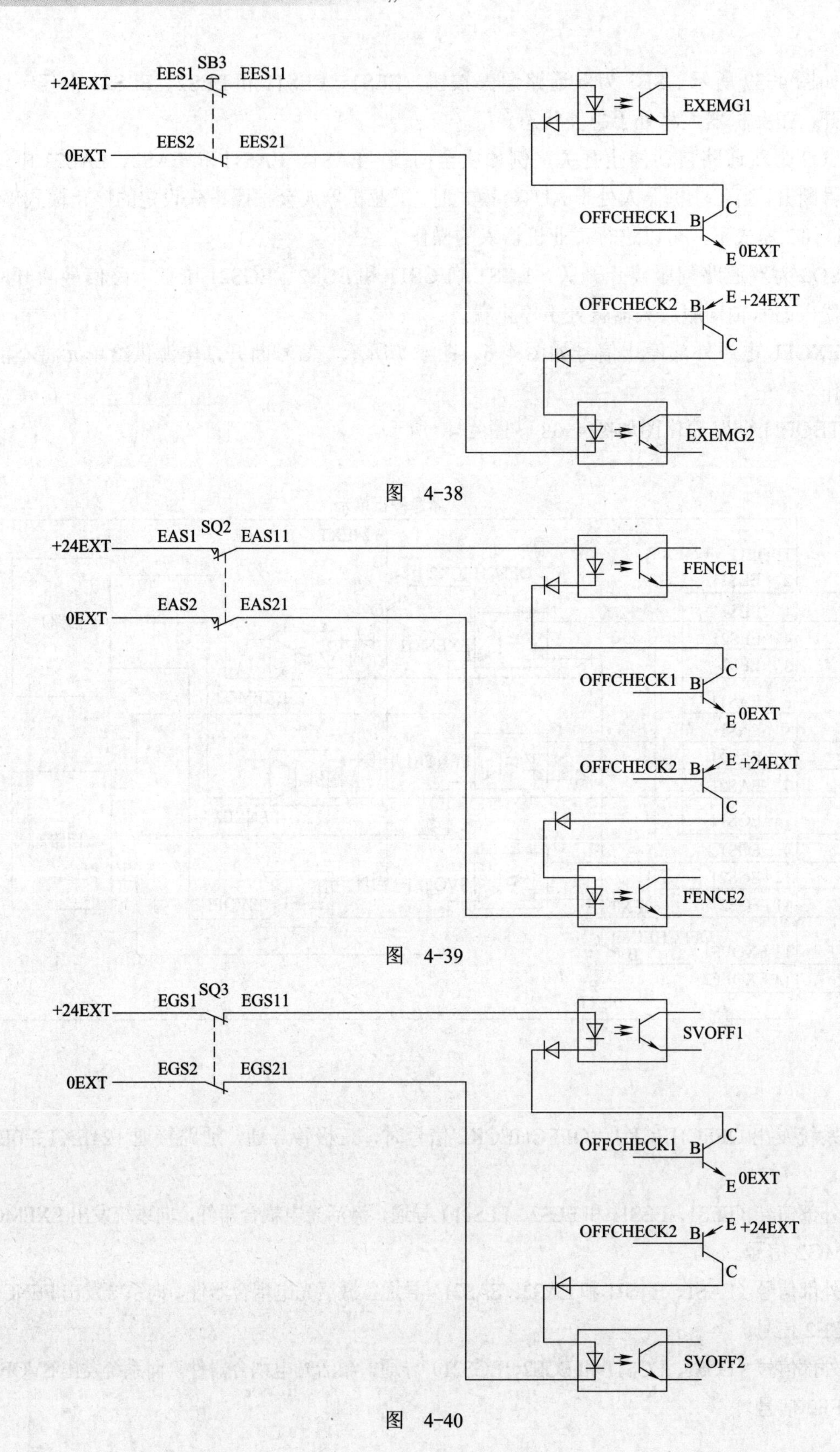

图 4-38

图 4-39

图 4-40

TBOP11 端子信号见表 4-13。

表　4-13

插脚编号	信号	插脚编号	信号
1	EES1	8	EAS21
2	EES11	9	EGS1
3	EES2	10	EGS11
4	EES21	11	EGS2
5	EAS1	12	EGS21
6	EAS11	13	EXOFF1
7	EAS2	14	EXOFF11

4.2.12　CRMA92 接口

紧急停止单元通过 CRMA92 接口与六轴伺服放大器的 CRMA91 接口相连，进行互锁控制，如图 4-41 所示。CRMA92 接口中 MON1、XSVEMG、MON2、XMCCON、XPCON 如图 4-25 所示。

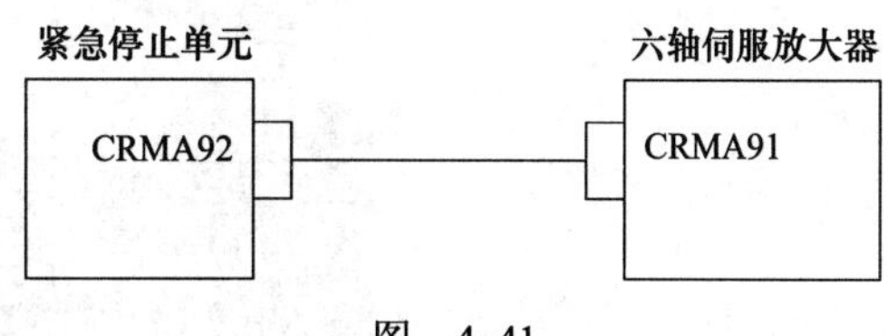

图　4-41

如图 4-42 所示，在 AUTO 模式下，高电平信号 AUTO1B 通过 CRT27 的 A3 端子传送给 CRMA92 的 B2 端子，再传送到六轴伺服放大器 CRMA91 的 A1 端子，产生抱闸延迟信号 BRKDLY。

HMI 信号通过 CRT27 的 B2 端子传送给 CRMA92 的 B1 端子，再传送到六轴伺服放大器 CRMA91 的 A2 端子，产生抱闸信号 BRKON。

KM1、KM2 常开触点通过 CNMC3 的 A4、B4 端子传送给 CRMA92 的 B4 端子，再传送到六轴伺服放大器 CRMA91 的 A6 端子，产生 KM2 导通（KM2ON）信号。

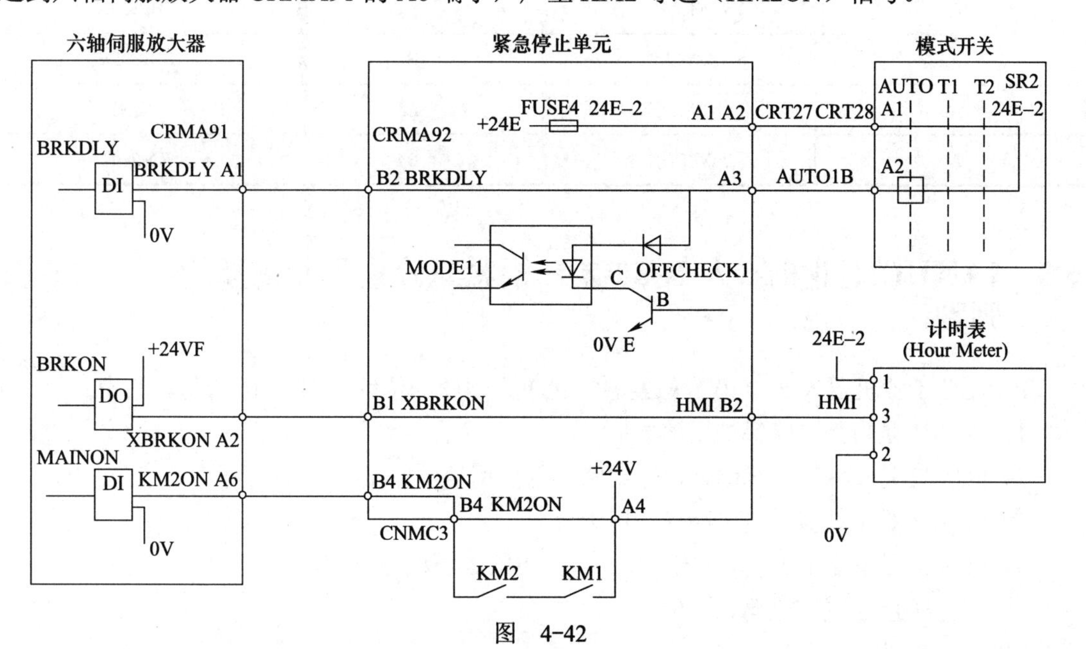

图　4-42

CRMA92 接口的位置如图 4-43 所示。

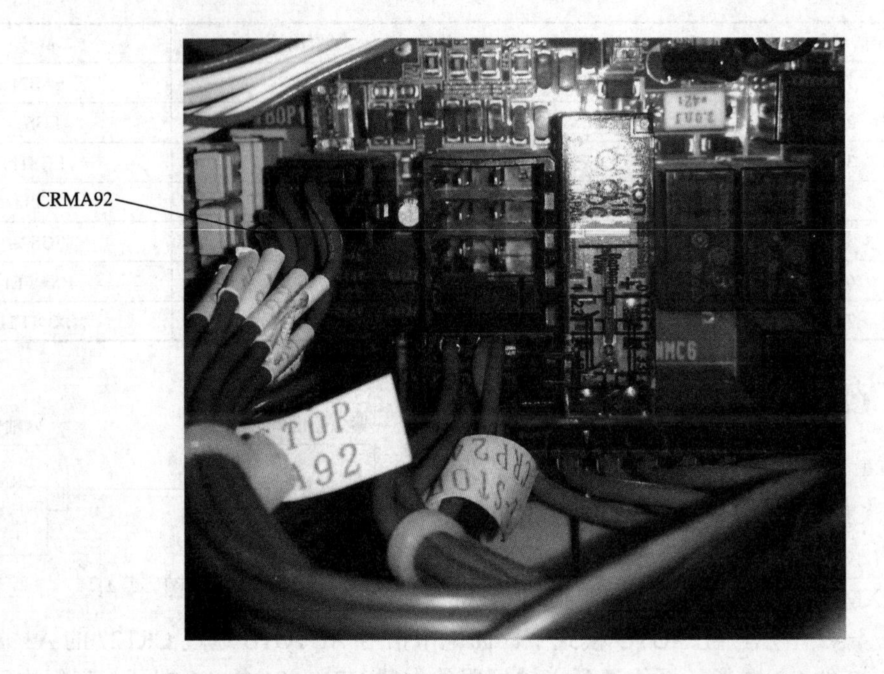

图 4-43

CRMA92 端子信号见表 4-14。

表 4-14

插脚编号	信号	插脚编号	信号
A1	MON2	B1	XBRKON
A2	XSVEMG	B2	BRKDLY
A3	XMCCON	B3	MON1
A4	XPCON	B4	KM2ON

4.3 FANUC 工业机器人 R-30iB B 柜紧急停止单元熔丝的位置和更换判别

FANUC 工业机器人 R-30iB B 柜紧急停止单元熔丝的位置如图 4-44 所示。其中：

1）FUSE1 是内部电路保护用熔丝。

2）FUSE2 是 +24EXT 线路（急停线路）保护用熔丝。

3）FUSE3 是示教器供电电路保护用熔丝。

4）FUSE4 是安全 I/O 板的安全输入信号（SFDI）保护用熔丝。

熔丝更换的判别方法见表 4-15。

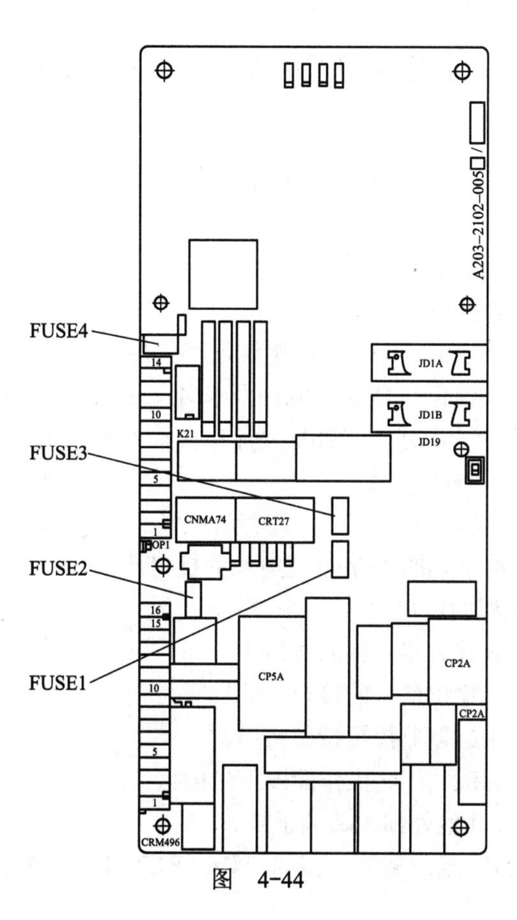

图　4-44

表　4-15

名称	熔断时的现象	对策
FUSE1	示教器界面上显示“SRVO-217 紧急停止电路板未找到”或者“PRIO-091 E-Stop PCB comm.Error”（急停板通信错误）	1）确认急停板和主板之间的电缆是否有异常，如有异常可予以更换 2）更换紧急停止单元 3）更换主板（注：在采取对策 3）之前，完成控制的所有程序和设定内容的备份）
FUSE2	示教器界面显示“SRVO-213 E-STOP Board FUSE2 blown”（急停板熔丝 2 熔断）	1）熔丝没有断线而显示报警时，确认 EXT24V 和 EXT0V（TBOP14：A 控制柜或者 TBOP10：B 控制柜）的电压。如果没有使用 EXT24V 和 INT0V，确认 EXT24V 和 INT24V 或者 EXT0V 和 INT0V 之间的跨接线插脚是否异常 2）使用 FENCE、SVOFF、EXEMG 时，可能是由于这些信号短路或者发生接地故障。确认这些电缆是否异常 3）更换操作盘电缆（CRT27） 4）更换急停板 5）更换示教器电缆 6）更换示教器
FUSE3	示教器的显示消失	1）检查示教器电缆是否有异常，如有异常则予以更换 2）检查示教器上是否有异常，如有异常则予以更换 3）更换急停板
FUSE4（限于 B 控制柜）	示教器界面显示“SRVO-348 DCS MCC 关闭报警”	1）检查 SFDI 电缆是否有异常，如有异常则予以更换 2）检查操作面板电缆（CRT27）是否有异常，如有异常则予以更换 3）更换紧急停止单元

4.4 FANUC 工业机器人 R-30iB A 柜紧急停止单元的接口和端子排作用

FANUC 工业机器人 R-30iB A 柜紧急停止单元的接口和端子排如图 4-45 所示。接口和端子排作用说明如下：

JRS20：与主板进行通信的接口。

CRS36：连接示教器的接口。

CRRA8：与电源供给单元的 200V 交流电源连接的接口。

CNMC5：供给 KM1、KM2 的线圈电源以及 KM1、KM2 辅助触点的接口。

CNMC6：与变压器连接的预充电 220V 交流电源输入及预充电输出的接口。

CRRA12：三相电源监控的接口。

CRMB2：安全信号的接口。

CRP33：来自电源供给单元的 24V 直流电源的接口。

CRP34：直流 24V 电源的接口。

CRMA92：与六轴伺服放大器互锁的接口。

CRMA93：面板输入、输出信号的接口。

CRMA94：继电器、接触器监控短接的接口。

CRT27：模式开关、面板急停、操作面板信号的接口。

TBOP13：外部急停及其他外部线路端子排。

TBOP14：KM1 和 KM2 辅助触点、外部 24V（EXT24V、EXT0V）、急停输出、外部停止等端子排。

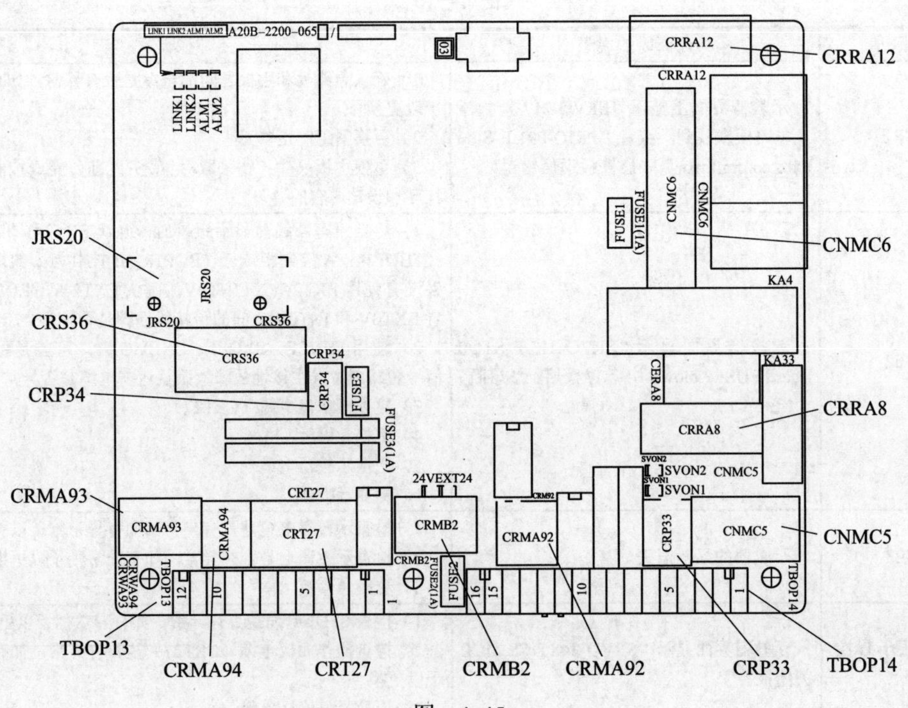

图 4-45

4.5 FANUC 工业机器人 R-30iB A 柜紧急停止单元的连接

4.5.1 CRP33、CRP34 接口

CRP33 与电源供给单元的 +24V 直流电源 CP5、CP6 接口相连，作为紧急停止单元的直流电源，如图 4-46 所示。

CRP33 的 A3、B3 端子的 +24V 直流电源经过熔丝 FUSE3，通过 CRS36 的 A1、A2 端子提供 24V，CRS36 的 A6、B6 提供 0V，给示教器提供电源。这一路电源标记为 +24T。

CRP33 的 A2、B2 的端子的 +24V 直流电源经过熔丝 FUSE1，产生 5V、3.3V 的直流电源，给紧急停止单元自身的内部电路供电。

CRP33 的 A2、B2 端子的 +24V、0V 直流电源分别接到端子排 TBOP14 的 14、15（INT24V、INT0V）端子，作为内部电源。外部急停输入按钮如果需要内部电源供电，TBOP14 的 13、16（EXT24V、EXT0V）外部电源端子连接 TBOP14 的 14、15 端子，可以接入内部电源，内部电源通过 FUSE2 给急停安全回路供电。这一路电源标记为 +24EXT。

CRP33 的 A2、B2 端子的 +24V 直流电源给监控接口 CRMA94 供电。工业机器人操作面板通过 CRT27 的端子 A1、A2 接入 24V，B1 接入 0V，给操作面板供电。安全 I/O 板通过 CRMB2 的 A1、A2（+24V）以及 B1、B2（0V）端子接入电源。这一路电源标记为 +24E。

CRP33 的 A2、B2 端子的 +24V 直流电源接到 CRP34 的 A1、A2（24V）和 B1、B2（0V），为外围 I/O 电路提供电源。这一路电源标记为 +24E。

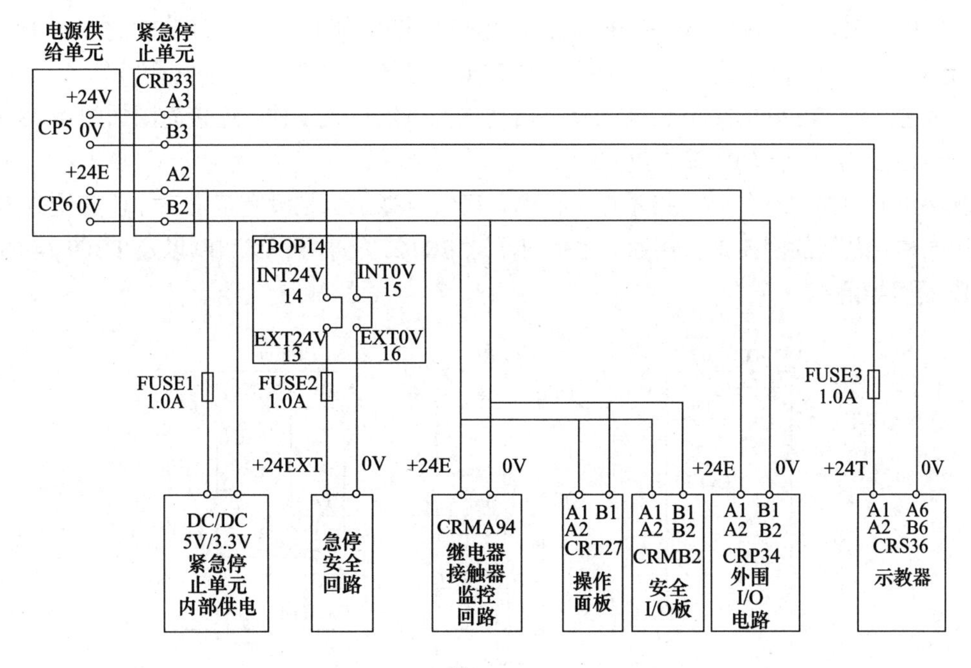

图 4-46

CRP33 端子信号见表 4-16。

表 4-16

插脚编号	信号	插脚编号	信号
A1	+24E	B1	0V
A2	+24E	B2	0V
A3	+24V	B3	0V

CRP34 端子信号见表 4-17。

表 4-17

插脚编号	信号	插脚编号	信号
A1	+24E	B1	0V
A2	+24E	B2	0V

4.5.2 JRS20 接口

JRS20 是紧急停止单元与主板进行通信的接口，与 FANUC 工业机器人 R-30iB B 柜的 JRS19 作用相同。

JRS20 除通信功能外，还控制电源供给单元的工作。电源供给单元工作的控制电路如图 4-47 所示。JRS20 的端子 5（ON）要与 JRS20 的端子 6（OFF）导通，此时电源供给单元工作。具体说明如下：

JRS20 的端子 5 接到 CRMA93 的端子 A6，再接到 CRT27 的端子 A9，继续接到 CRT27 的端子 B9（CRT27 的端子 A9 和 B9 短接，也可以接外部开关）。CRT27 的端子 B9 连接 CRMA93 的端子 B6，再连接到端子排 TBOP14 的端子 11，经过外部常闭按钮连接到端子 12，最后连接到 JRS20 的端子 6（OFF），启动电源供给单元工作。连接简图如图 4-48 所示，继电器 K1 工作，电源 CP1 输送给 CP2。

如果电源供给单元的 PIL 指示灯（绿色）已经点亮，但是没有正常工作，应检查 JRS20 的端子 5 和 6 之间的回路是否接通。尤其应注意 CRT27 的端子 A9、B9 以及 TBOP14 的端子 11、12 是否导通。

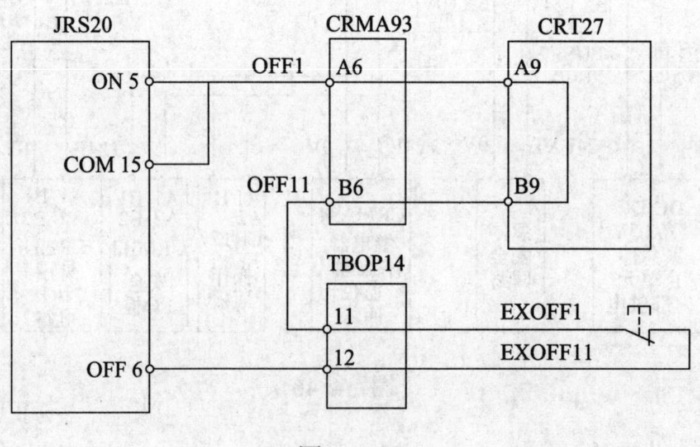

图 4-47

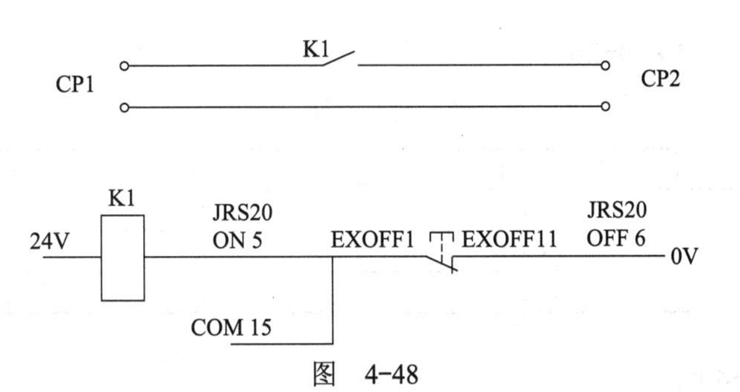

图 4-48

JRS20 端子信号见表 4-18。

表 4-18

插脚编号	信号	插脚编号	信号
1	RXTP	11	RXP_TP
2	*RXTP	12	RXN_TP
3	TXTP	13	TXP_TP
4	*TXTP	14	TXN_TP
5	ON	15	COM
6	OFF	16	0V
7	RXSILD1	17	RXSILD2
8	*RXSILD1	18	*RXSILD2
9	TXSILD1	19	TXSILD2
10	*TXSILD1	20	*TXSILD2

4.5.3 CRS36 接口

紧急停止单元与示教器通过 CRS36 接口进行通信，与 FANUC 工业机器人 R-30iB B 柜的 CRS36 接口相同，此处不再赘述。

4.5.4 CRT27 接口

紧急停止单元与操作面板通过 CRT27 接口连接，与 FANUC 工业机器人 R-30iB B 柜的 CRT27 接口相同，仅供电电源改为 +24E。

CRT27 端子信号见表 4-19。

表 4-19

插脚编号	信号	插脚编号	信号
A1	+24E	B1	0V
A2	+24E	B2	HMI
A3	AUTO1B	B3	AUTO2B
A4	MODE1B	B4	MODE2B
A5	OPESP1	B5	OPESP11
A6	OPESP2	B6	OPESP21
A7	PDO1(BUSY)	B7	PDI1(FAULT RESET)
A8	PDO2(FAULT)	B8	PDI2(CYCLE START)
A9	OFF1	B9	OFF11
A10		B10	

CRT28 端子信号见表 4-20。

表 4-20

插脚编号	信号	插脚编号	信号
A1	+24E	B1	0V
A2	AUTO1B	B2	AUTO2B
A3	MODE1B	B3	MODE2B

4.5.5 CRRA8 接口

CRRA8 接口与 FANUC 工业机器人 R-30iB B 柜的 CP2A 接口的作用相同，如图 4-49 所示。

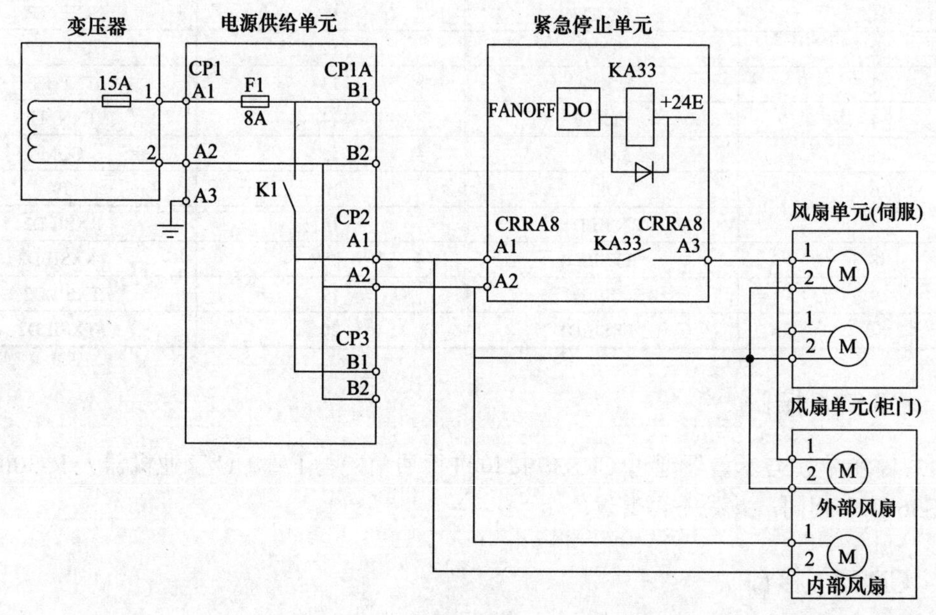

图 4-49

CRRA8 端子信号见表 4-21，200A、200B 为单相 200V 交流电，200FAN 为风扇电源。

表 4-21

插脚编号	信号
1	200A
2	200B
3	200FAN

4.5.6 CRMA94 接口

CRMA94 是继电器、接触器监控短路接口。继电器 KA32、KA4、KA31 控制回路如图 4-50 所示，简化图如图 4-51 所示。系统给出 SOFTON2 激活三极管，继电器 KA32 线圈得电，同时 MON2 信号获得低电平，作为继电器 KA32 工作的检测信号。CRMA94 的端子 A2、B2 短接，接通继电器 KA32 线圈的供电通路。

系统给出 SOFTON1 激活三极管，继电器 KA4、KA31 线圈的一端接通 24V。六轴伺服放大器的 PCON 信号导通，KA4 线圈的另一端接通 0V，KA4 线圈得电。六轴伺服放大器的 MCON 信号导通，KA31 线圈的另一端接通 0V，KA31 线圈得电。KA4、KA31 线圈得电，同时 MON1、XSVEMG 信号获得高电平，作为继电器 KA4、KA31 工作的检测信号。CRMA94 的端子 A1、B1 短接，接通继电器 KA4、KA31 线圈的供电通路。

OFFCHECK2 信号导通三极管，当 KA4 常闭触点接通时，光电耦合器件导通，给系统送入继电器 KA 监控（MONKA）信号；CNMC5 的端子 B8、A8 接通，接通光电耦合器件的供电通路，如图 4-52 所示，简化图如图 4-53 所示。

当 KM2 常闭触点接通时，光电耦合器件导通，给系统送入接触器 KM2 监控（MONKM2）信号；CNMC5 的端子 A6、B6 接通，接通光电耦合器件的供电通路，如图 4-52 所示，简化图如图 4-53 所示。

OFFCHECK1 信号导通三极管，当 KM1 常闭触点接通时，光电耦合器件导通，给系统送入接触器 KM1 监控（MONKM1）信号；CNMC5 的端子 A5、B5 接通，接通光电耦合器件的供电通路，如图 4-52 所示，简化图如图 4-53 所示。

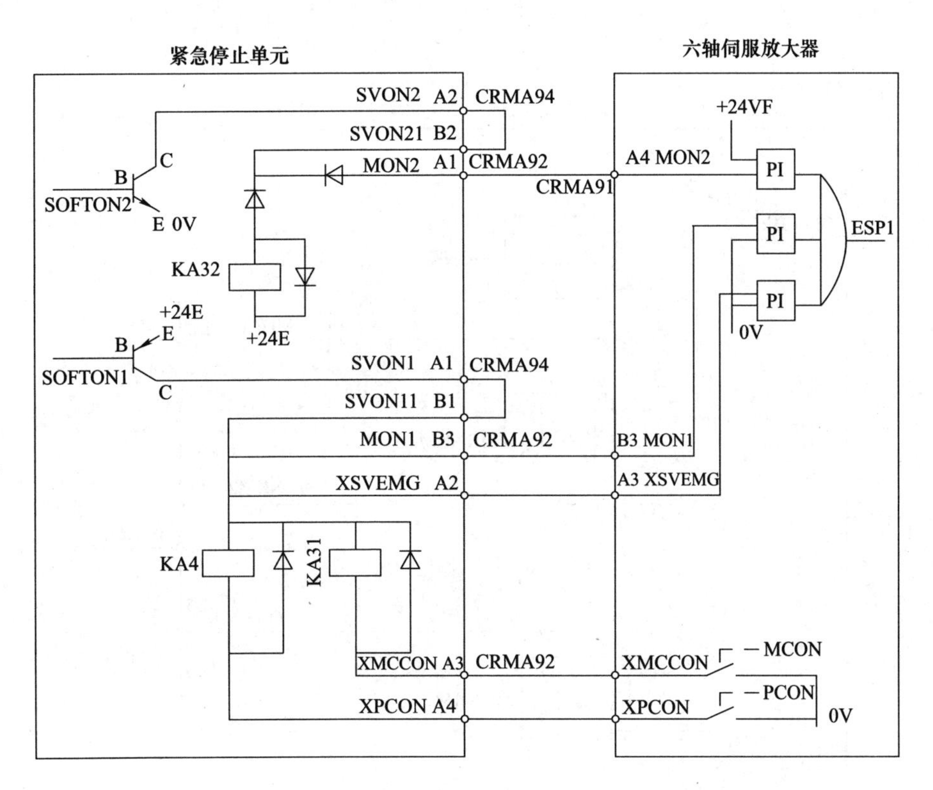

图 4-50

紧急停止单元
六轴伺服放大器
+24E
KA32
C
SOFTON2
B
E 0V
+24E
SOFTON1
B
E
C
KA4
KA31
+24VF
MON2
PI
MON1
PI
ESP1
XSVEMG
PI
0V
MCON
XMCCON
PCON
XPCON
0V

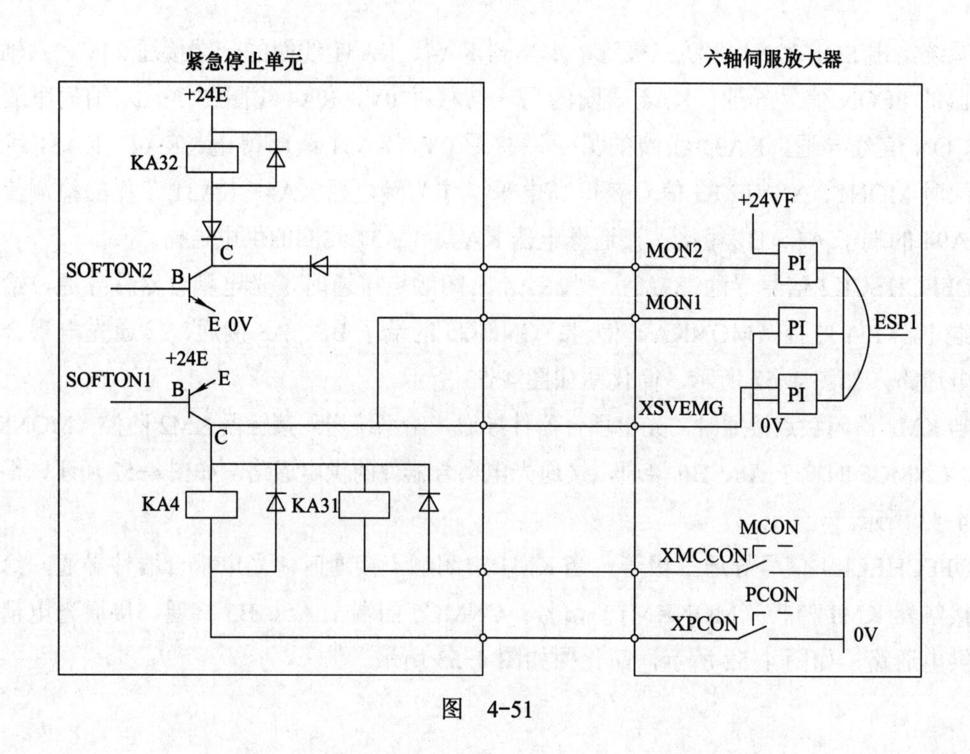

图 4-51

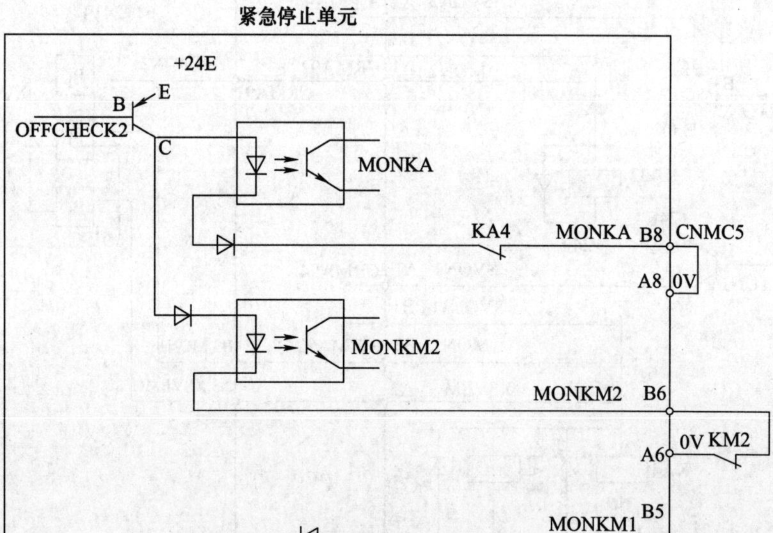

紧急停止单元
+24E
B
E
OFFCHECK2
C
MONKA
KA4
MONKA
B8
CNMC5
A8
0V
MONKM2
MONKM2
B6
0V
KM2
A6
B5
MONKM1
+24E
KM1
A5
MONKM1
C
B
OFFCHECK1
E 0V

图 4-52

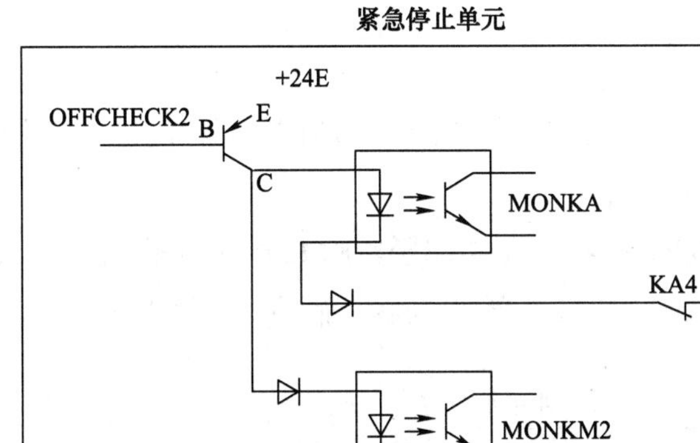

图 4-53

CRMA94 端子信号见表 4-22。

表 4-22

插脚编号	信号	插脚编号	信号
A1	SVON1	B1	SVON11
A2	SVON2	B2	SVON21
A3	OPDI5	B3	FANOFF

CNMC5 端子信号见表 4-23。

表 4-23

插脚编号	信号	插脚编号	信号
A1	AUX24	B1	AUX24
A2	AUX23	B2	AUX23
A3	AUX14	B3	AUX14
A4	AUX13	B4	AUX13
A5	+24E	B5	MONKM1
A6	0V	B6	MONKM2
A7	MCC1ON	B7	MCC2ON
A8	0V	B8	MONKA

4.5.7 CNMC5 接口

如图 4-54 所示，KA31 常开触点导通，给 KM2 线圈提供 24V 直流电源；KA32 常开触点导通，给 KM1 线圈提供 24V 直流电源。

KM1 的常开触点接到 TBOP14 的 1、2 端子，KM2 的常开触点接到 TBOP14 的 3、4 端子，作为辅助触点使用。KM1、KM2 线圈得电后，辅助常开触点闭合。

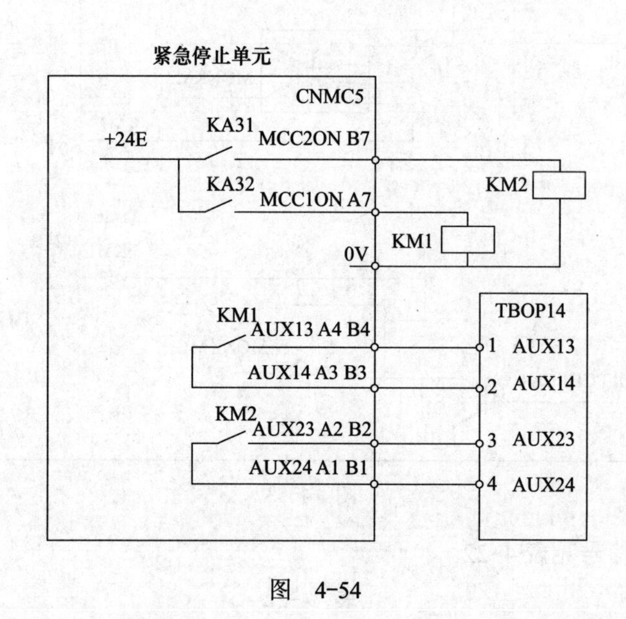

图 4-54

4.5.8 CNMC6、CRRA12 接口

CNMC6、CRRA12 接口与 FANUC 工业机器人 R-30iB B 柜的相同，此处不再赘述。

4.5.9 TBOP14 端子排

TBOP14 端子排是 KM1、KM2、KA21、KA22 的常开辅助触点接线端子，如图 4-55 所示。

EXOFF 电源外部停止信号见图 4-47，信号断开，电源供给单元不能正常工作。

DM1 通过二极管对应电位 24V，DM2 通过二极管对应电位 0V。

INT24V 为内部电源的 24V 端，INT0V 为内部电源的 0V 端。

EXT24V、EXT0V 为外部电源接线端子。外部电源 EXT24V、EXT0V 可以接外部独立电源，也可以如图 4-56 所示，使用内部电源。外部电源 EXT24V、EXT0V 通过 FUSE2 熔丝从内部电源 INT24V、INT0V 获取 24V 直流电源。

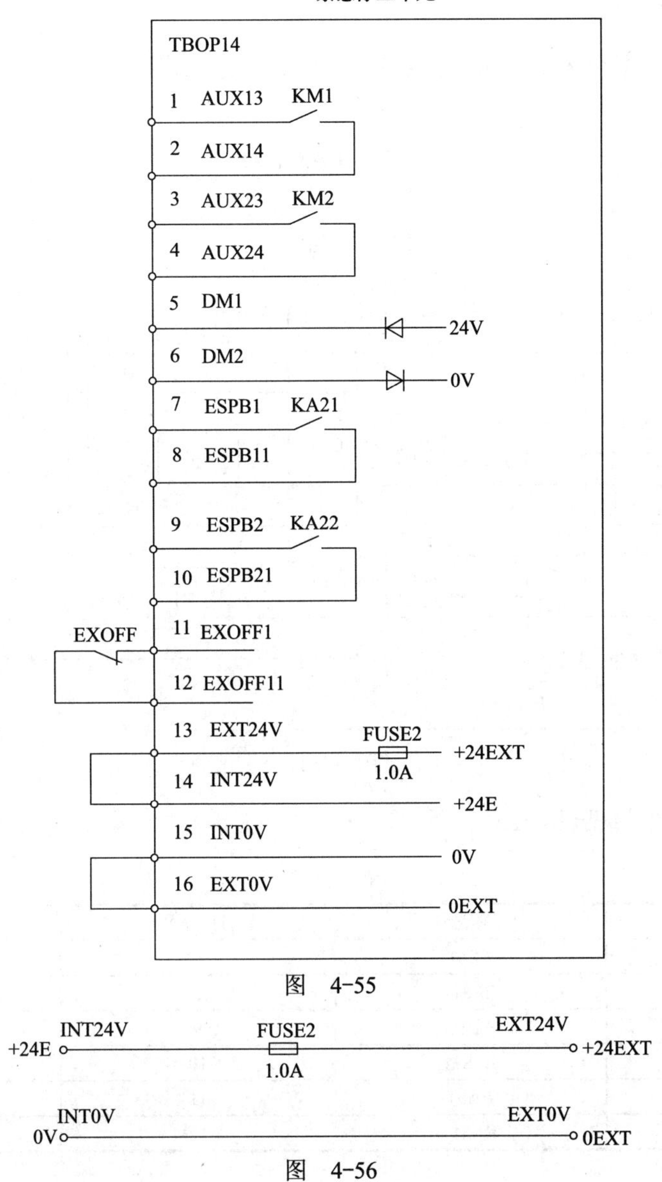

图　4-55

图　4-56

TBOP14 端子信号见表 4-24。

表　4-24

插脚编号	信号	插脚编号	信号
1	AUX13	9	ESPB2
2	AUX14	10	ESPB21
3	AUX23	11	EXOFF1
4	AUX24	12	EXOFF11
5	DM1	13	EXT24V
6	DM2	14	INT24V
7	ESPB1	15	INT0V
8	ESPB11	16	EXT0V

4.5.10 TBOP13 端子排

TBOP13 是外部急停及其他外部线路等接线端子排，如图 4-57 所示，与 FANUC 工业机器人 R-30iB B 柜的 TBOP11 相同。

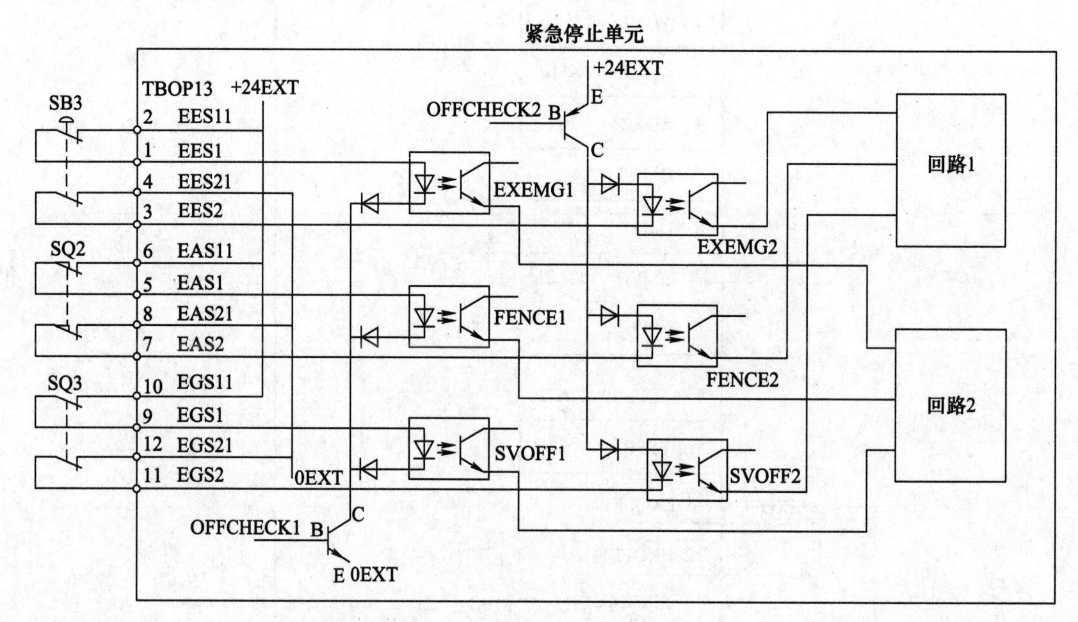

图 4-57

TBOP13 端子信号见表 4-25。

表 4-25

插脚编号	信号	插脚编号	信号
1	EES1	7	EAS2
2	EES11	8	EAS21
3	EES2	9	EGS1
4	EES21	10	EGS11
5	EAS1	11	EGS2
6	EAS11	12	EGS21

4.5.11 CRMA92 接口

紧急停止单元通过 CRMA92 接口与六轴伺服放大器的 CRMA91 接口相连，进行互锁控制，如图 4-58 所示。CRMA92 接口中的 MON1、XSVEMG、MON2、XMCCON、XPCON 如图 4-50 所示。

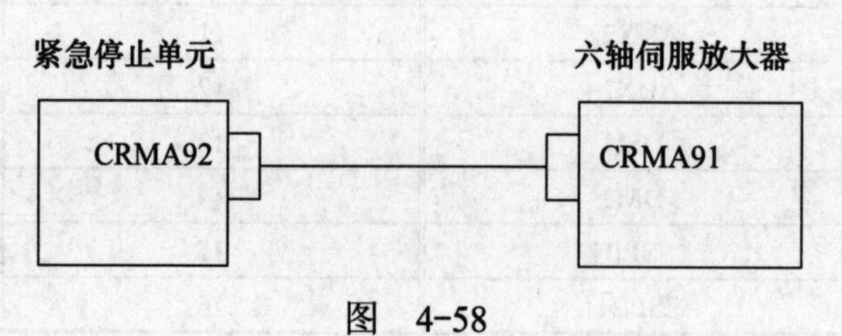

图 4-58

如图 4-59 所示，在 AUTO 模式下，高电平信号 AUTO1B 通过 CRT27 的 A3 端子传送给 CRMA92 的 B2 端子，再传送到六轴伺服放大器的 CRMA91 的 A1 端子，产生抱闸延迟信号 BRKDLY。

HMI 信号通过 CRT27 的 B2 端子传送给 CRMA92 的 B1 端子，再传送到六轴伺服放大器的 CRMA91 的 A2 端子，产生抱闸信号 BRKON。

KA31、KA32 常开触点通过 CRMA92 的 B4 端子，再传送到六轴伺服放大器的 CRMA91 的 A6 端子，产生 KM2 导通（KM2ON）信号。

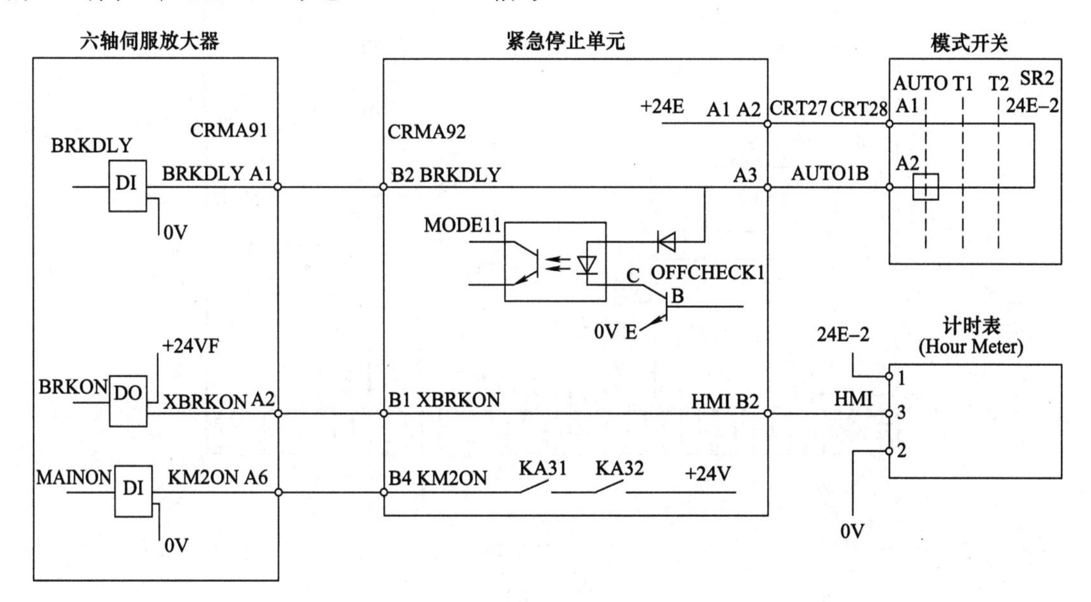

图 4-59

CRMA92 端子信号见表 4-26。

表 4-26

插脚编号	信号	插脚编号	信号
A1	MON2	B1	XBRKON
A2	XSVEMG	B2	BRKDLY
A3	XMCCON	B3	MON1
A4	XPCON	B4	KM2ON

4.6 FANUC 工业机器人 R-30iB A 柜紧急停止单元熔丝的位置和更换判别

FANUC 工业机器人 R-30iB A 柜紧急停止单元的熔丝位置如图 4-60 所示。

1）FUSE1 是内部电路保护用熔丝。

2）FUSE2 是 +24EXT 线路（急停线路）保护用熔丝。

3）FUSE3 是示教器供电电路保护用熔丝。

熔丝更换的判别方法见表 4-27。

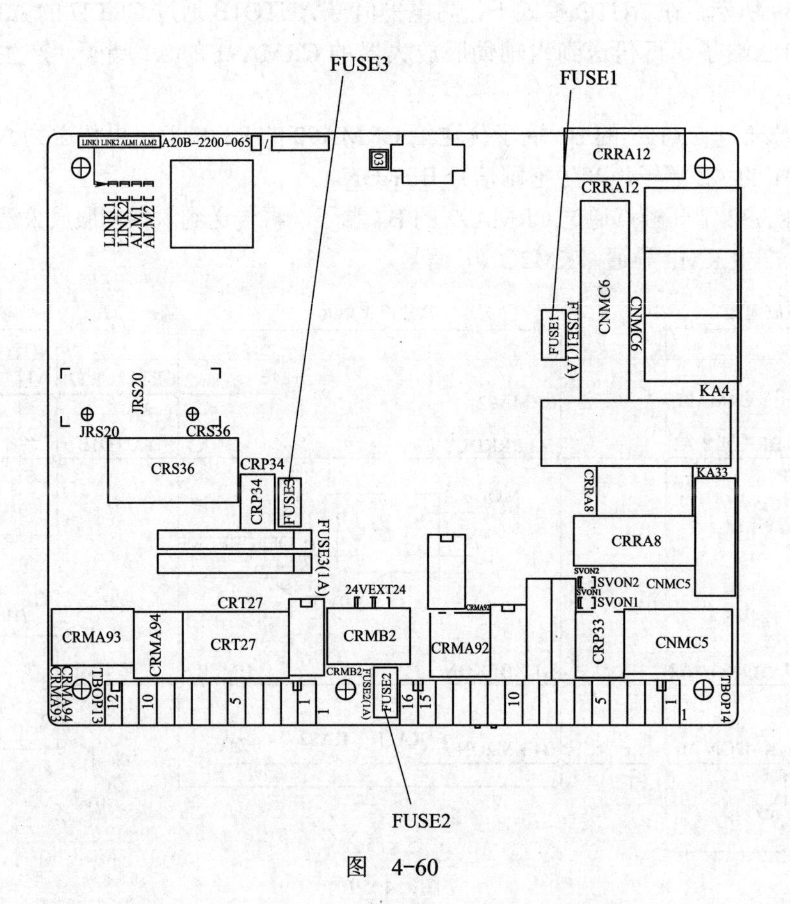

图 4-60

表 4-27

名称	熔断时的现象	对策
FUSE1	示教器界面显示“SRVO-217 紧急停止电路板未找到”或者“PRIO-091 E-Stop PCB comm. Error”（急停板通信错误）	1）确认急停板和主板之间的电缆是否有异常，如有异常可予以更换 2）更换紧急停止单元 3）更换主板（注：在采取对策 3）之前，完成控制的所有程序和设定内容的备份）
FUSE2	示教器界面显示“SRVO-213 E-STOP Board FUSE2 blown”（急停板熔丝 2 熔断）	1）熔丝没有断线而显示报警时，确认 EXT24V 和 EXT0V（TBOP14:A 控制柜或者 TBOP10：B 控制柜）的电压。如果没有使用 EXT24V 和 INT0V，确认 EXT24V 和 INT24V 或者 EXT0V 和 INT0V 之间的跨接线插脚是否异常 2）使用 FENCE、SVOFF、EXEMG 时，可能是由于这些信号短路或者发生接地故障。确认这些电缆是否异常 3）更换操作盘电缆（CRT27） 4）更换急停板 5）更换示教器电缆 6）更换示教器
FUSE3	示教器的显示消失	1）检查示教器电缆是否有异常，如有异常则予以更换 2）检查示教器上是否有异常，如有异常则予以更换 3）更换急停板

4.7 FANUC 工业机器人 R-30iB A 柜 /B 柜紧急停止单元 LED 的位置和故障判别

FANUC 工业机器人 R-30iB A 柜紧急停止单元 LED（LINK1、LINK2、ALM1、ALM2、24V、EXT24、SVON1、SVON2）的位置如图 4-61 所示。

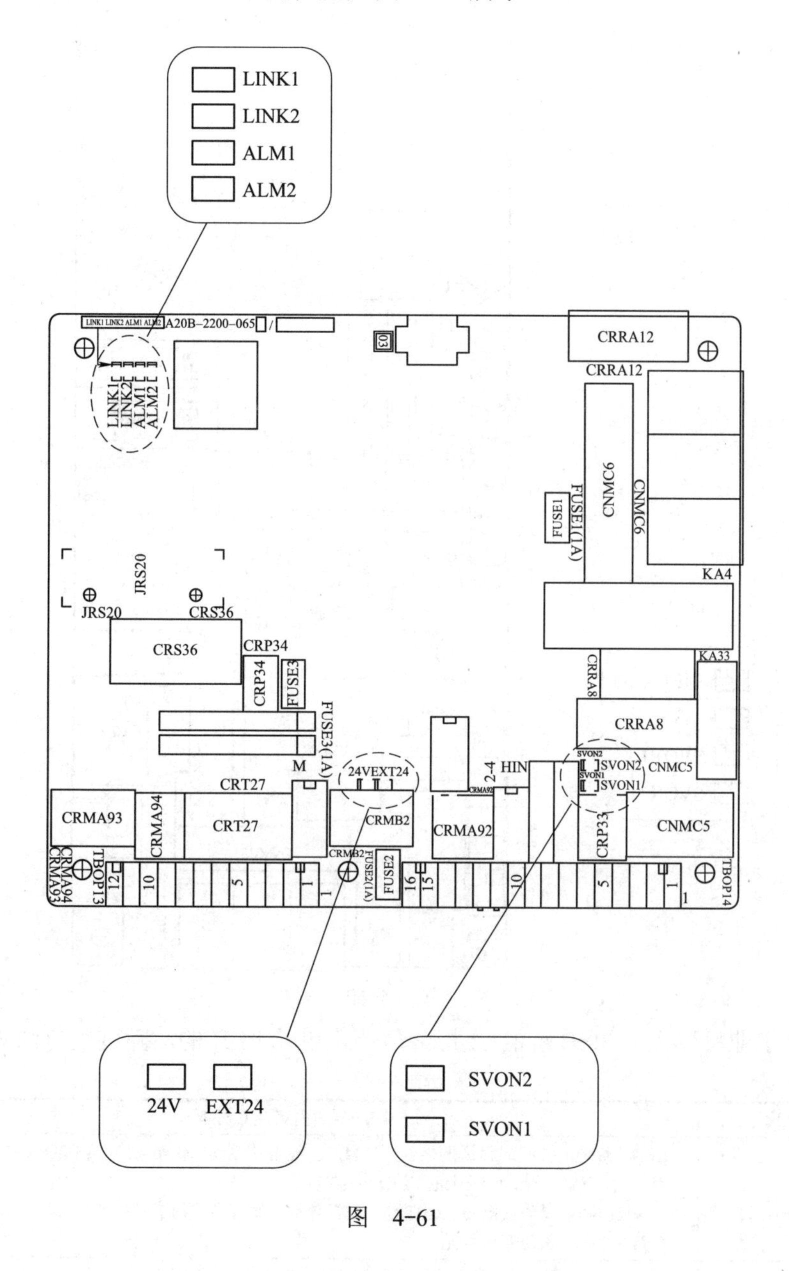

图 4-61

FANUC 工业机器人 R-30iB B 柜紧急停止单元 LED（FU4、LINK1、LINK2、ALM1、ALM2、24V、24 EXT、SVON1、SVON2）的位置如图 4-62 所示。

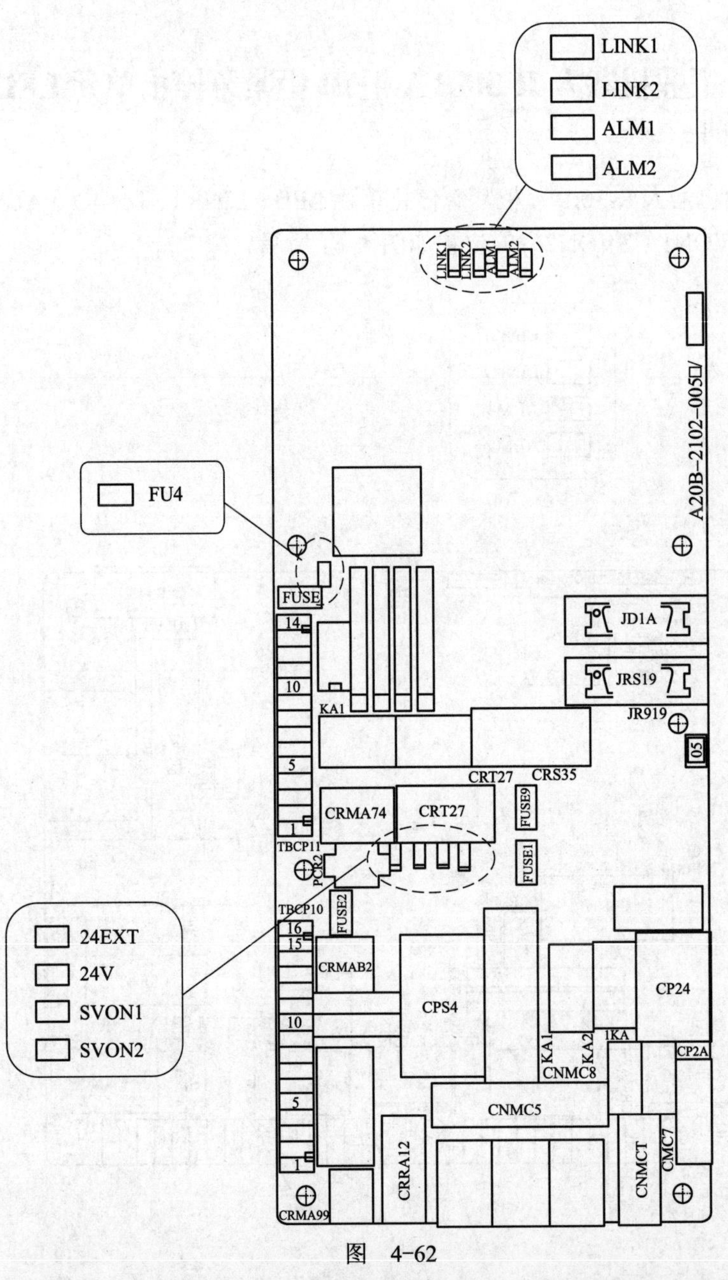

图 4-62

FANUC 工业机器人 R-30iB A 柜 /B 柜紧急停止单元 LED 的故障判别方法见表 4-28。

表 4-28

LED 的名称	故障内容及其对策
FU4（红色） （B 控制柜的情形）	LED（红色）点亮时，说明熔丝（FU4）已经熔断，尚未供给安全 DI 信号（SFDI）的 24V 电源 对策 1：确认安全 I/O 板上的 SFDI 的连接 对策 2：确认操作盘电缆（CRT27）是否异常，如有异常则予以更换 对策 3：更换紧急停止单元
24V（绿色）	LED 尚未点亮时，说明尚未供给示教器和内部电路的 +24E 对策 1：确认 CRP33（A 控制柜）或者 CP5A（B 控制柜）连接器和 24V 电源的供给。尚未供给 24V 电源时，确认电源单元的 CP6 连接器和熔丝（F3） 对策 2：更换急停板

（续）

LED 的名称	故障内容及其对策
EXT24/24EXT（绿色）	LED（绿色）尚未点亮时，说明还没有向急停电路供应 EXT24V 电源 对策 1：熔丝没有断线而显示报警时，确认 EXT24V 和 EXT0V（TBOP14：A 控制柜或者 TBOP10：B 控制柜）的电压。如果没有使用 +EXT24V、EXT0V，则确认 EXT24V 和 INT24V 或者 EXT0V 和 INT0V 之间的跨接线插脚是否有异常 对策 2：已使用 FENCE、SVOFF、EXEMG 时，可能是由于这些信号短路或者发生接地故障。确认这些电缆是否异常 对策 3：更换急停板 对策 4：确认示教器电缆是否异常，如有异常则予以更换 对策 5：更换示教器 对策 6：确认操作面板电缆（CRT27）是否异常，如有异常则予以更换
SVON1/SVON2（绿色）	LED（绿色）表示从急停板向伺服放大器的 SVON1/SVON2 信号的状态。SVON1/SVON2（绿色）点亮时，伺服放大器处于可通电的状态
LINK1/LINK2（绿色）	LINK1 或者 LINK2 闪烁（高速 1:1）时，由于发出了报警，通信停止 对策：根据如下所载的 ALMLED（红色）状态，和示教器上显示的信息，确定原因
ALM1/ALM2（红色）	1）ALM1 或者 ALM2 点亮时，可能是由于硬件不良所致 对策 1：确认主板、急停板间的电缆是否异常，如有异常则予以更换 对策 2：更换急停板 对策 3：更换主板 2）ALM1 或者 ALM2 闪烁（1:1）时，急停板和急停单元的 I/O Link *i* 上所连接的单元和通信停止。或者电缆受到噪声的影响 对策 1：确认急停板、急停板的 I/O Link *i* 上所连接的单元之间的电缆是否有异常，如有异常则予以更换 对策 2：更换急停板的 I/O Link *i* 上所连接的单元 对策 3：更换急停板 3）ALM1 或者 ALM2 闪烁（3:1）时，急停板的 I/O Link *i* 上所连接的单元发生电源的异常 对策 1：确认急停板的 I/O Link *i* 上所连接的单元的熔丝，已经熔断时应予以更换 对策 2：更换急停板的 I/O Link *i* 上所连接的单元 对策 3：更换急停板

4.8　FANUC 工业机器人 R-30iB Mate 紧急停止单元的接口和端子排作用

FANUC 工业机器人 R-30iB Mate 紧急停止单元的接口和端子排如图 4-63、图 4-64 所示，接口和端子排作用说明如下。

CRS40：紧急停止单元与主板进行通信的接口。

CRS36：连接示教器的接口。

CP1：单相 200V 交流电源连接的接口。

CP1A：柜门风扇、背面风扇的单相 200V 供电接口。

CRMB22：供给 KM1、KM2 的线圈电源的接口。

CNMC6：与变压器连接的预充电 220V 交流电源输入及预充电输出的接口。

CRRA12：三相电源监控的接口。

CRMB98：示教器使能开关输出的接口。

CP5A：来自电源供给单元的 24V 直流电源的接口。

CRMA92：与六轴伺服放大器互锁的接口。

CRMB8/CRMB27：继电器、接触器监控短接的接口。

CRT30：操作面板急停按钮的接口。

TBOP19：内部 24V（INT24V、INT0V）、外部 24V（EXT24V、EXT0V）等端子排。

TBOP20：外部急停、外部停止及其他外部线路等端子排。

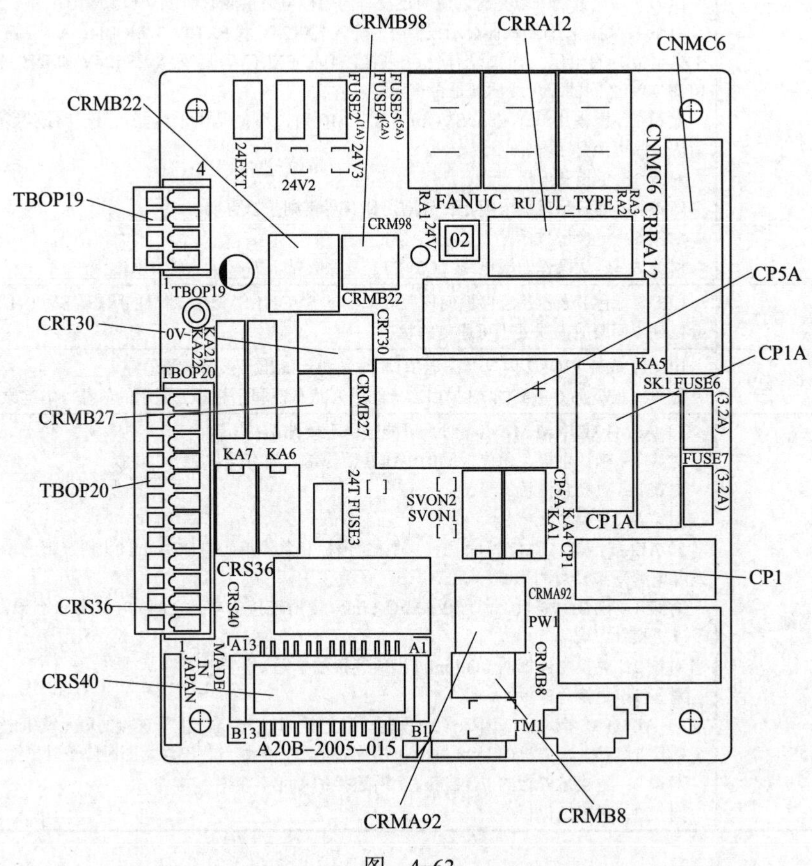

图 4-63

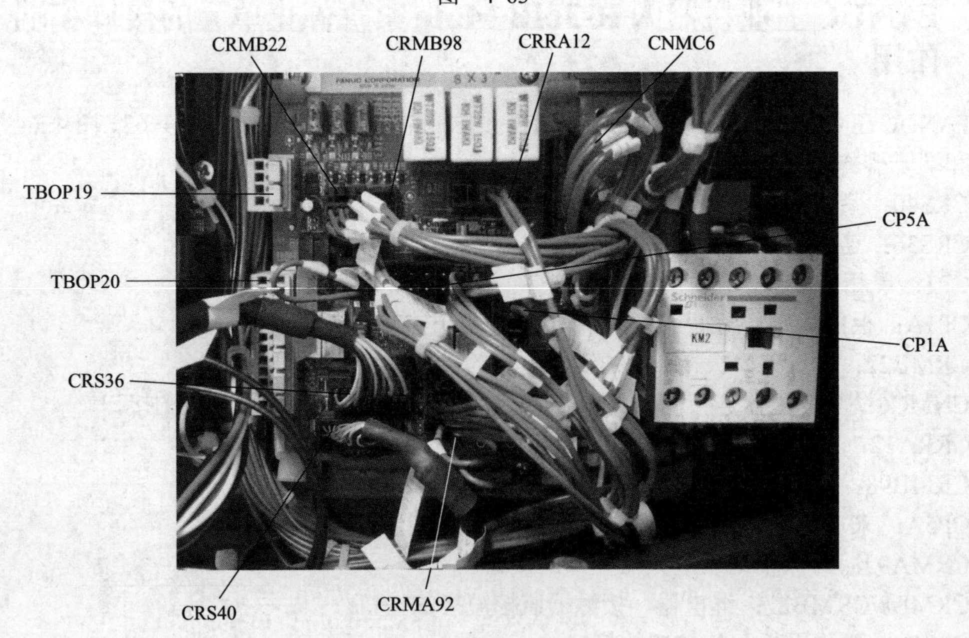

图 4-64

4.9　FANUC 工业机器人 R-30iB Mate 紧急停止单元的连接

4.9.1　CP5A 接口

CP5A 与电源供给单元的 +24V 直流电源接口相连，作为紧急停止单元的直流电源，如图 4-65 所示。

CP5A 的 A1、B1 端子的 +24V 直流电源经过熔丝 FUSE3，通过 CRS36 的 A1、A2 端子提供 24V，CRS36 的 A6、B6 提供 0V，给示教器提供电源。这一路电源标记为 +24T。

CP5A 的 A1、B1 端子的 +24V 直流电源经过熔丝 FUSE5，CRT30 的 A3、B3 端子通过主板 CRMB23 接口的 A3、B3 端子给主板供电。这一路电源标记为 24V-3。

CP5A 的 A1、B1 端子的 +24V 直流电源经过熔丝 FUSE4，分别接到端子排 TBOP19 的 2、3（INT24V、INT0V）端子，作为内部电源。外部急停输入按钮如果需要内部电源供电，外部电源接线端子 TBOP19 的 1、4（EXT24V、EXT0V）连接 TBOP19 的 2、3 端子，可以接入内部电源，通过 FUSE2 由内部电源给急停安全回路供电。这一路电源标记为 24EXT。

CP5A 的 A1、B1 端子的 +24V 直流电源经过熔丝 FUSE4 接入到监控接口 CRMB22 的 A1（24V）、A2（0V）、B3（0V）端子。另外，通过 CRS40 的 A13、B5 端子供电。这一路电源标记为 24V-2。

CP5A 的 A1、B1 端子的 +24V 直流电源接到 CP5A 的 A2、A3、A4、A5、A6（24V）和 B2、B3、B4、B5、B6（0V），为外围 I/O 电路提供电源。这一路电源标记为 +24V。

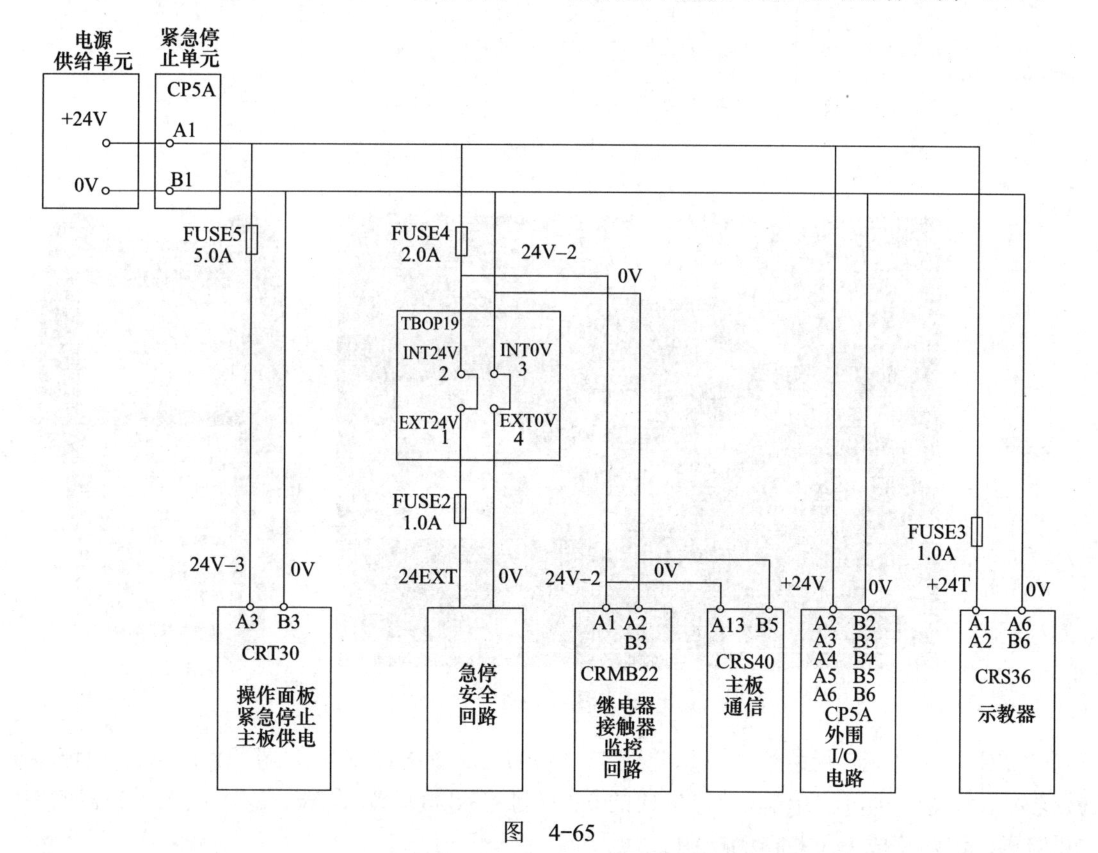

图　4-65

CP5A 端子信号见表 4-29。

表 4-29

插脚编号	信号	插脚编号	信号
A1	24V	B1	0V
A2	24V	B2	0V
A3	24V	B3	0V
A4	24V	B4	0V
A5	24V	B5	0V
A6	24V	B6	0V

4.9.2 CRS40 接口

CRS40 是紧急停止单元与主板进行通信的接口，连接方式和信号见第 3.5.2 节的相关内容，此处不再赘述。

4.9.3 CRS36 接口

紧急停止单元与示教器通过 CRS36 接口进行通信，如图 4-66、图 4-67 所示。

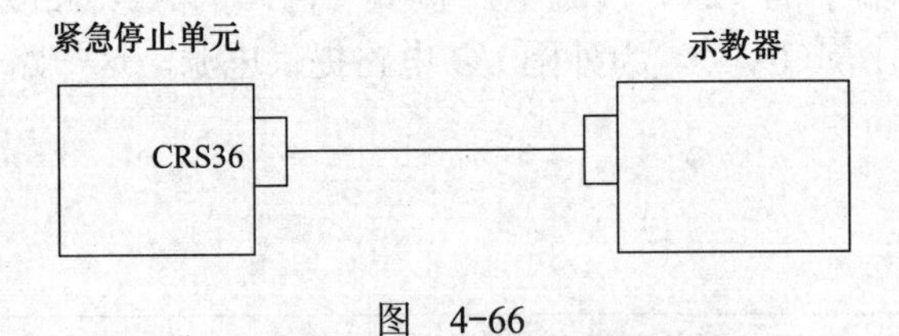

图 4-66

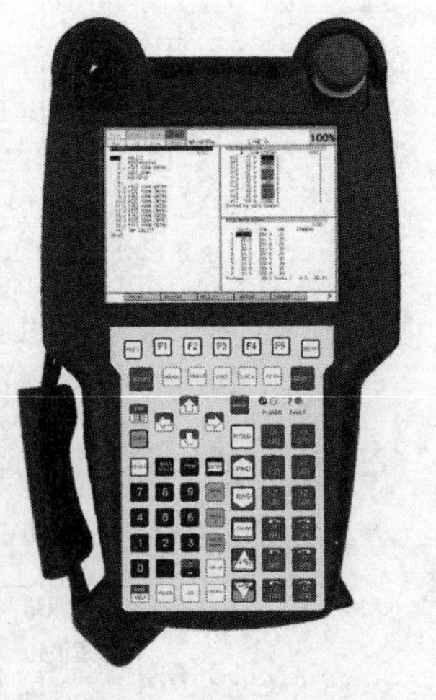

图 4-67

如图 4-68 所示，紧急停止单元的 +24V 由 FUSE3 通过 CRS36 的端子 A1、A2，由连接电缆送入示教器的 9、10 引脚，急停单元的 0V 通过 CRS36 的端子 A6、B6，送入示教器的 19、20 引脚，这两路成为示教器的电源。

示教器的 SB2 为急停按钮，急停按钮的双通路信号其中一路 TPESP1、TPESP11 经过示教器的 12、13 引脚送入紧急停止单元 CRS36 的 B4、B3 端子；另外一路 TPESP2、TPESP21 经过示教器的 15、16 引脚送入紧急停止单元 CRS36 的 B2、B1 端子。

示教器的使能键也是双通道信号。其中一路经过示教器的 11 端子送入紧急停止单元 CRS36 的 A4 端子，另外一路经过示教器的 18 端子送入紧急停止单元 CRS36 的 A3 端子。

TXP_TP、TXN_TP、RXP_TP、RXN_TP 为紧急停止单元和示教器的以太网通信电缆。

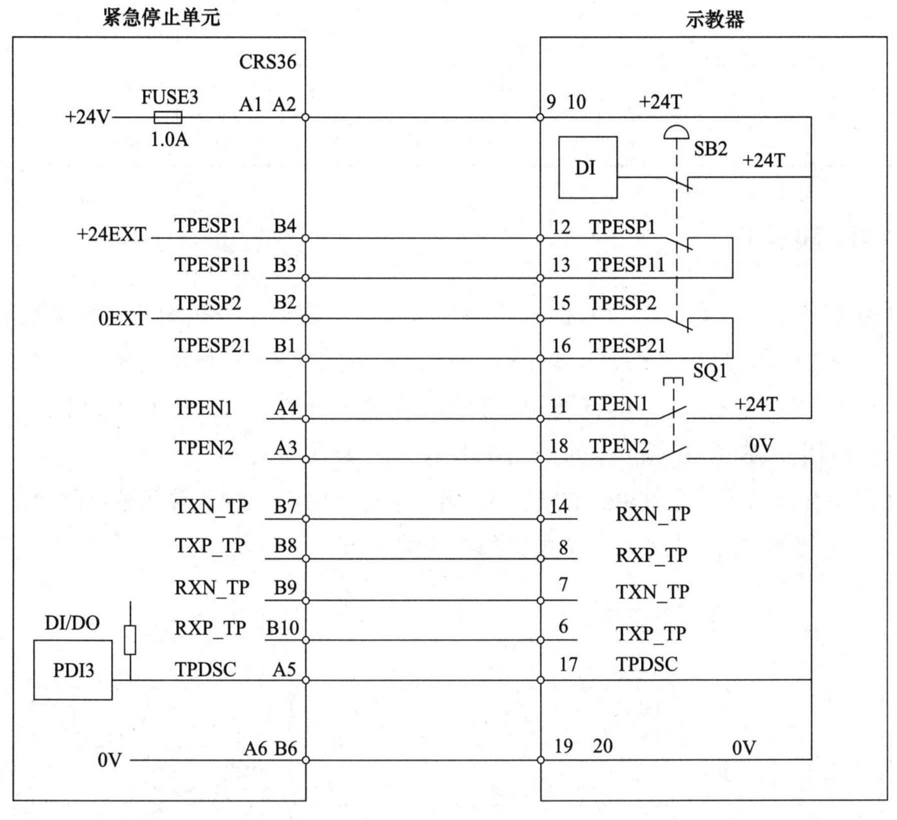

图 4-68

紧急停止单元 CRS36 端子信号见表 4-30。

表 4-30

插脚编号	信号	插脚编号	信号
A1	+24T	B1	TPESP21
A2	+24T	B2	TPESP2
A3	TPEN2	B3	TPESP11
A4	TPEN1	B4	TPESP1
A5	TPDSC	B5	0V
A6	0V	B6	0V
A7	* TXTP	B7	TXN_TP
A8	TXTP	B8	TXP_TP
A9	*RXTP	B9	RXN_TP
A10	RXTP	B10	RXP_TP

示教器电缆的端子信号见表 4-31，表格内容按照引脚排列编写。

表 4-31

插脚编号	信号	插脚编号	信号	插脚编号	信号	插脚编号	信号	插脚编号	信号	插脚编号	信号
		4		3		2		1			
10	+24T	9	+24T	8	RXP_TP	7	TXN_TP	6	TXP_TP	5	DRAIN
16	TPESP21	15	TPESP2	14	RXN_TP	13	TPESP11	12	TPESP1	11	TPEN1
		20	0V	19	0V	18	TPEN2	17	TPDSC		

4.9.4 CRT30 接口

CRT30 是紧急停止单元与操作面板连接的接口。示教器急停按钮和操作面板的急停按钮串联，控制继电器 KA21、KA22，如图 4-69 所示，简化图如图 4-70 所示。急停按钮闭合，继电器 KA21、KA6、KA22、KA7 得电，TBOP20 端子排的 9、10 和 11、12 闭合。断开任意一个急停按钮，TBOP10 端子排的 9、10 和 11、12 断开。

KA6 常开触点闭合，TBOP20 的 EES11 端子接通 24V-2；KA7 常开触点闭合，TBOP20 的 EES21 端子接通 0V，提供了 24V 电源的接线端子。

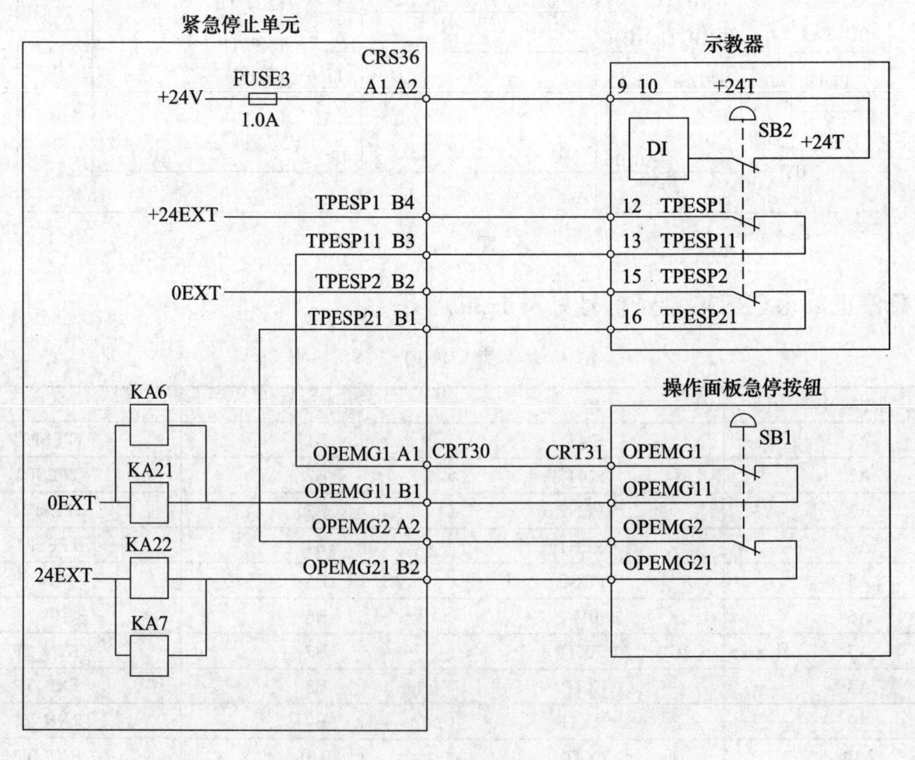

图 4-69

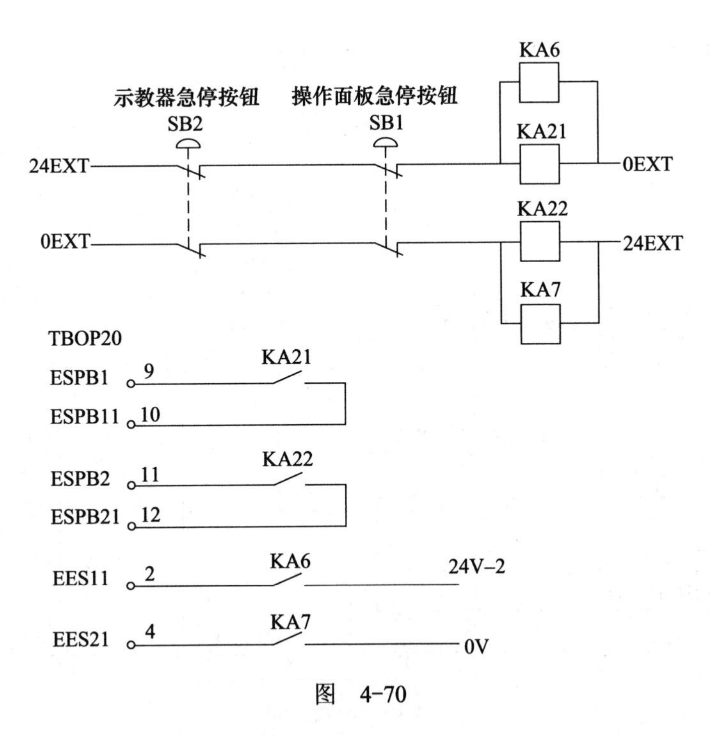

图　4-70

CRT30 端子信号见表 4-32。

表　4-32

插脚编号	信号	插脚编号	信号
A1	OPEMG1	B1	OPGMG11
A2	OPEMG2	B2	OPGMG21
A3	24V—3	B3	0V

4.9.5　示教器的使能键

示教器的使能键具有使工业机器人停止的功能。其连接及回路电路如图 4-71、4-72 所示，示教器的使能键连接到紧急停止单元的 CSR36 接口，再通过紧急停止单元的 CRS40 接口连接到主板的 CRS40 接口。回路电路简化图如图 4-73 所示。接通示教器的使能键 SQ1，TPEN1、TPEN2 两路信号输入到 PI 集成回路。系统给出 OFFCHECK1、OFFCHECK2 信号激活 PI 集成回路，系统产生信号 TPDM1、TPDM2，使示教器使能键工作。

示教器使能键工作后，CRM98 的 1 脚 DM1 有 24V 电压，2 脚 DM2 有 0V 电压。

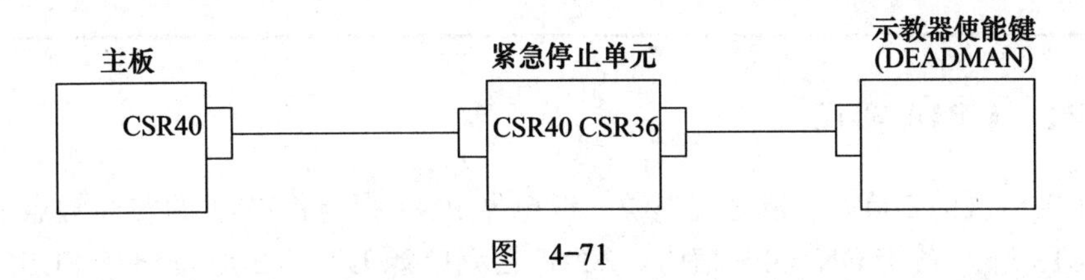

图　4-71

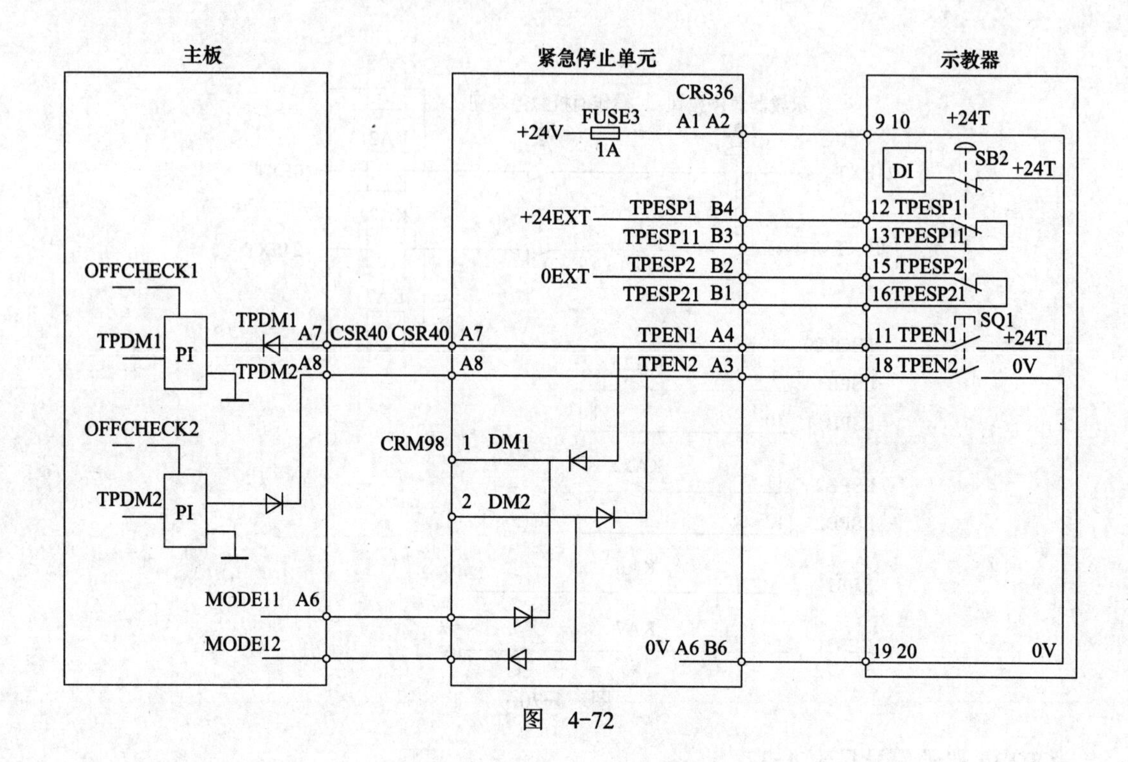

图 4-72

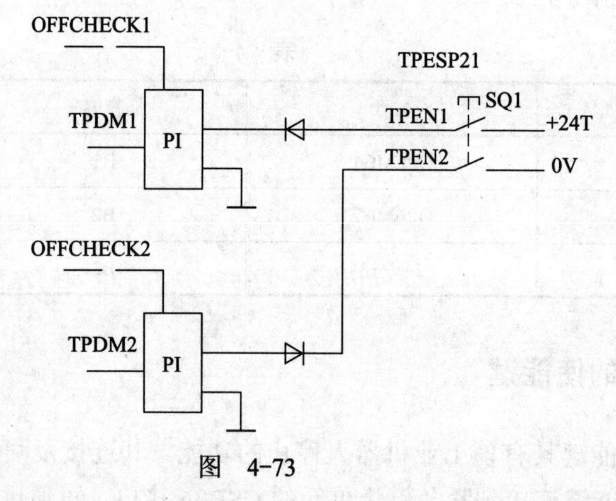

图 4-73

CRM98 端子信号见表 4-33。

表 4-33

插脚编号	信号
1	DM1
2	DM2
3	

4.9.6 CP1、CP1A 接口

CP1 连接电源的 200V 单相交流电源，继电器 PW1 得电，PW1 的常开触点闭合，通过 CRS40 的 B13 送入系统 ON_OFF 信号。200V 交流电源 U2、V2 通过熔丝 FUSE6、FUSE7

由 CPIA 的 1、2 端子输出给风扇单元，风扇开始工作，如图 4-74 所示。

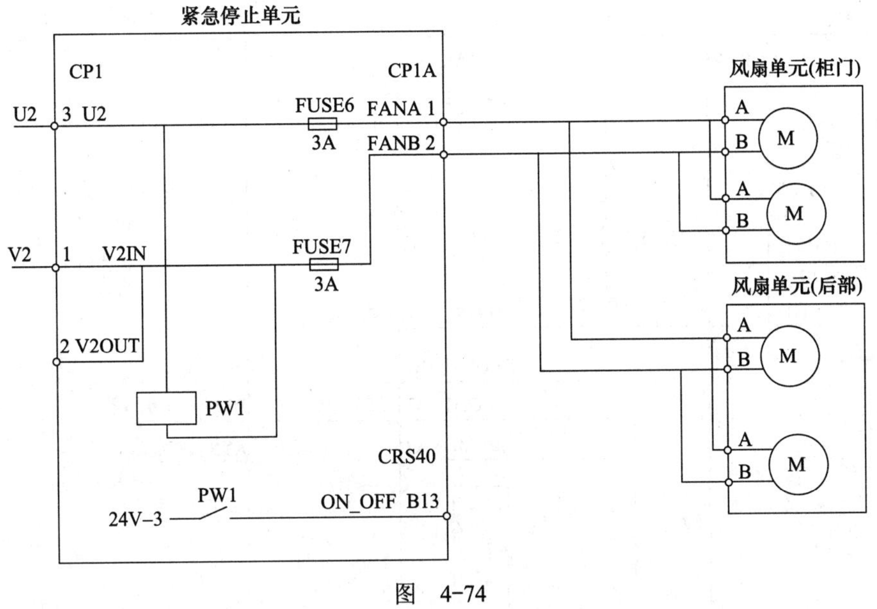

图　4-74

CP1 端子信号见表 4-34。

表　4-34

插脚编号	信号
1	V2IN
2	V2OUT
3	U2

CP1A 端子信号见表 4-35。

表　4-35

插脚编号	信号
1	FANA
2	FANB
3	

4.9.7　CRMA92 接口

紧急停止单元通过 CRMA92 接口与六轴伺服放大器的 CRMA91 接口相连，进行互锁控制。继电器 KA1、KA5、KA4 控制回路如图 4-75 所示，简化图如图 4-76 所示。系统给出 SOFTON2 激活三极管，继电器 KA1 线圈得电，同时 MON2 信号获得低电平，作为继电器 KA1 工作的检测信号。CRMB8 的端子 A2、B2 短接，接通继电器 KA1 线圈的供电通路。

系统给出 SOFTON1 激活三极管，继电器 KA5、KA4 线圈的一端接通 24V。六轴伺服放大器的 PCON 信号导通，KA5 线圈的另一端接通 0V，KA5 线圈得电。六轴伺服放大器的 MCON 信号导通，KA4 线圈的另一端接通 0V，KA4 线圈得电。KA5、KA4 线圈得电，同时 MON1、XSVEMG 信号获得高电平，作为继电器 KA5、KA4 工作的检测信号。CRMB8

的端子 A1、B1 短接，接通继电器 KA5、KA4 线圈的供电通路。

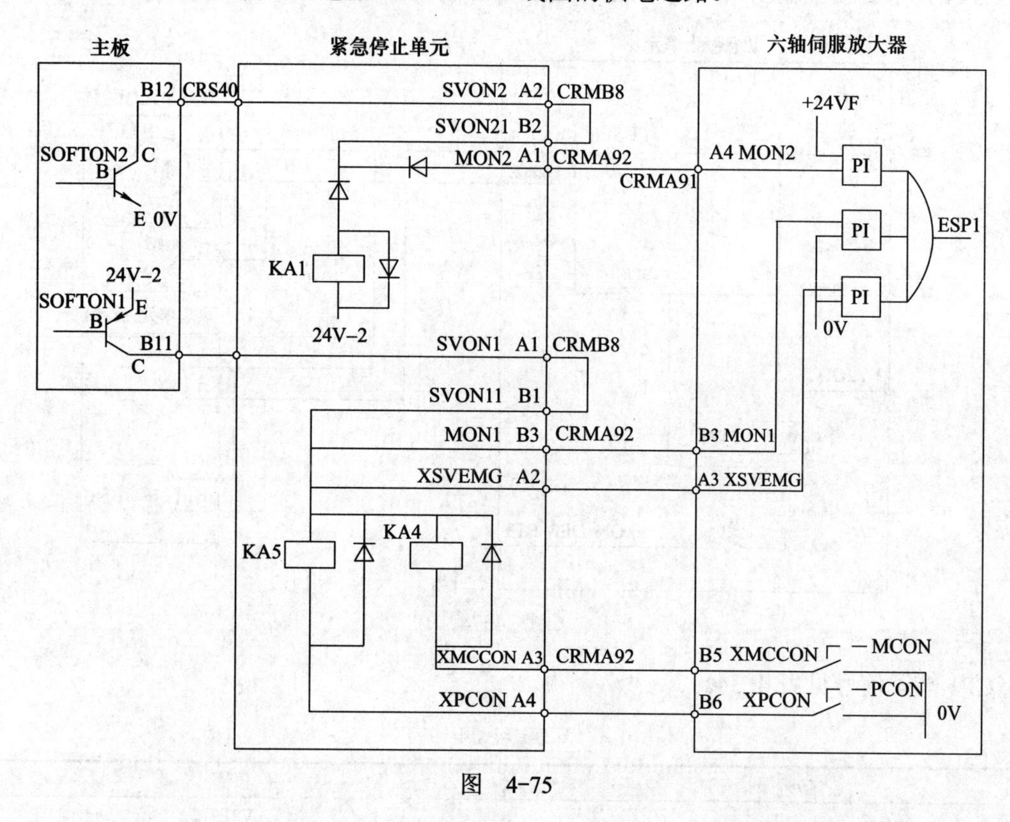

图 4-75

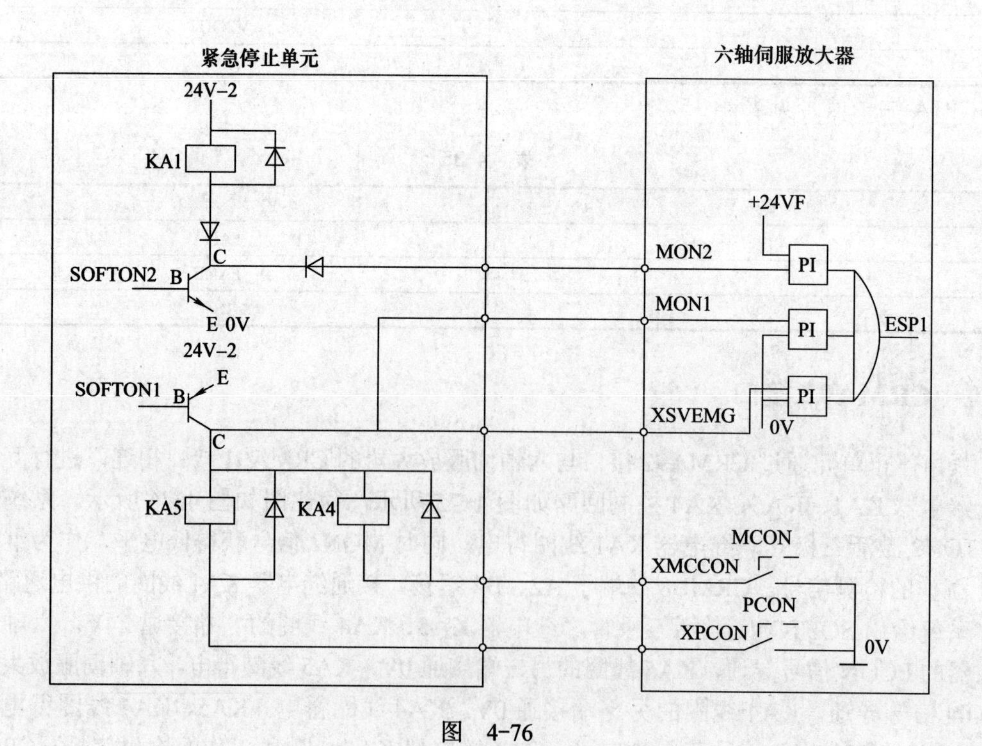

图 4-76

如图 4-77 所示，KA5 常闭触点接通时，给系统送入继电器 KA 监控（MONKA）信号。

KM2 常闭触点通过接口 CRMB22 的端子 A2、B2 接入，KM2 常闭触点接通时给系统送入接触器 KM2 监控（MONKM2）信号。

六轴伺服放大器的 STO-FB 信号通过接口 CRMB22 的端子 A1、B1 接入，给系统送入接触器 KM1 监控（MONKM1）信号。

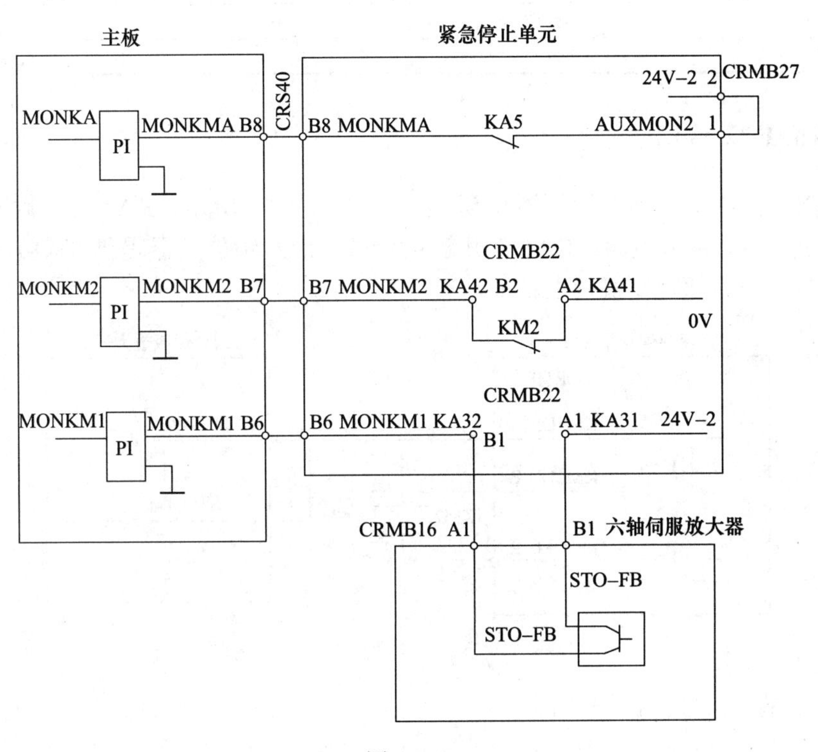

图　4-77

如图 4-78 所示，在 AUTO 模式下，高电平信号 MODE11 通过 CRS40 的 A6 端子传送给 CRMA92 的 B2 端子，再传送到六轴伺服放大器的 CRMA91 的 A1 端子，产生抱闸延迟信号 BRKDLY。

KA1、KA4 常开触点通过 CRMA92 的 B4 端子，传送到六轴伺服放大器的 CRMA91 的 A6 端子，产生 KM2 导通（KM2ON）信号。

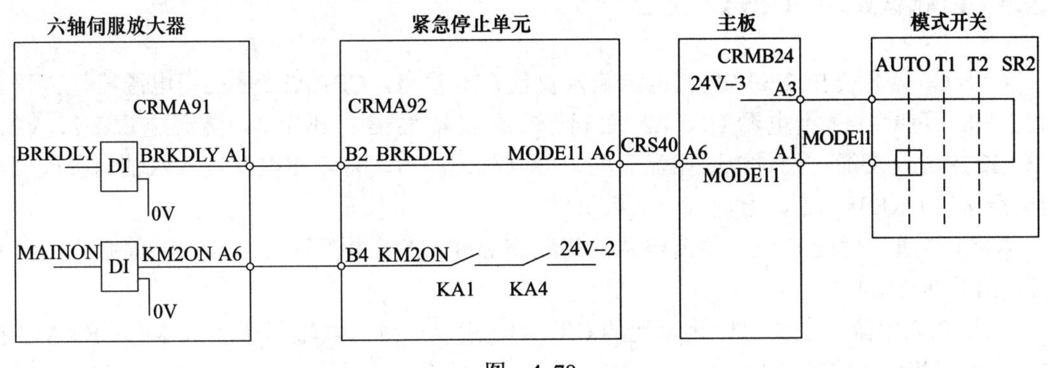

图　4-78

CRMA92 端子信号见表 4-36。

表 4-36

插脚编号	信号	插脚编号	信号
A1	MON2	B1	BRKON
A2	XSVEMG	B2	BRKDLY
A3	XMCCON	B3	MON1
A4	XPCON	B4	KM2ON

4.9.8 CRMB22 接口

CRMB22 是 KM1、KM2 的线圈电源接口。如图 4-79 所示，KA4 常开触点导通，给 KM2 线圈提供 24V 直流电源；KA1 常开触点导通，给六轴放大器提供 STO-A 信号（STO 安全转矩关断），伺服电动机得电。

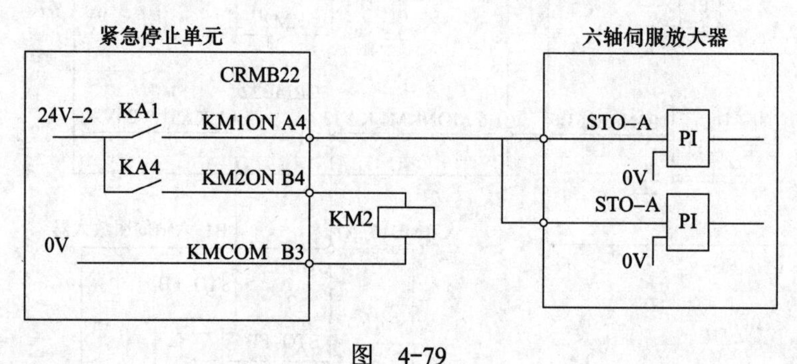

图 4-79

CRMB22 端子信号见表 4-37。

表 4-37

插脚编号	信号	插脚编号	信号
A1	KA31	B1	KA32
A2	KA41	B2	KA42
A3		B3	0V
A4	KM1ON	B4	KM2ON

4.9.9 CNMC6、CRRA12 接口

CNMC6 是预充电 220V 交流电源输入及预充电输出，CRRA12 是三相电源监控接口。如图 4-80 所示，三相电源 L1、L2、L3 经过滤波器输出三相 200V 交流电源 U2、V2、W2。KA5 触点接通，经过电阻限流启动，可以防止冲击，将三相电源接入六轴伺服放大器的电源接口 CRR38A 中，给伺服电动机供电。

KM2 接通，短接 KA5、限流电阻，将三相 200V 交流电源直接接入六轴伺服放大器的电源接口 CRR38A。

三相交流电源经过紧急停止单元的 CRRA12 接口，接入六轴伺服放大器的 CRRA12 接口中，对三相电源进行监控。

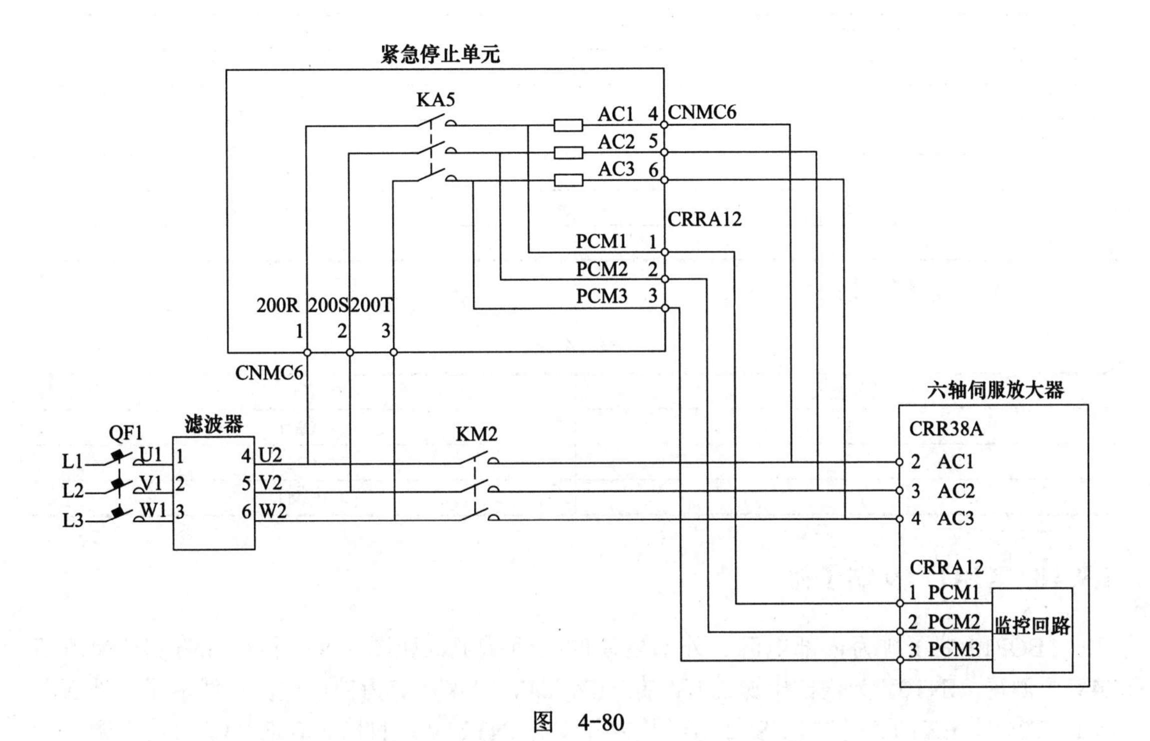

图　4-80

单相输入电路如图 4-81 所示。

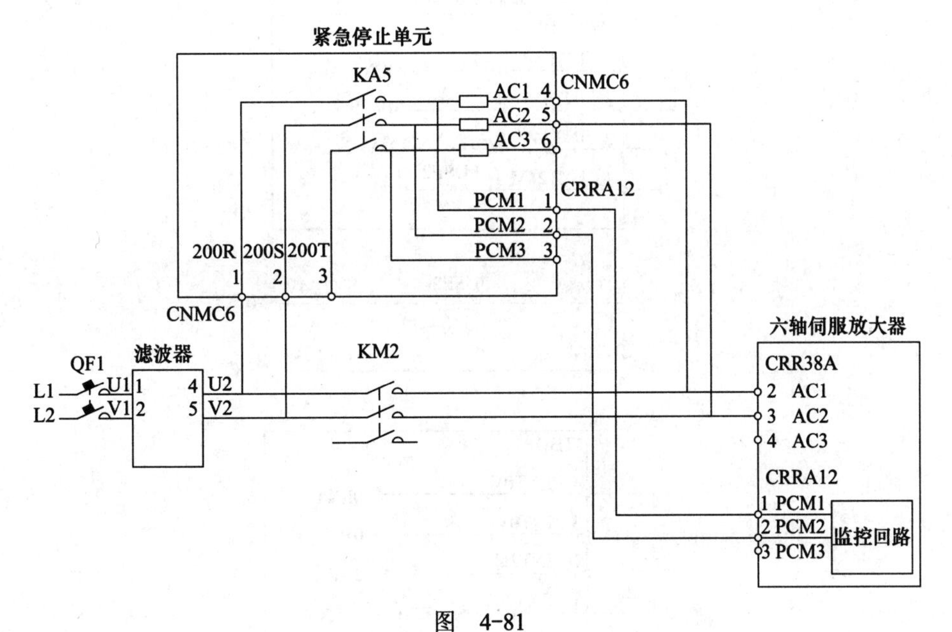

图　4-81

CNMC6 端子信号见表 4-38。

表 4-38

插脚编号	信号
1	U2
2	V2
3	W2
4	AC1
5	AC2
6	AC3

CRRA12 端子信号见表 4-39。

表 4-39

插脚编号	信号
1	PCM1
2	PCM2
3	PCM3

4.9.10 TBOP19 端子排

TBOP19 端子排为内部电源、外部电源的接线端子。如图 4-82 所示，INT24V 为内部 24V 电源端，INT0V 为内部电源的 0V 端；EXT24V、EXT0V 为外部电源接线端子；外部电源 EXT24V、EXT0V 通过 FUSE2 熔丝从内部电源 INT24V、INT0V 获取 24V 直流电源，也可以接外部电源。

紧急停止单元
TBOP19
4 EXT0V 0EXT
3 INT0V 0V
2 INT24V 24V-2
1 EXT24V FUSE2 1A 24EXT

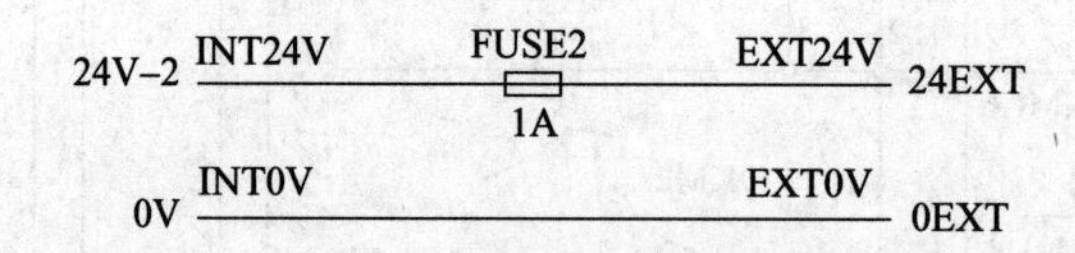

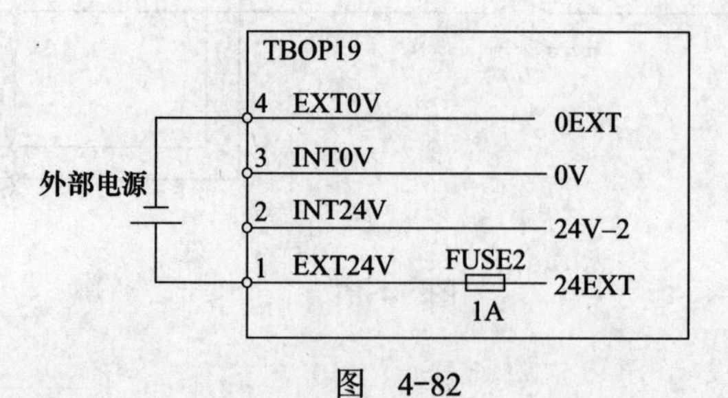

图 4-82

TBOP19 端子信号见表 4-40。

表 4-40

插脚编号	信号
1	EXT24V
2	INT24V
3	INT0V
4	EXT0V

4.9.11 TBOP20 端子排

TBOP20 为外部急停、外部停止等接线端子排。

如图 4-83 所示，SB3 为双通路急停按钮，EES1、EES11 和 EES2、EES21 中任一路信号断开，工业机器人将处于急停状态。

SQ2 为双通路自动停止开关，例如安全门锁。EAS1、EAS11 和 EAS2、EAS21 中任一路信号断开，在 AUTO 模式下，工业机器人会按照事先设定的停止模式停止；在 T1、T2 模式下，可以进行工业机器人的操作。

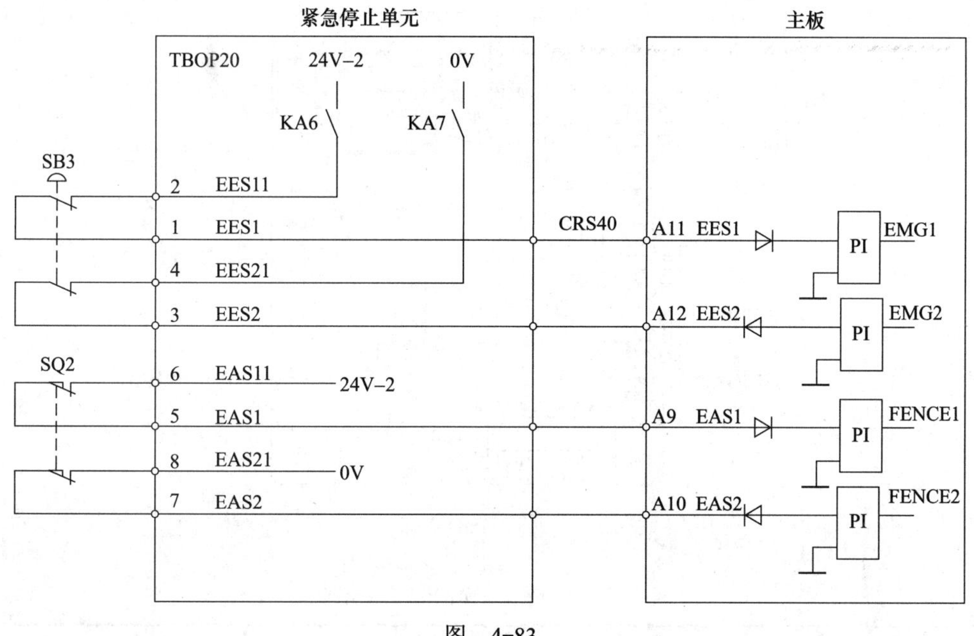

图 4-83

TBOP20 端子信号见表 4-41。

表 4-41

插脚编号	信号	插脚编号	信号
1	EES1	7	EAS2
2	EES11	8	EAS21
3	EES2	9	ESPB1
4	EES21	10	ESPB11
5	EAS1	11	ESPB2
6	EAS11	12	ESPB21

4.10 FANUC 工业机器人 R-30iB Mate 紧急停止单元熔丝、LED 的位置和更换及故障判别

FANUC 工业机器人 R-30iB Mate 紧急停止单元的熔丝和 LED 的位置如图 4-84 所示。

1）FUSE2 是急停回路的保护用熔丝。

2）FUSE3 是示教器供电路的保护用熔丝。

3）FUSE4 是 +24V 的保护用熔丝。

4）FUSE5 是主板 +24V 的保护用熔丝。

5）FUSE6、FUSE7 是柜门风扇、背面风扇单元 200V 接地故障的保护用熔丝。

熔丝更换的判别方法见表 4-42。

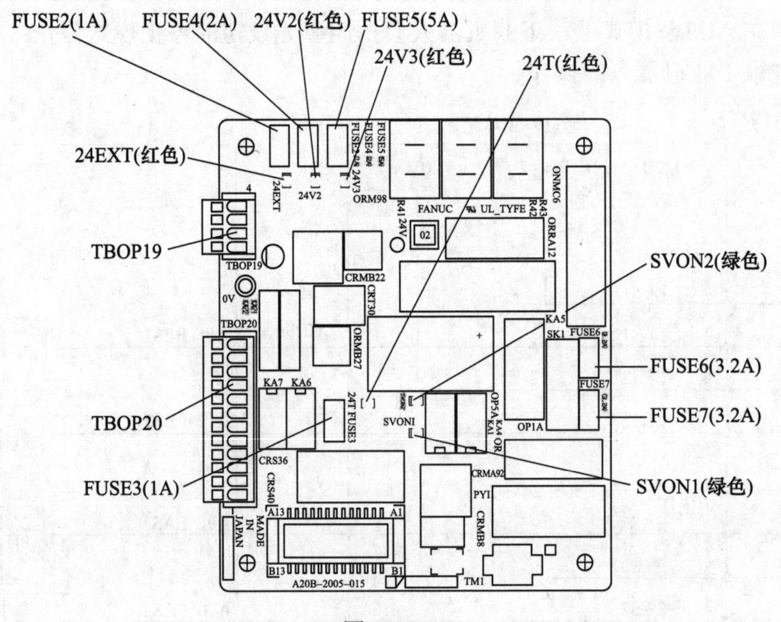

图 4-84

表 4-42

名称	熔断时的现象	对策
FUSE2	示教器显示报警（SRVO-007），急停板上的红色 LED（24EXT）点亮	1）确认 TBOP19 的 EXT24V 和 EXT0V 的电压。尚未使用外部电源时，确认 EXT24V 和 INT24V 之间或者 EXT0V 和 INT0V 之间的连接是否异常 2）确认 24EXT（急停线路）没有发生短路或接地故障 3）更换急停板 4）检查示教器是否异常，如有异常则予以更换
FUSE3	示教器的显示消失，急停板上的红色 LED（24T）点亮	1）检查示教器电缆是否异常，如有异常则予以更换 2）检查急停板（CRS40）—主板（CRS40）之间的电缆是否异常，如有异常则予以更换 3）检查示教器是否异常，如有异常则予以更换 4）更换急停板 5）更换主板①

（续）

名称	熔断时的现象	对策
FUSE4	急停要因系统的输入信号发出报警，急停板上的红色 LED（24V2）点亮	1）确认 TBOP20 的连接 2）检查急停板（CRS40）—主板（CRS40）之间的电缆是否异常，如有异常则予以更换 3）检查急停板（CRMA92）和六轴伺服放大器（CRMA91）之间的电缆是否异常，如有异常则予以更换 4）急停板（CRMB22）和六轴伺服放大器（CRMB16）之间连接有电缆时，检查连接器和电缆是否异常，如有异常则予以更换 5）更换急停板 6）更换紧急停止单元 7）更换主板 8）更换六轴伺服放大器
FUSE5	无法再进行示教器的操作，急停板上的红色 LED（24V3）点亮	1）检查急停板（CRS40）—主板（CRS40）之间的电缆是否异常，如有异常则予以更换 2）检查急停板（CRMA92）和六轴伺服放大器（CRMA91）之间的电缆是否有异常，如有异常则予以更换 3）更换后面板 4）更换主板① 5）更换急停板 6）更换六轴伺服放大器
FUSE6，FUSE7	风扇停止	1）检查风扇布线电缆是否异常，如有异常则予以更换 2）更换风扇单元 3）更换急停板

① 在更换主板时，会导致存储器内容（参数、示教数据等）丢失，务必在进行更换作业之前备份好数据。另外，在发生报警时，有可能无法进行数据的备份，平时要注意进行数据备份。

通过紧急停止单元 LED 故障的判别方法见表 4-43。

表 4-43

LED 的名称	故障内容及其对策
24EXT（红色）	LED（红色）点亮时，说明熔丝（FUSE2）已经熔断。尚未供给急停回路的 24EXT 对策 1：在没有熔丝断线而显示报警的情况下，确认 TBOP19 的 EXT24V 和 EXT0V 的电压是否异常。尚未使用外部电源时，确认 EXT24V 和 INT24V 之间或者 EXT0V 和 INT0V 之间的连接是否异常 对策 2：确认 24EXT（急停线路）没有发生短路或接地故障 对策 3：更换急停板 对策 4：检查示教器是否异常，如有异常则予以更换
24T（红色）	LED（红色）点亮时，说明熔丝（FUSE3）已经熔断。尚未供给示教器的 24T 对策 1：检查示教器电缆（CRS36）是否异常，如有异常则予以更换 对策 2：检查急停板（CRS40）—主板（CRS40）之间的电缆是否异常，如有异常则予以更换 对策 3：检查示教器是否异常，如有异常则予以更换 对策 4：更换急停板 对策 5：更换主板
24V2（红色）	LED（红色）点亮时，说明熔丝（FUSE4）已经熔断。尚未供给急停要因素系统的输入信号的 24V-2 对策 1：确认 TBOP20 的连接是否异常 对策 2：检查急停板（CRS40）—主板（CRS40）之间的电缆是否异常，如有异常则予以更换 对策 3：检查急停板（CRMA92）和六轴伺服放大器（CRMA91）之间的电缆是否异常，如有异常则予以更换 对策 4：急停板（CRMB22）和六轴伺服放大器（CRMB16）之间连接有电缆时，检查电缆是否异常，如有异常则予以更换

（续）

LED 的名称	故障内容及其对策
24V2（红色）	对策 5：更换急停板 对策 6：更换紧急停止单元 对策 7：更换主板① 对策 8：更换六轴伺服放大器
24V3（红色）	LED（红色）点亮时，说明熔丝（FUSE5）已经熔断。尚未供应主板的 24V-3 对策 1：检查急停板（CRS40）—主板（CRS40）之间的电缆是否异常，如有异常则予以更换 对策 2：检查急停板（CRMA92）和六轴伺服放大器（CRMA91）之间的电缆是否异常，如有异常则予以更换 对策 3：更换后面板 对策 4：更换主板 对策 5：更换急停板 对策 6：更换六轴伺服放大器
SVON1/SVON2（绿色）	LED（绿色）表示从主板向六轴伺服放大器的 SVON1/SVON2 信号的状态 SVON1/SVON2（绿）点亮时，六轴伺服放大器处于可通电的状态。SVON1/SVON2（绿）尚未点亮时，处于急停状态

① 在更换主板时，会导致存储器内容（参数、示教数据等）丢失，务必在进行更换作业之前备份好数据。此外，在发生报警时情况下，可能会导致无法进行数据备份，因此，平时要注意数据备份。

第 5 章　伺服放大器

伺服放大器用于控制和驱动伺服电动机，从而带动工业机器人的各个关节运动。主板通过光缆 FSSB 和伺服放大器通信。伺服放大器控制六个轴，又称为六轴伺服放大器，如图 5-1 ～图 5-3 所示。

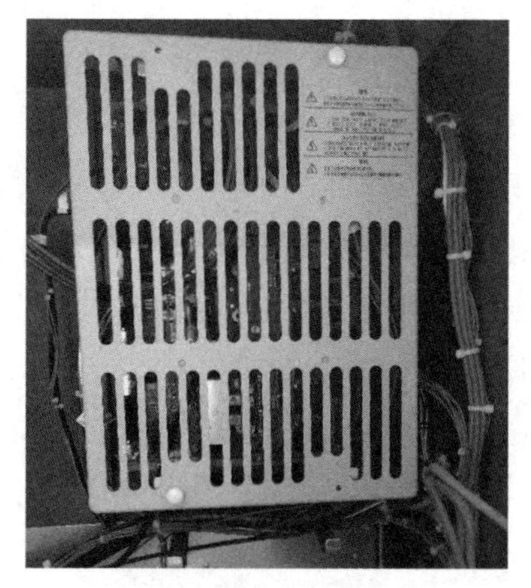

图　5-1

图　5-2

图　5-3

5.1　FANUC 工业机器人伺服放大器的接口作用

FANUC 工业机器人伺服放大器的接口如图 5-4 ～图 5-6 所示，部分接口作用说明如下：

COP10B：从主板的轴控制卡到六轴伺服放大器的输入信号（FSSB）接口。

COP10A：给可用的附加伺服放大器的输出信号接口。

CXA2A：提供附加轴放大器所用的 +24V 电源以及附加轴放大器通信的接口。

CXA2B：+24V 电源输入接口。如果使用 αiPS（再生电源）功能，则和 αiPS 进行通信。

CRMB16：STO 功能（安全力矩关断功能），具有外部保护功能的接口。

CRRB14：用于三相电源输入或单相电源输入设定的接口。

CRR88：J1 ～ J6 轴电动机制动（抱闸）电源接口，电压为直流 90V。

CRRA65：辅助轴的电动机制动（抱闸）接口。

CRRA13：辅助轴的直流电源连接接口。

CRR63A/B：再生电阻的热控开关接口。

CRM68：辅助轴超程信号接口。

CRS23：FANUC 诊断测试接口，不是面向用户的连接件。

CRF8：串行脉冲编码器（SPC）反馈、工业机器人末端执行器（EE）的输入 / 输出 RDI/RDO、工业机器人超行程（ROT）以及机械手断裂（HBK）信号的接口。

CRMA91：控制器与六轴伺服放大器通信的接口。

CRRA12：三相电源监控接口。

CRM97：附加轴信号接口。

CRR38A/B：220V 交流电源，三相的主伺服电源输入接口。

CNJ1 ～ CNJ6：电动机电源接口。

CNGA/CNGC：电动机电源地接口。

CRRA11A/B：再生电阻接口。

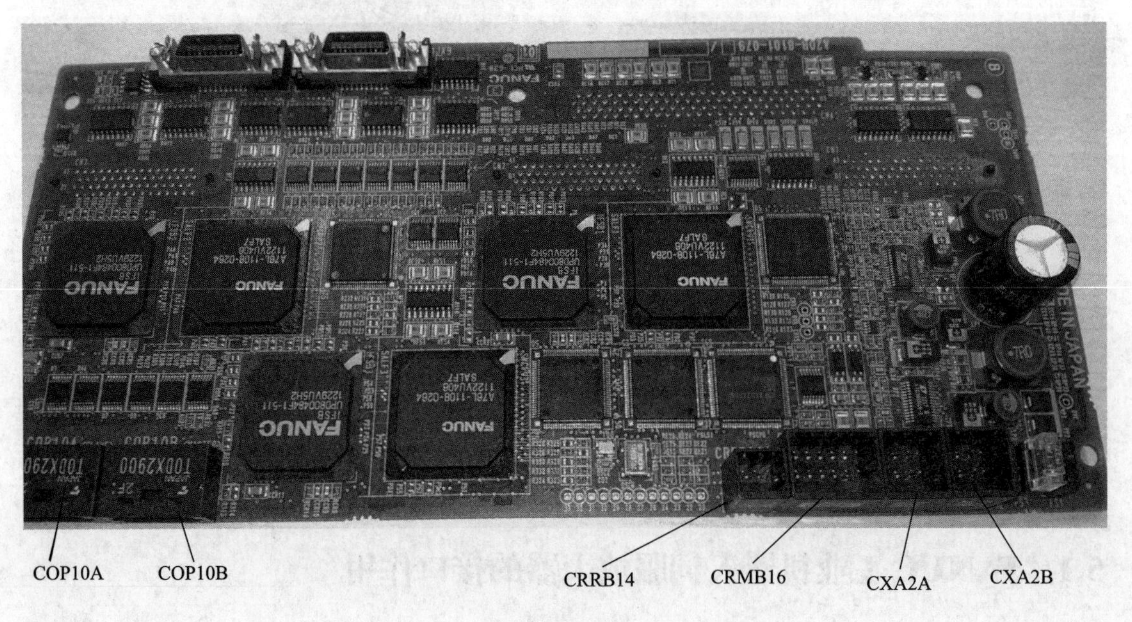

图 5-4

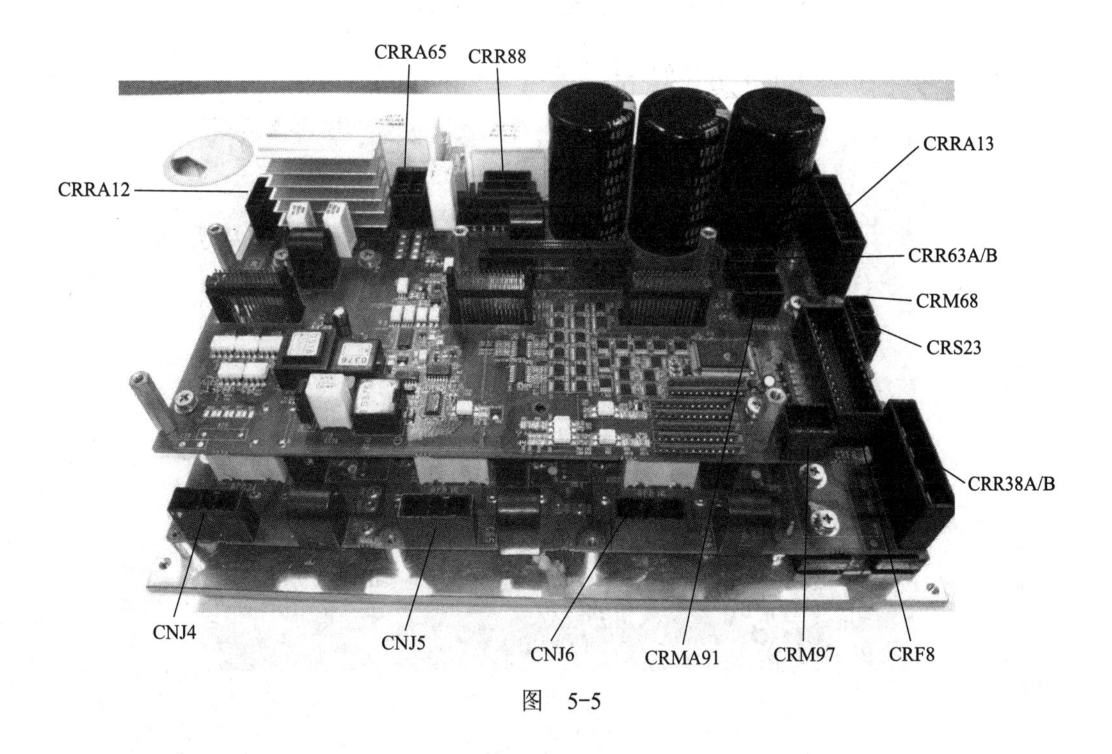
CRRA65
CRR88
CRRA13
CRRA12
CRR63A/B
CRM68
CRS23
CRR38A/B
CNJ4
CNJ5
CNJ6
CRMA91
CRM97
CRF8

图 5-5

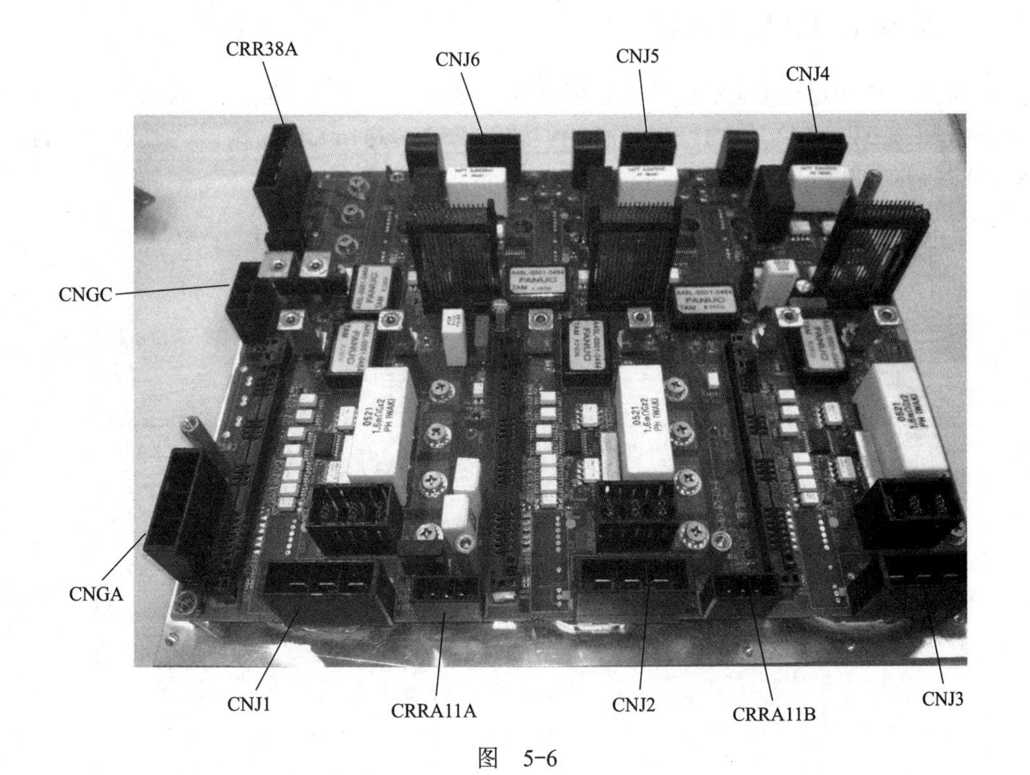
CRR38A
CNJ6
CNJ5
CNJ4
CNGC
CNGA
CNJ1
CRRA11A
CNJ2
CRRA11B
CNJ3

图 5-6

5.2 FANUC 工业机器人伺服放大器的连接

FANUC 工业机器人伺服放大器的连接如图 5-7 所示。

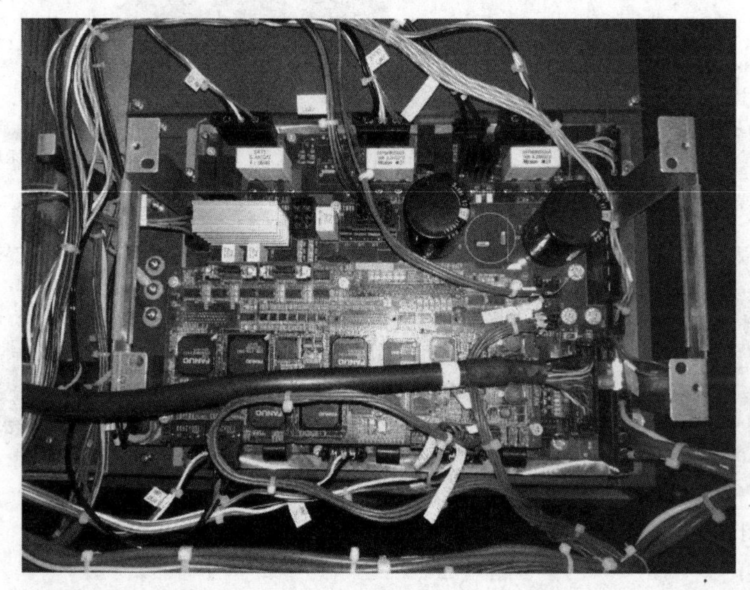

图 5-7

5.2.1 CXA2A、CXA2B 接口

电源供给单元通过 CXA2B 给六轴伺服放大器提供 24V 直流电源。六轴伺服放大器通过 FS1 变压成 5V、3.3V 给内部电路使用。通过 FS2 传送给 CRF8 接口，通过 FS3 传送给 CXA2A 接口，如图 5-8 所示。

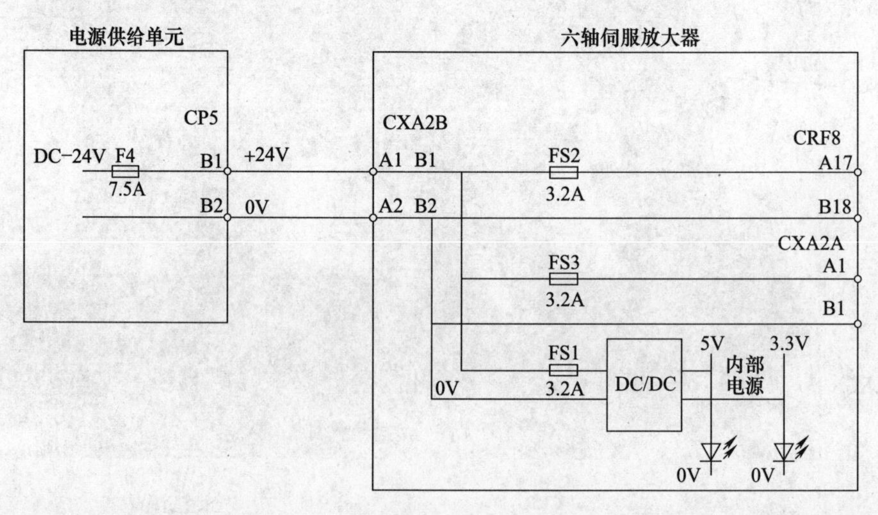

图 5-8

CXA2B 端子信号见表 5-1。

表　5-1

插脚编号	信号	插脚编号	信号
A1	24V	B1	24V
A2	0V	B2	0V
A3	MIFB	B3	XEXEPS
A4	XESP	B4	XMIFB

CXA2A 端子信号见表 5-2。

表　5-2

插脚编号	信号	插脚编号	信号
A1	24V	B1	24V
A2	0V	B2	0V
A3	MIFB	B3	
A4	XESP	B4	XMIFB

5.2.2　COP10A、COP10B 接口

主板通过 FSSB 完成对伺服电动机和编码器的反馈信号的控制。COP10A 给可用的附加伺服放大器输出信号，如图 5-9 所示。

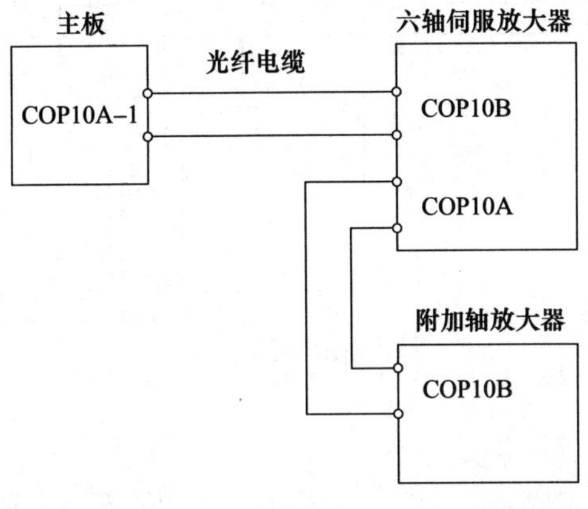

图　5-9

COP10A 端子信号见表 5-3。

表　5-3

插脚编号	信号
1	FSSB1
2	FSSB2

COP10B 端子信号见表 5-4。

表　5-4

插脚编号	信号
1	FSSB1
2	FSSB2

5.2.3 CRR38A、CRR38B 接口

如图 5-10 所示，三相 220V 交流电的主伺服电源经过 CRR38A 接口输入六轴伺服放大器，经过整流模块将交流电压整流成直流电压，直流电压值约 350V，再经过 IGBT 模块将直流电压逆变成交流电压，通过 CNJ1 ～ CNJ6 接口的 U1、V1、W1 三根动力线驱动伺服电动机。电动机急停制动时产生的多余能量通过 CRRA11A/B 接口的再生电阻消耗，再生电阻的阻值为 10Ω 左右。CRRA12 是检测三相交流电源的接口。伺服电动机的抱闸、动力线、编码器接口如图 5-11 所示。

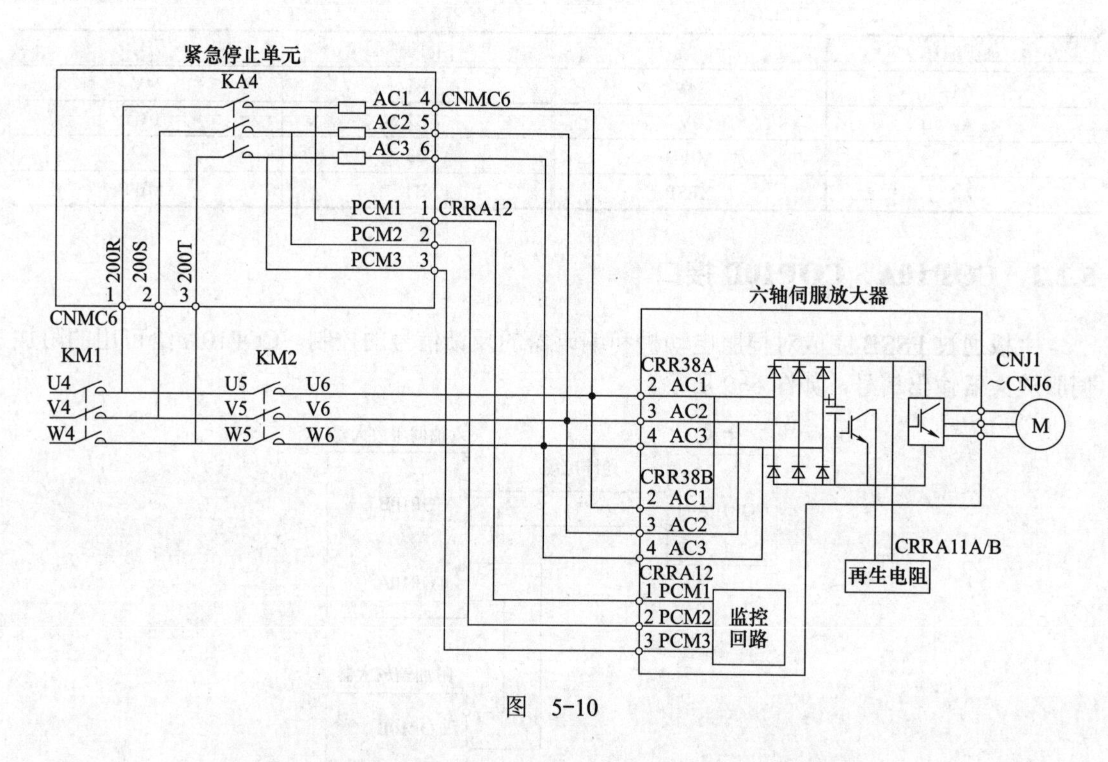

图 5-10

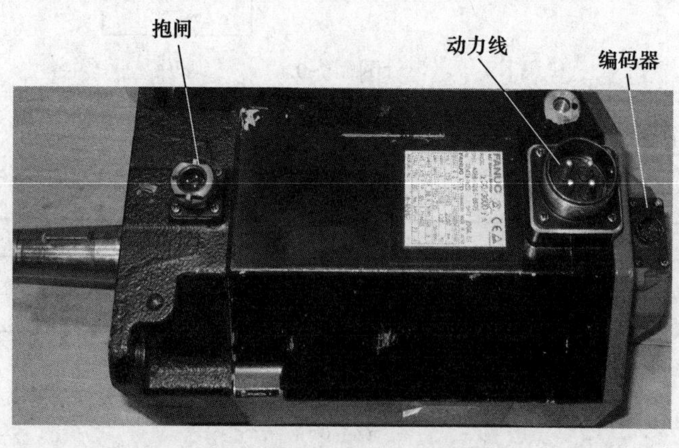

图 5-11

CRR38A、CRR38B 端子信号见表 5-5。

表 5-5

插脚编号	信号
1	PE
2	AC1
3	AC2
4	AC3

CRRA12 端子信号见表 5-6。

表 5-6

插脚编号	信号
1	PCM1
2	PCM2
3	PCM3

CRRA11A 端子信号见表 5-7。

表 5-7

插脚编号	信号
1	DCRA1
2	
3	DCRA2

CRRA11B 端子信号见表 5-8。

表 5-8

插脚编号	信号
1	DCRB1
2	
3	DCRB2

CNJ1 ～ CNJ6 端子信号见表 5-9。

表 5-9

端子号	插脚编号	信号	端子号	插脚编号	信号
CNJ1	1	J1U1	CNJ4	1	J4U1
	2	J1V1		2	J4V1
	3	J1W1		3	J4W1
CNJ2	1	J2U1	CNJ5	1	J5U1
	2	J2V1		2	J5V1
	3	J2W1		3	J5W1
CNJ3	1	J3U1	CNJ6	1	J6U1
	2	J3V1		2	J6V1
	3	J3W1		3	J6W1

5.2.4　CRR88 接口

伺服电动机抱闸线圈工作电压为直流 90V，当抱闸线圈获得 90V 电压后，制动抱闸脱开，伺服电动机可以旋转。抱闸线圈的 90V 电压断电后，伺服电动机制动。如图 5-12、图 5-13 所示，CRR88 接口中 BK1 ～ BK6 为抱闸线圈直流电源的 90V 电压端，BKC 为抱闸电源的公共端。

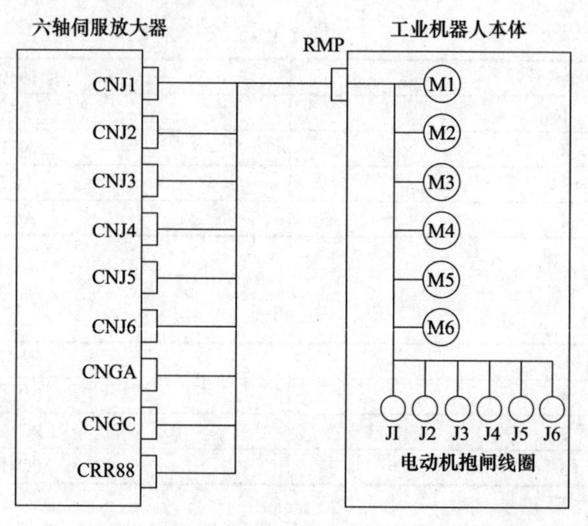

图 5-12

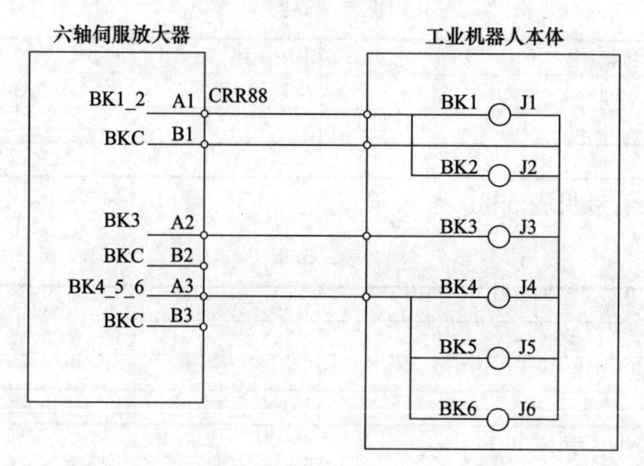

图 5-13

输入 HMI 信号，产生 BRKON 信号，激活抱闸回路，可以打开抱闸，如图 5-14 所示。

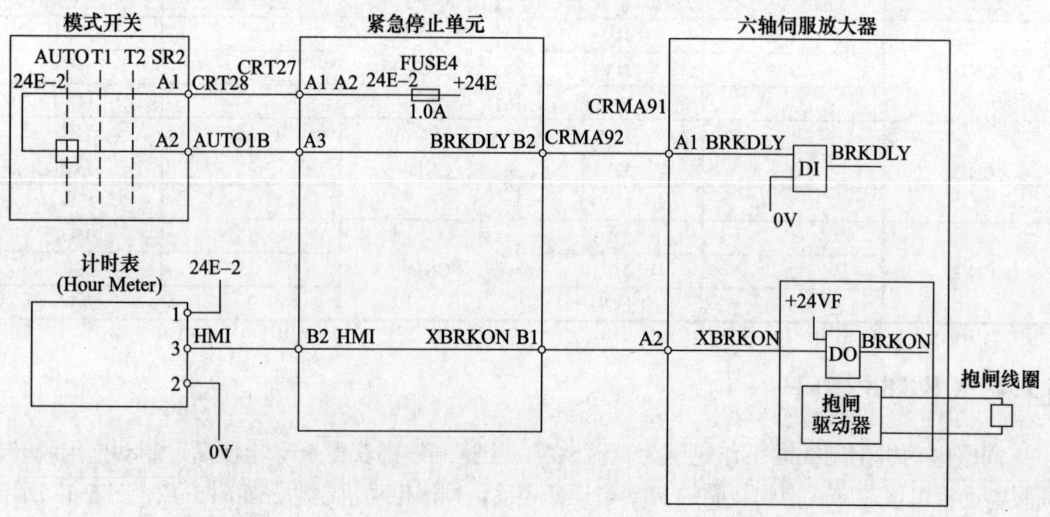

图 5-14

CRR88 端子信号见表 5-10。

表　5-10

插脚编号	信号	插脚编号	信号
A1	BK（J1，J2）	B1	BKC
A2	BK（J3）	B2	BKC
A3	BK（J456）	B3	BKC

5.2.5　CRF8 接口

CRF8 接口连接串行脉冲编码器的反馈信号、工业机器人末端执行器的输入输出信号、工业机器人超行程信号以及机械手断裂信号。

1. **串行脉冲编码器反馈信号**

FANUC 工业机器人伺服电动机使用的是绝对式串行脉冲编码器，在工业机器人断电后能够记忆工业机器人的位置。FANUC 工业机器人的绝对式串行脉冲编码器需要 6V 的电池，在工业机器人断电后持续给编码器的存储器供电，保证存储器的数据不丢失，如图 5-15 所示。

图　5-15

六轴伺服放大器连接的编码器的信号为 5V、0V、PRQ、*PRQ，其中 5V、0V 为编码器的供电电源，由驱动器提供给编码器。PRQ、*PRQ 为编码器的反馈信号，由编码器传输给伺服放大器。附加伺服放大器连接的编码器信号为 5V、0V、SD、*SD、REQ、*REQ。

如图 5-16 所示，编码器信号由工业机器人本体传输给六轴伺服放大器。J1 ～ J6 分别对应工业机器人的关节 1 ～ 6，M1P ～ M6P 分别对应 J1 ～ J6 轴伺服电动机的编码器，M1P ～ M6P（*，*）中 * 对应编码器的管脚号，例如 M6P（8，9）表示关节轴 6 伺服电动机编码器的 8、9 管脚。

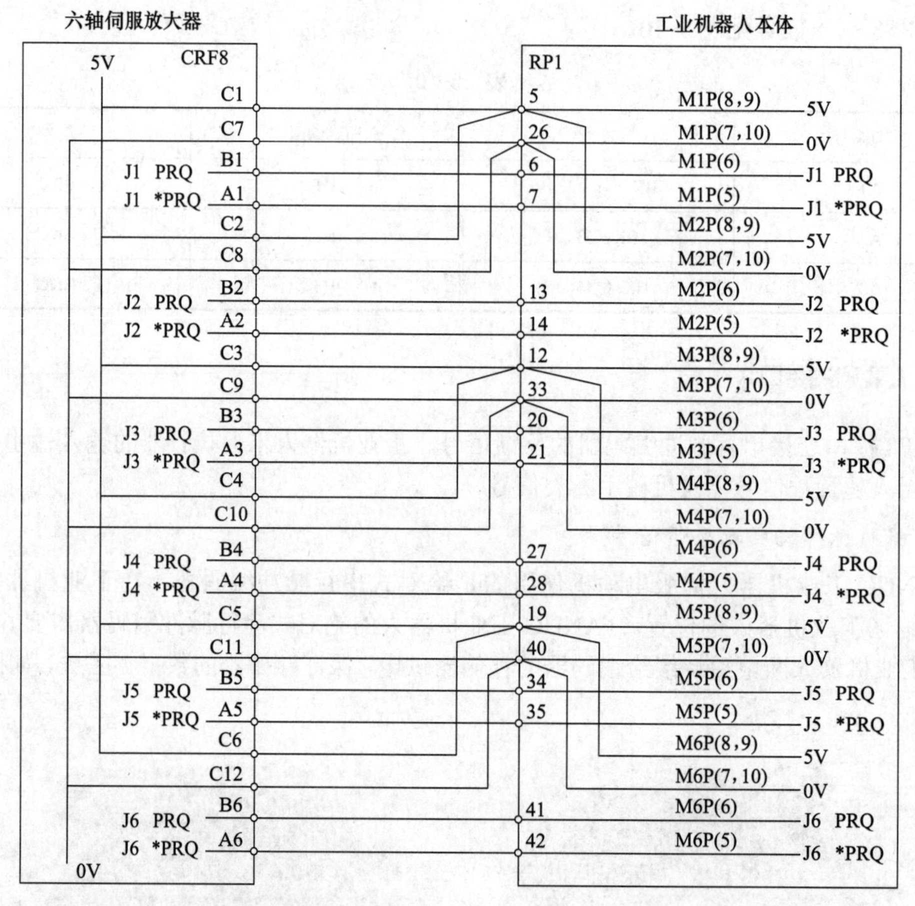

图 5-16

2. **机器人输入输出信号**

机器人通过末端执行器与工业机器人手腕上附带的连接器连接后使用，如图 5-17、图 5-18 所示。接线方法如图 5-19、图 5-20 所示，跳线开关的设置切换到 0V，RI 为机器人输入通用信号，RO 为机器人输出通用信号，XHBK 为机械手断裂信号，XPPABN 为气压异常信号。RI/RO 为硬线连接，不需要配置。EE 接口随工业机器人的选项构成不同而不同。

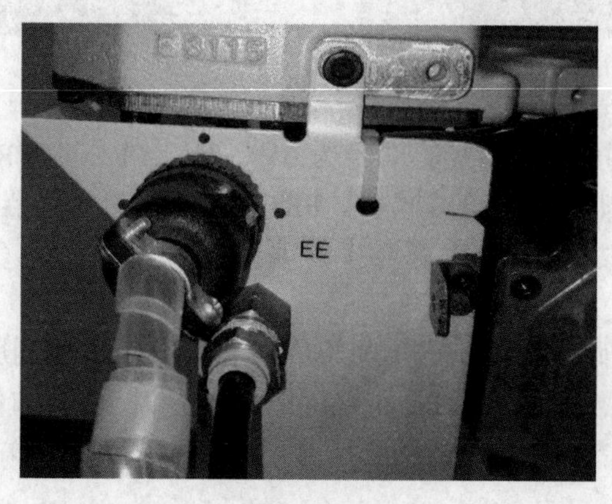

图 5-17

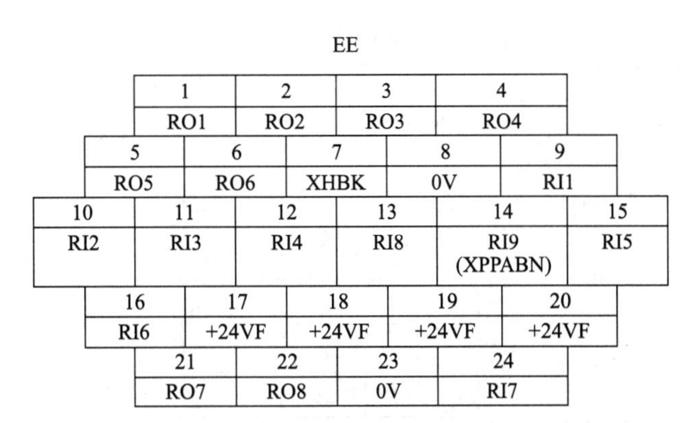

EE

1	2	3	4		
RO1	RO2	RO3	RO4		
5	6	7	8	9	
RO5	RO6	XHBK	0V	RI1	
10	11	12	13	14	15
RI2	RI3	RI4	RI8	RI9 (XPPABN)	RI5
16	17	18	19	20	
RI6	+24VF	+24VF	+24VF	+24VF	
21	22	23	24		
RO7	RO8	0V	RI7		

图　5-18

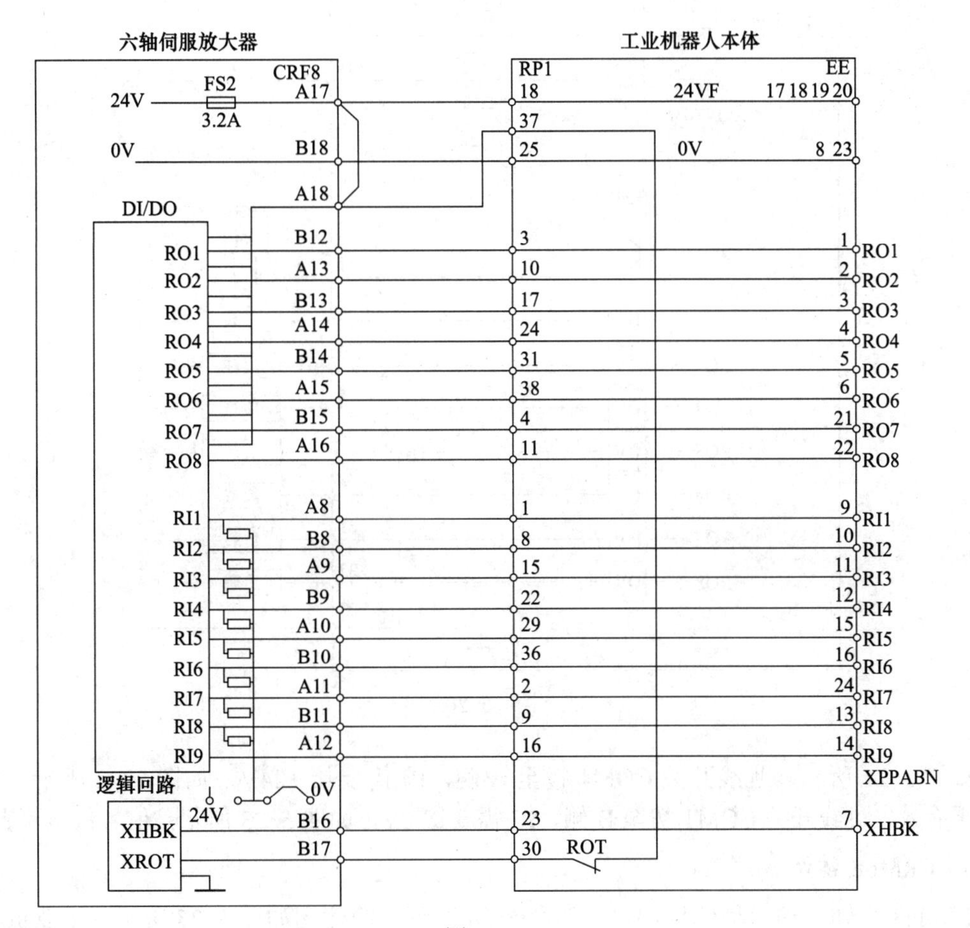

图　5-19

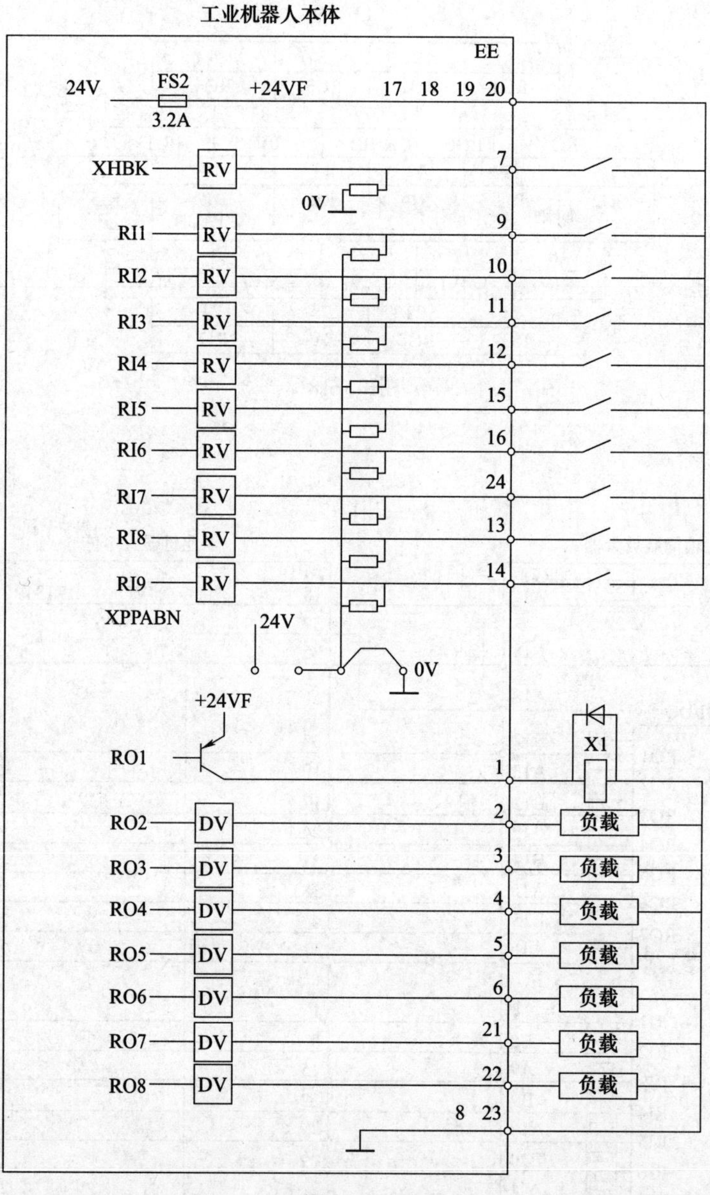

图 5-20

如图 5-21 所示，跳线开关 COM1 拨至 A 侧，RI 需要接 +24V，如图 5-22 所示，信号高电平有效。跳线开关 COM1 拨至 B 侧，RI 需要接 0V，如图 5-23 所示，信号低电平有效。

3. CRM68 接口

CRM68 为辅助轴超程信号接口，如图 5-24 所示，简化图如图 5-25 所示。工业机器人本体的超程信号通过 CRF8 的 A17、B17 接入，再通过 CRM68 的 1、2 接到六轴伺服放大器的 PI 中。

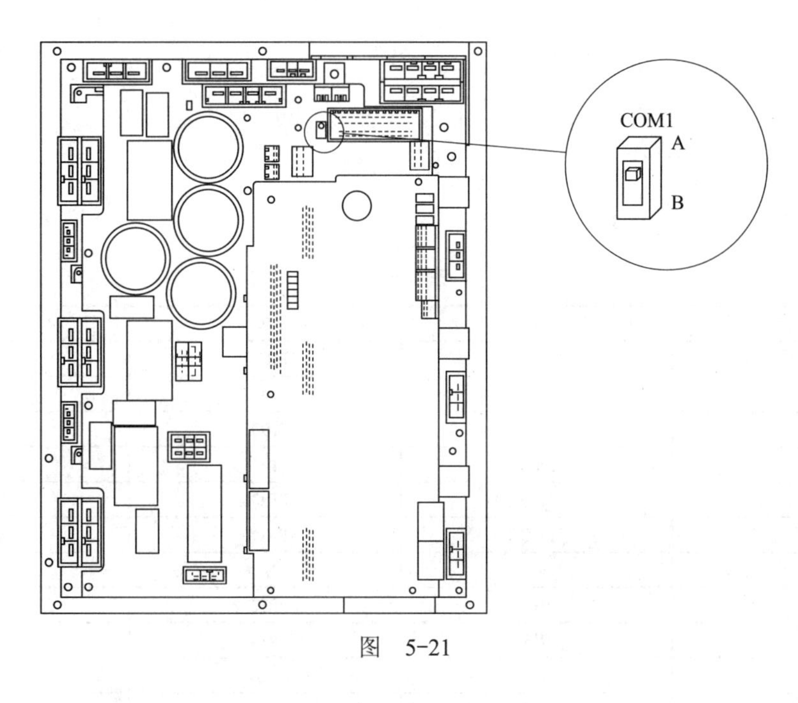

图　5-21

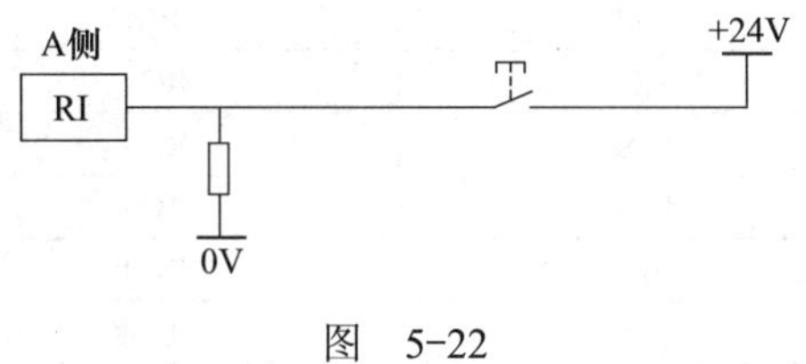

图　5-22

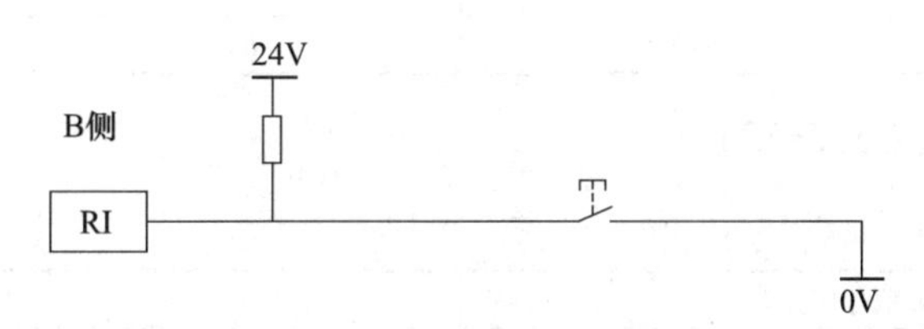

图　5-23

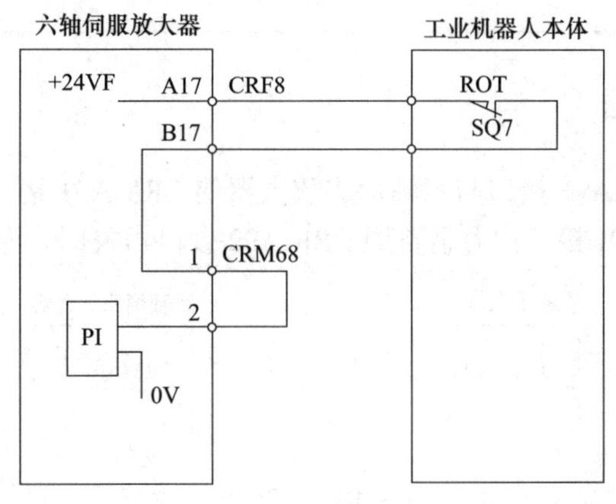

图　5-24

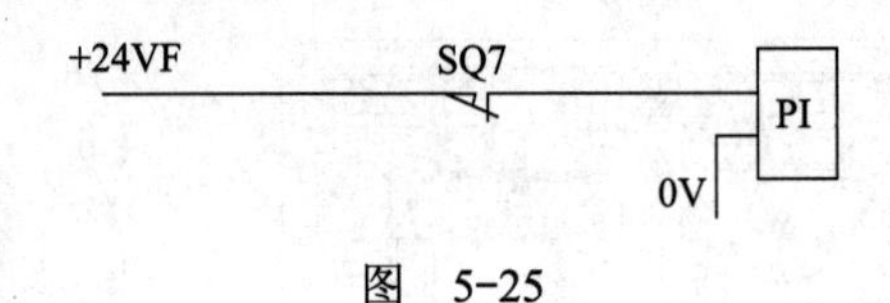

图 5-25

CRF8 端子信号见表 5-11。

表 5-11

插脚编号	A	B	C
1	*PRQ1	PRQ1	5V
2	*PRQ2	PRQ2	5V
3	*PRQ3	PRQ3	5V
4	*PRQ4	PRQ4	5V
5	*PRQ5	PRQ5	5V
6	*PRQ6	PRQ6	5V
7	S+	S–	0V
8	RI1	RI2	0V
9	RI3	RI4	0V
10	RI5	RI6	0V
11	RI7	RI8	0V
12	RI9	RO1	0V
13	RO2	RO3	
14	RO4	RO5	
15	RO6	RO7	
16	RO8	XHBK	
17	24VF	XROT	
18	24VFIN	0V	

CRM68 端子信号见表 5-12。

表 5-12

插脚编号	信号
1	AUXOT1
2	AUXOT1
3	

5.2.6 CRMA91 接口

急停单元通过 CRMA92 接口与六轴伺服放大器的 CRMA91 接口相连，进行互锁控制，如图 5-26 所示。CRMA91 接口内容请参照 CRMA92 接口相关部分内容学习，此处不再赘述。

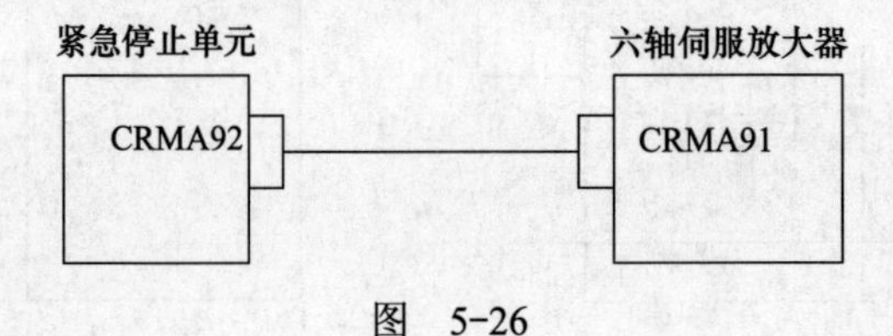

图 5-26

CRMA91 端子信号见表 5-13。

表　5-13

插脚编号	信号	插脚编号	信号
A1	BRKDLY	B1	XOTHBK
A2	BRKONTM	B2	DCPASC
A3	XSVEMG	B3	MON1
A4	MON2	B4	
A5	XPCHON	B5	XMCCON
A6	KM2ON	B6	XTON

5.2.7　其余接口端子信号

CRMB16 端子信号见表 5-14。

表　5-14

插脚编号	信号	插脚编号	信号
A1	FBSTO1	B1	FBSTO2
A2	XTOA1	B2	24V
A3	XTOA2	B3	0V
A4	XTOB1	B4	24V
A5	XTOB2	B5	0V
A6	STOABNML	B6	0V

CRM97 端子信号见表 5-15。

表　5-15

插脚编号	信号	插脚编号	信号
A1	XBRKRLS2	B1	24V
A2	XBRKRLS3	B2	0V
A3	XBRKRLS4	B3	XFUSEALM
A4	GUNCHG	B4	XSVEMG
A5	KM3ON	B5	OTHBK
A6		B6	

CRR63A 端子信号见表 5-16。

表　5-16

插脚编号	信号
1	DCTHA1
2	DCTHA2
3	DCEXSTA

CRR63B 端子信号见表 5-17。

表　5-17

插脚编号	信号
1	DCTHB1
2	DCTHB2
3	DCEXSTB

CRS23 端子信号见表 5-18。

表 5-18

插脚编号	信号
1	S2+
2	S2−
3	0V

CRRA13 端子信号见表 5-19。

表 5-19

插脚编号	信号
1	DCP
2	DCP
3	DCN
4	DCN

CRR65A/B 端子信号见表 5-20。

表 5-20

插脚编号	信号	插脚编号	信号
A1	BK（J7）	B1	BK（J8）
A2		B2	
A3	BKC	B3	BKC

CNGA 端子信号见表 5-21。

表 5-21

插脚编号	信号
1	J1G1
2	J2G1
3	J3G1

CNGC 端子信号见表 5-22。

表 5-22

插脚编号	信号
1	J4G1
2	J5G1
3	J6G1

CRRB14 端子信号见表 5-23。

表 5-23

插脚编号	信号
1	XSINGLPH
2	0V
3	

5.3　FANUC 工业机器人伺服放大器熔丝、LED 的位置和更换及故障判别

FANUC 工业机器人伺服放大器熔丝位置如图 5-27、图 5-28 所示。

1）FS1：产生放大器控制线路所需的电源。

2）FS2：对工业机器人末端执行器、工业机器人超行程、机械手断裂的 24V 电源进行保护。

3）FS3：对再生电阻、附加轴放大器的 24V 电源进行保护。

熔丝更换的判别方法见表 5-24。

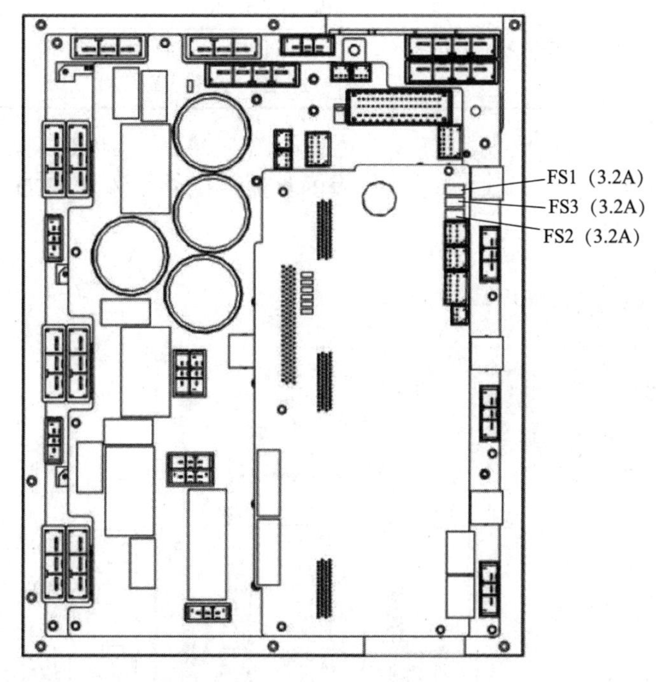

图　5-27

图　5-28

表 5-24

名称	熔断时的现象	对策
FS1	1）伺服放大器的所有 LED 都消失 2）示教器显示 FSSB 断线报警（SRVO—057）或 FSSB 初始化报警（SRVO—058）	更换六轴伺服放大器
FS2	示教器显示“六轴放大器熔丝熔断（SRVO-214）”“机械手断裂（SRVO-006）”“Robot overtravel（SRVO-005）”（机器人超程）	1）检查工业机器人末端执行器中所使用的 +24VF 是否有接地故障 2）检查工业机器人连接电缆和工业机器人内部电缆 3）更换六轴伺服放大器 4）在 M-3iA 的情况下，确认工业机器人机构内部的风扇（选项）是否有异常
FS3	示教器显示“六轴放大器熔丝熔断（SRVO-214）”和“（DCAL 报警）”	1）检查再生电阻是否异常，如有必要则予以更换 2）更换六轴伺服放大器

FANUC 工业机器人伺服放大器 LED 的位置如图 5-29 所示。LED 指示灯 V4 必须熄灭后才能触碰六轴伺服放大器。同时使用万用表的直流电压档，测量 LED 指示灯 V4 右侧螺钉上的电压值，确认电压值在 50V 以下。

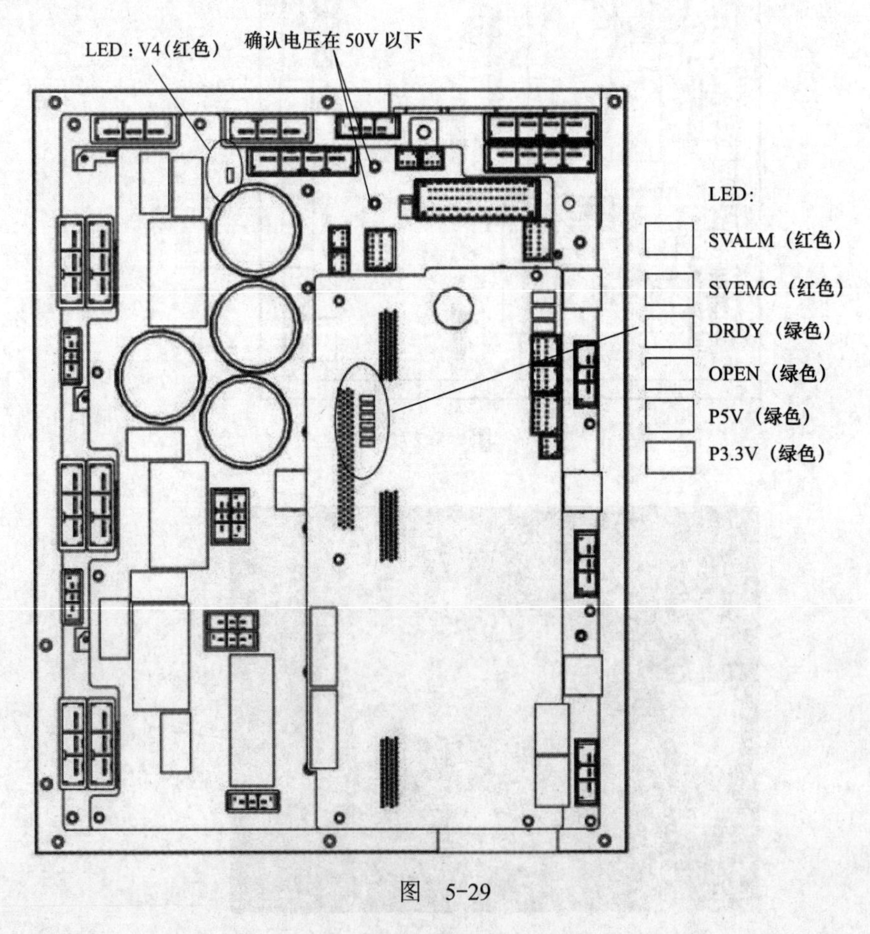

图 5-29

通过伺服指示灯 LED 判别伺服放大器故障的方法见表 5-25。

表　5-25

LED	颜色	故障内容及其对策
V4	红色	当六轴伺服放大器内部的 DC 链路电路被充电而有电压时，LED 点亮 LED 在预先充电结束后不点亮时 对策 1：可能是由于 DC 链路线路形成短路。确认连接 对策 2：可能是由于充电电流控制电阻的不良所致。更换急停单元 对策 3：更换六轴伺服放大器
ALM	红色	六轴伺服放大器检测出报警时点亮 LED 在没有处在报警状态下点亮，或处在报警状态下而不点亮时 对策：更换六轴伺服放大器
SVEMG	红色	当急停信号被输入到六轴伺服放大器时，LED 点亮 LED 在没有处在急停状态下点亮，或处在急停状态下而不点亮时 对策：更换六轴伺服放大器
DRDY	绿色	当六轴伺服放大器能够驱动伺服电动机时，LED 点亮 处在励磁状态下不点亮时 对策：更换六轴伺服放大器
OPEN	绿色	当六轴伺服放大器和主板之间的通信正常进行时，LED 点亮 LED 不点亮时 对策 1：确认 FSSB 光缆的连接情况 对策 2：更换伺服卡 对策 3：更换六轴伺服放大器
P5V	绿色	当 +5V 电压被从六轴伺服放大器内部的电源电路正常输出时，LED 点亮 LED 不点亮时 对策 1：检查机器人连接电缆（RP1），确认 +5V 是否有接地故障 对策 2：更换六轴伺服放大器
P3.3V	绿色	当 +3.3V 电压被从六轴伺服放大器内部的电源电路正常输出时，LED 点亮 LED 不点亮时 对策：更换六轴伺服放大器

第6章 处理I/O板

FANUC工业机器人I/O模块的种类包括I/O连接设备、处理I/O（Process I/O）板、I/O Unit-MODEL A/B、I/O连接设备连接单元和R-30iB Mate主板。本章主要介绍处理I/O板的工作过程，如图6-1所示。处理I/O板具有数字量、模拟量I/O信号，有JA、JB、KA、KB、KC、NA、MA、MB等类型。信号的种类以及数量随处理I/O板的种类不同而不同。

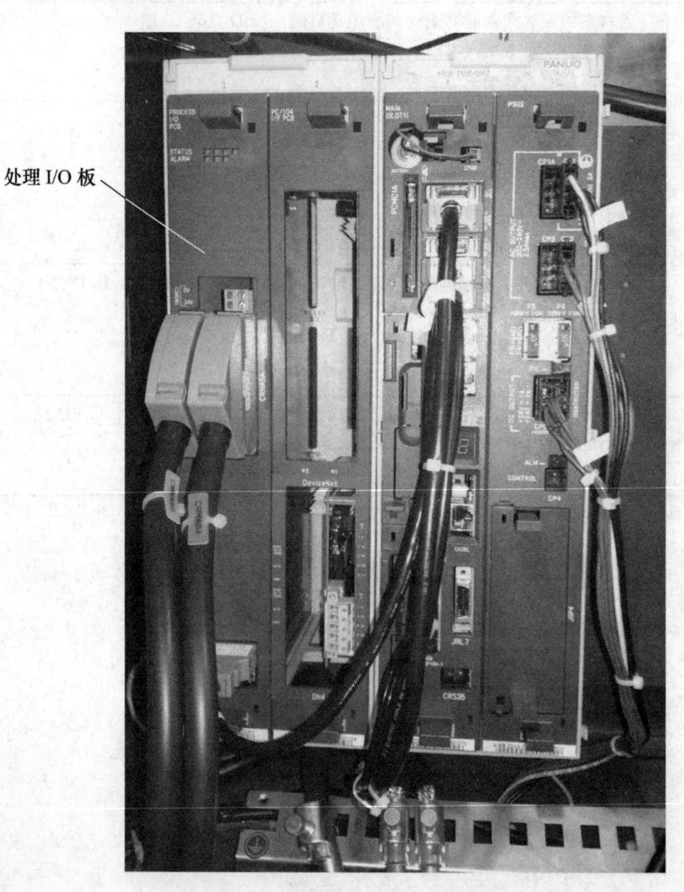

图 6-1

处理I/O板的JA型如图6-2所示。处理I/O板的JB型如图6-3所示。

处理I/O板的MA型如图6-4所示。

处理I/O板的MB型如图6-5所示。

处理I/O板的KA型如图6-6所示。

处理I/O板的KB型如图6-7所示。

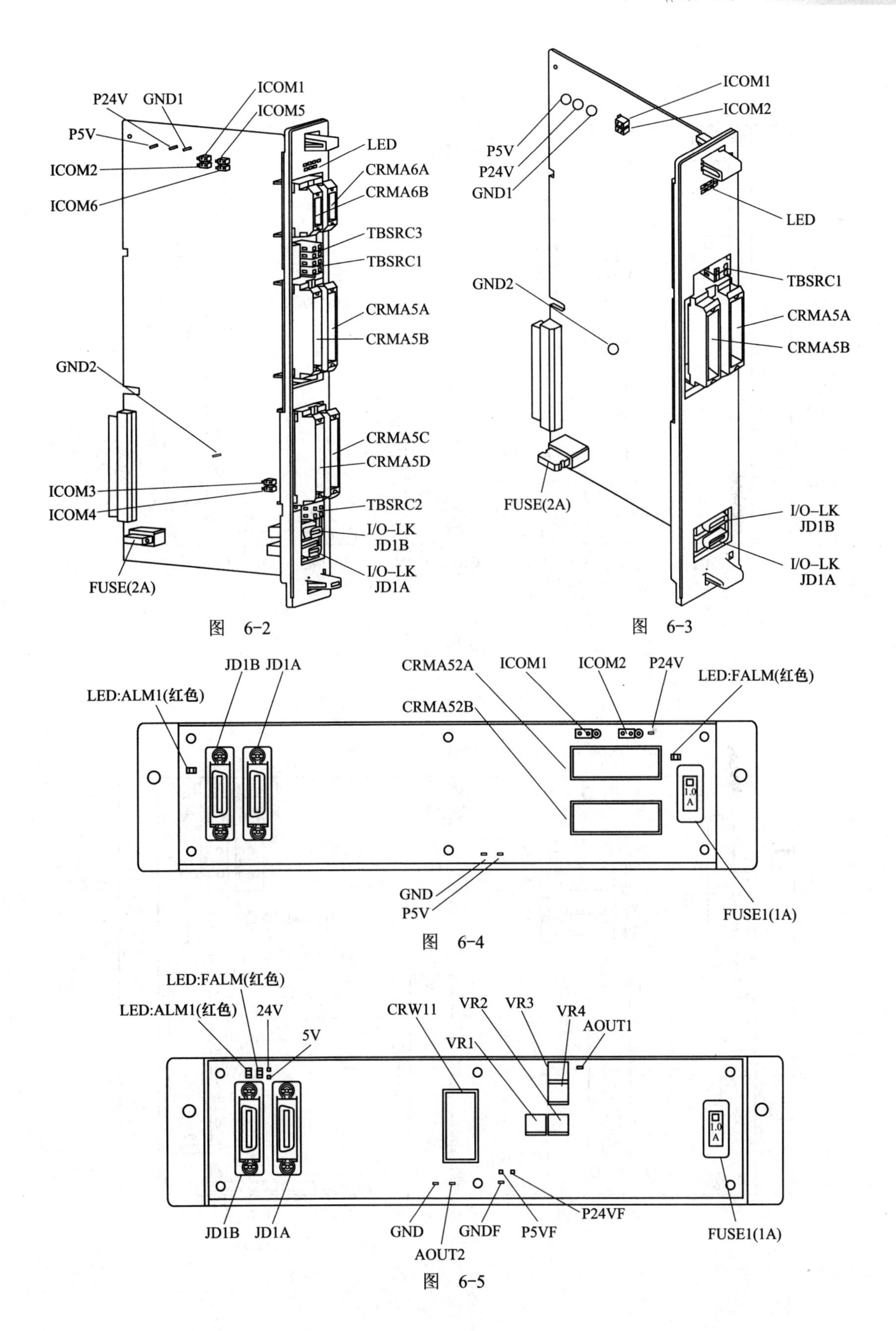

图　6-2

图　6-3

图　6-4

图　6-5

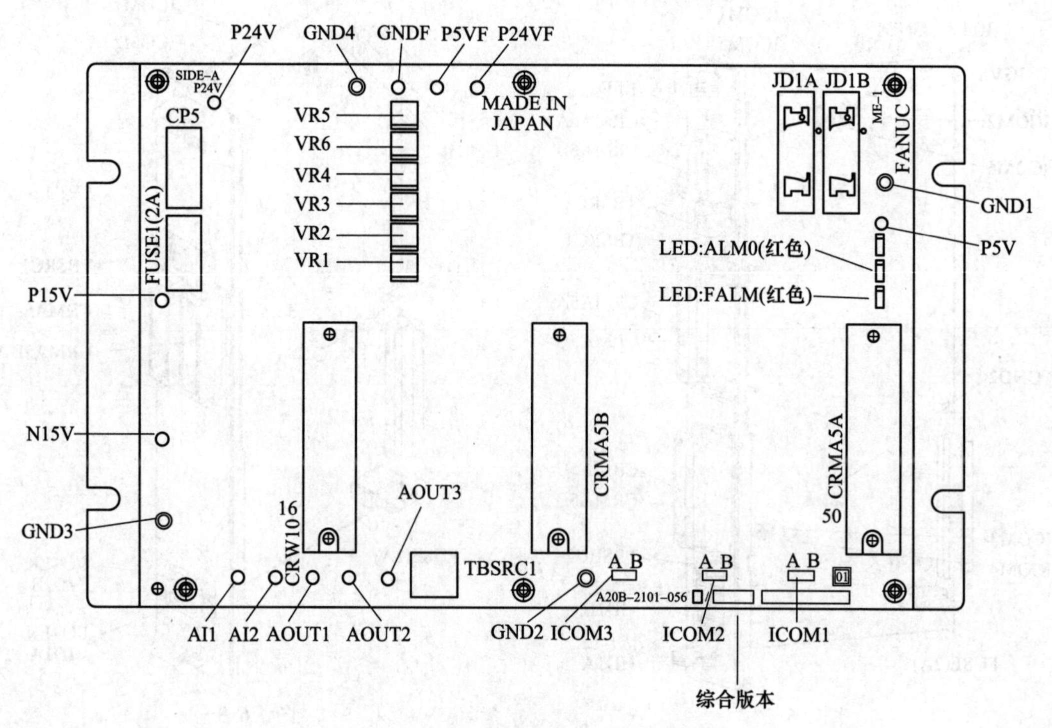

P24V
GND4
GNDF
P5VF
P24VF
SIDE-A
P24V
MADE IN JAPAN
CP5
VR5
VR6
VR4
VR3
VR2
VR1
JD1A
JD1B
ME-1
FANUC
GND1
P5V
LED:ALM0(红色)
LED:FALM(红色)
FUSE1(2A)
P15V
N15V
CRMA5B
CRMA5A
50
GND3
16
CRW10
AOUT3
TBSRC1
A B
A B
A B
01
A20B-2101-056
AI1
AI2
AOUT1
AOUT2
GND2
ICOM3
ICOM2
ICOM1
综合版本

图 6-6

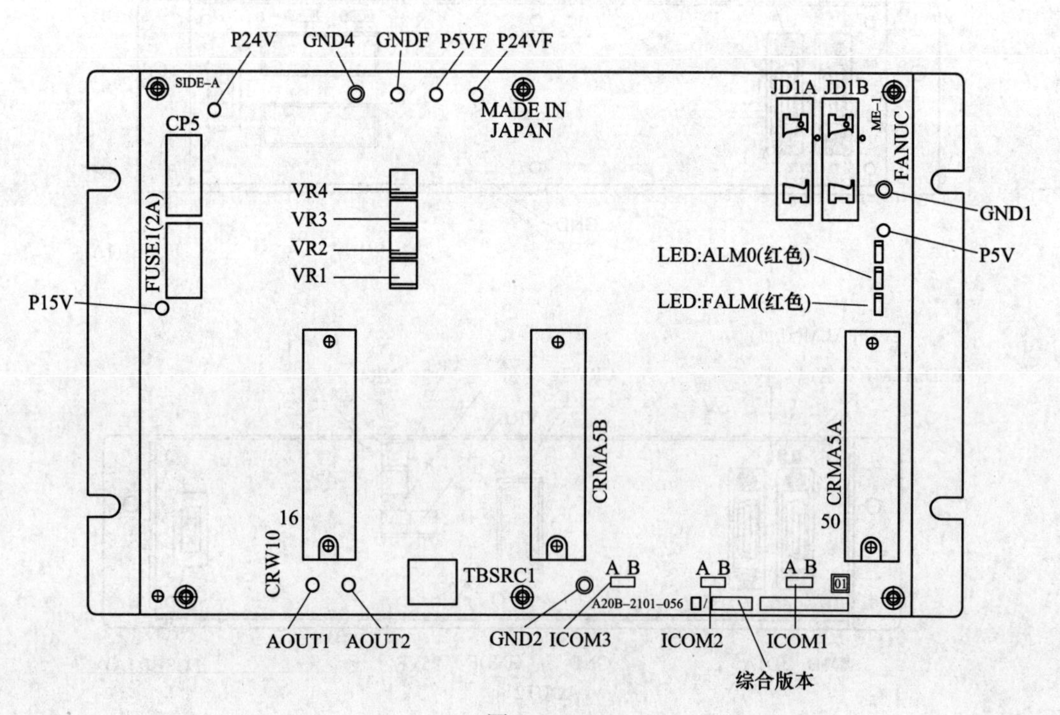

P24V
GND4
GNDF
P5VF
P24VF
SIDE-A
MADE IN JAPAN
CP5
JD1A
JD1B
ME-1
FANUC
GND1
P5V
VR4
VR3
VR2
VR1
LED:ALM0(红色)
LED:FALM(红色)
FUSE1(2A)
P15V
CRMA5B
CRMA5A
50
16
CRW10
TBSRC1
A B
A B
A B
01
A20B-2101-056
AOUT1
AOUT2
GND2
ICOM3
ICOM2
ICOM1
综合版本

图 6-7

6.1　FANUC 工业机器人处理 I/O 板的接口作用

FANUC 工业机器人处理 I/O 板常用的接口作用说明如下。

JD1B/JD1A：处理 I/O 板与主板通信的 I/O LINK 总线接口。

CRMA5A、CRMA5B：输入输出信号接口。

CRW10、CRW11：焊机接口信号。

6.1.1　JD1B、JD1A 接口

如图 6-8 所示，主板的 JDIA 接第一个处理 I/O 板的 JD1B，第一个处理 I/O 板的 JD1A 接第二个处理 I/O 板的 JD1B，组成 I/O LINK 总线。通过 I/O LINK 总线，外部输入信号传送到主板，主板将输出信号通过 I/O LINK 总线输出到输出接口。

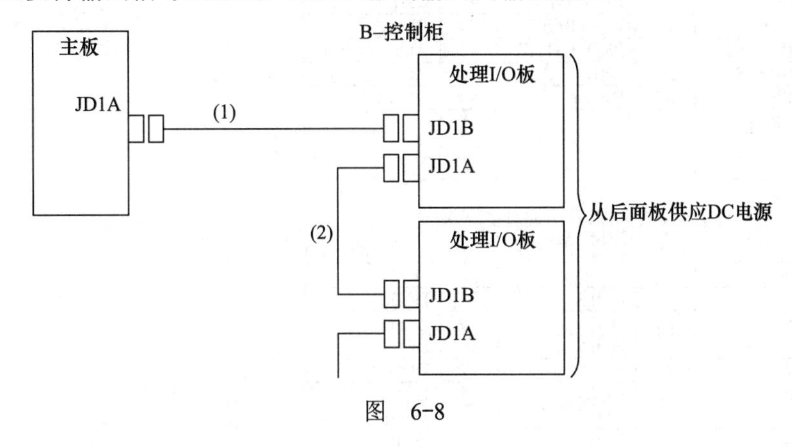

图　6-8

6.1.2　CRMA5A、CRMA5B 接口

CRMA5A、CRMA5B 输入输出信号接口如图 6-9 所示，引脚定义如图 6-10 所示。一共有 40 个输入信号，前 18 个输入信号分配给外围设备输入信号 UI，后 22 个分配给数字输入信号 DI。一共有 40 个输出信号，前 20 个输出信号分配给外围设备输出信号 UO，后 20 个输出信号分配给数字输出信号 DO。

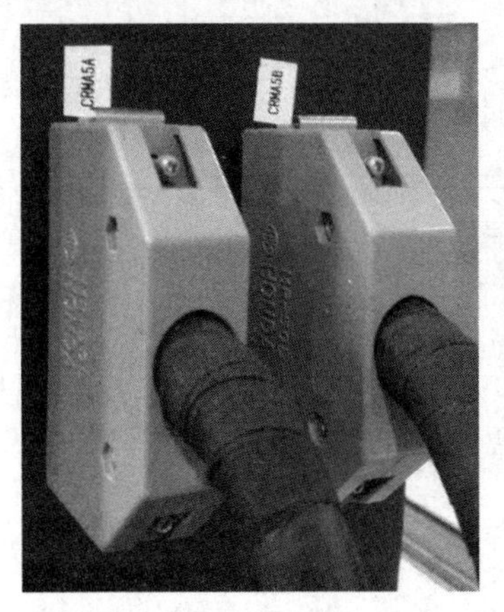

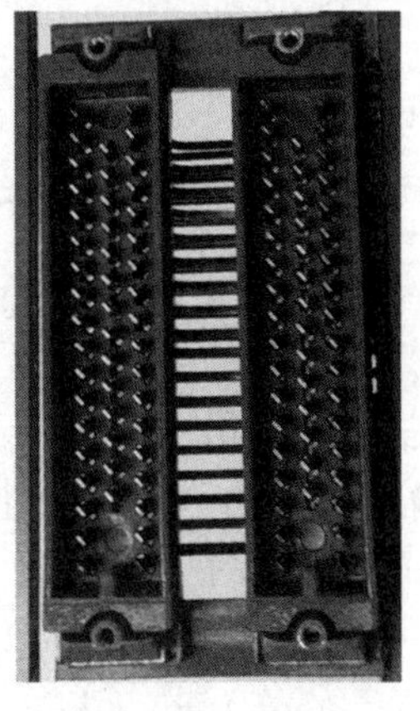

图　6-9

控制装置

处理I/O板JA、JB、KA、KB

外围设备控制接口A1(源点型DO)
CRMA5A

针脚	信号	针脚	信号	针脚	信号
01	*IMSTP			33	CMDENBL
02	*HOLD	19	ACK3/SNO3	34	SYSRDY
03	*SFSPD	20	ACK4/SNO4	35	PROGRUN
04	CSTOPI	21	ACK5/SNO5	36	PAUSED
05	FAULT RESET	22	ACK6/SNO6	37	DOSRC1
06	START	23	DOSRC1	38	HELD
07	HOME	24	ACK7/SNO7	39	FAULT
08	ENBL	25	ACK8/SNO8	40	ATPERCH
09	RSR1/PNS1	26	SNACK	41	TPENBL
10	RSR2/PNS2	27	RESERVED	42	DOSRC1
11	RSR3/PNS3	28	DOSRC1	43	BATALM
12	RSR4/PNS4	29	PNSTROBE	44	BUSY
13	RSR5/PNS5	30	PROD START	45	ACK1/SNO1
14	RSR6/PNS6	31	DI01	46	ACK2/SNO2
15	RSR7/PNS7	32	DI02	47	DOSRC1
16	RSR8/PNS8			48	
17	0V			49	+24E
18	0V			50	+24E

外围设备A1

外围设备控制接口A2(源点型DO)
CRMA5B

针脚	信号	针脚	信号	针脚	信号
01	DI03			33	DO01
02	DI04	19	DO13	34	DO02
03	DI05	20	DO14	35	DO03
04	DI06	21	DO15	36	DO04
05	DI07	22	DO16	37	DOSRC1
06	DI08	23	DOSRC1	38	DO05
07	DI09	24	DO17	39	DO06
08	DI10	25	DO18	40	DO07
09	DI11	26	DO19	41	DO08
10	DI12	27	DO20	42	DOSRC1
11	DI13	28	DOSRC1	43	DO09
12	DI14	29	DI19	44	DO10
13	DI15	30	DI20	45	DO11
14	DI16	31	DI21	46	DO12
15	DI17	32	DI22	47	DOSRC1
16	DI18			48	
17	0V			49	+24E
18	0V			50	+24E

外围设备A2

电源用端子台

TBSRC1

针脚	信号
1	DOSRC1
2	0V

图 6-10

CRMA5A 输入信号接线如图 6-11 所示，CRMA5B 输入信号接线图 6-12 所示，ICOM1、ICOM2 接 0V 端，输入信号的一端接高电平，即接到 49、50 管脚上，接通 +24E；输入信号的另一端接到对应的输入端子上。

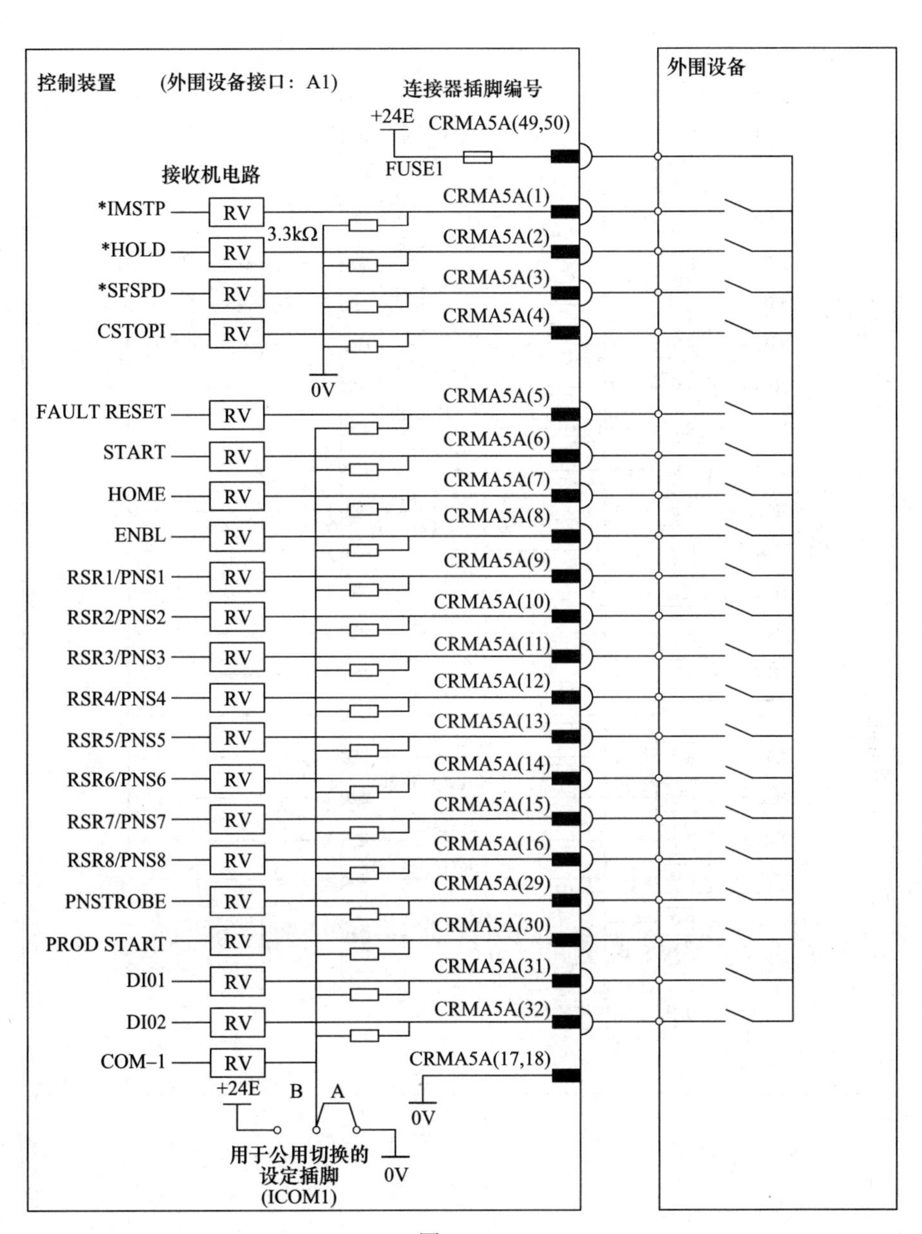

控制装置
(外围设备接口：A1)
连接器插脚编号
+24E
CRMA5A(49,50)
FUSE1
接收机电路
*IMSTP
*HOLD
*SFSPD
CSTOPI
RV
3.3kΩ
0V
CRMA5A(1)
CRMA5A(2)
CRMA5A(3)
CRMA5A(4)
FAULT RESET
START
HOME
ENBL
RSR1/PNS1
RSR2/PNS2
RSR3/PNS3
RSR4/PNS4
RSR5/PNS5
RSR6/PNS6
RSR7/PNS7
RSR8/PNS8
PNSTROBE
PROD START
DI01
DI02
COM-1
CRMA5A(5)
CRMA5A(6)
CRMA5A(7)
CRMA5A(8)
CRMA5A(9)
CRMA5A(10)
CRMA5A(11)
CRMA5A(12)
CRMA5A(13)
CRMA5A(14)
CRMA5A(15)
CRMA5A(16)
CRMA5A(29)
CRMA5A(30)
CRMA5A(31)
CRMA5A(32)
CRMA5A(17,18)
B
A
用于公用切换的
设定插脚
(ICOM1)
外围设备

图　6-11

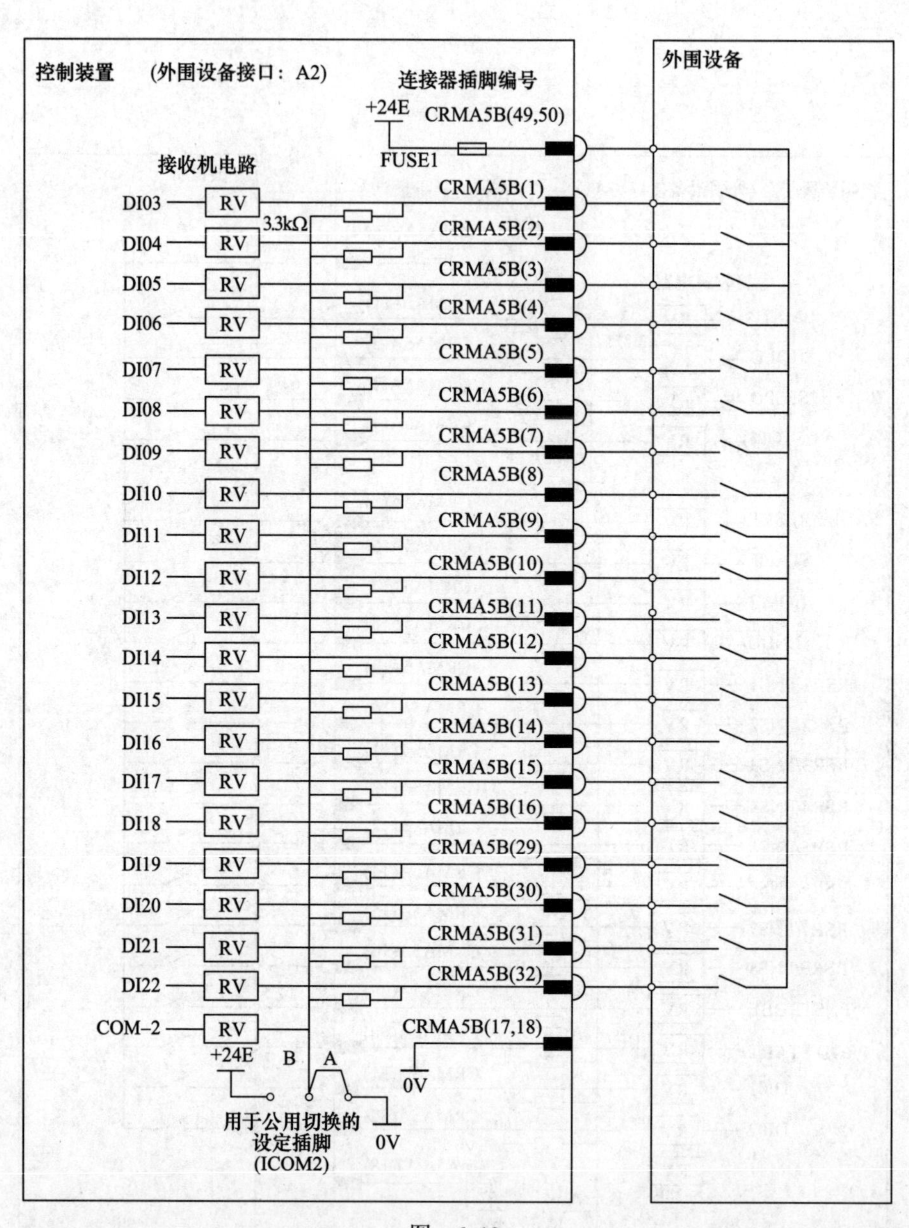

图 6-12

CRMA5A、CRMA5B 输出信号接线如图 6-13、图 6-14 所示。通常情况下，输出信号的 DOSRC 端（23、28、37、42、47）接通 24V。输出负载信号例如继电器线圈，继电器线圈的一端接到对应的输出端子上，另一端接到 0V。

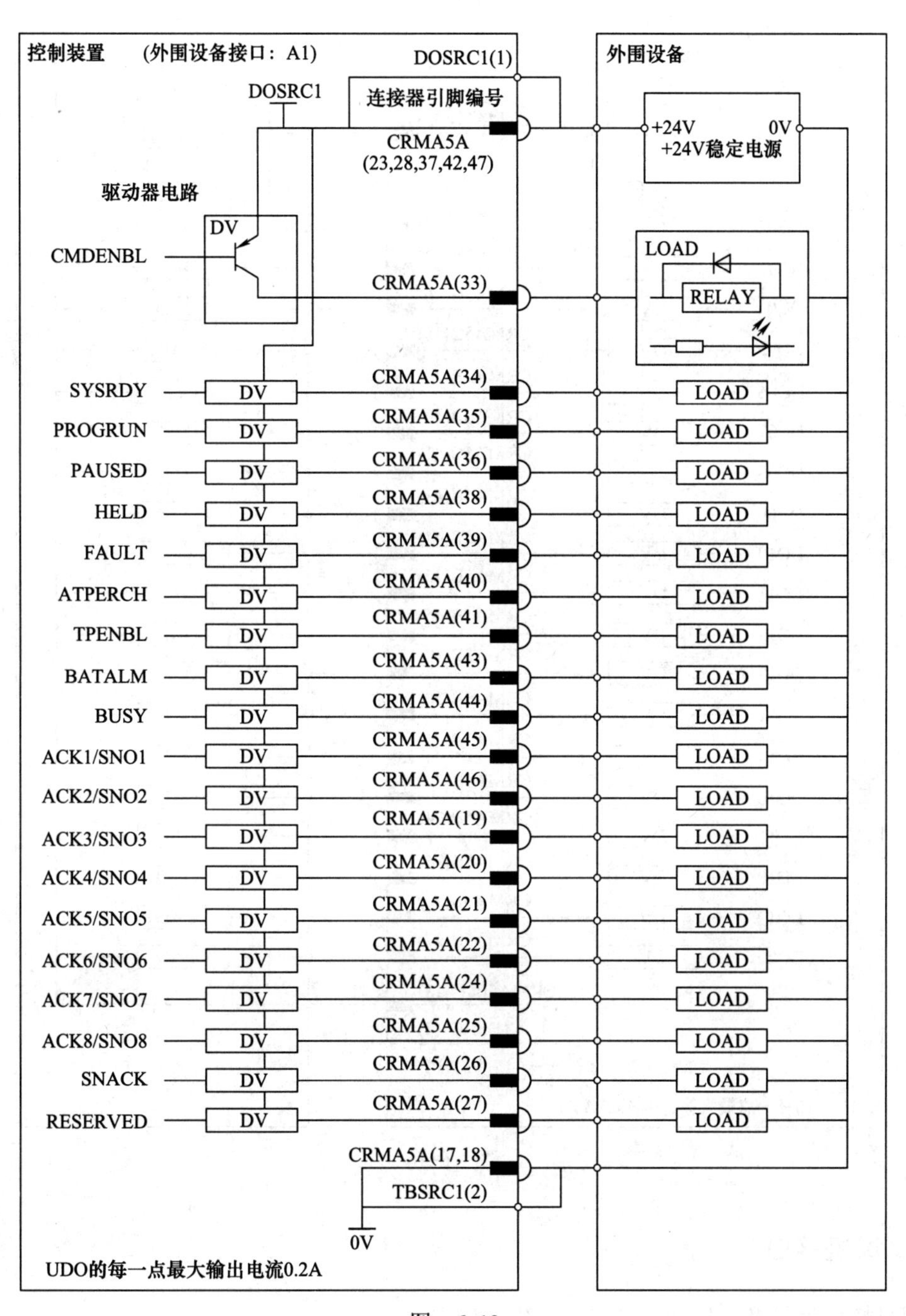
控制装置　(外围设备接口：A1)
DOSRC1(1)
外围设备
DOSRC1
连接器引脚编号
CRMA5A
(23,28,37,42,47)
+24V
0V
+24V稳定电源
驱动器电路
DV
CMDENBL
LOAD
RELAY
CRMA5A(33)
SYSRDY
PROGRUN
PAUSED
HELD
FAULT
ATPERCH
TPENBL
BATALM
BUSY
ACK1/SNO1
ACK2/SNO2
ACK3/SNO3
ACK4/SNO4
ACK5/SNO5
ACK6/SNO6
ACK7/SNO7
ACK8/SNO8
SNACK
RESERVED
CRMA5A(34)
CRMA5A(35)
CRMA5A(36)
CRMA5A(38)
CRMA5A(39)
CRMA5A(40)
CRMA5A(41)
CRMA5A(43)
CRMA5A(44)
CRMA5A(45)
CRMA5A(46)
CRMA5A(19)
CRMA5A(20)
CRMA5A(21)
CRMA5A(22)
CRMA5A(24)
CRMA5A(25)
CRMA5A(26)
CRMA5A(27)
CRMA5A(17,18)
TBSRC1(2)
0V
UDO的每一点最大输出电流0.2A

图　6-13

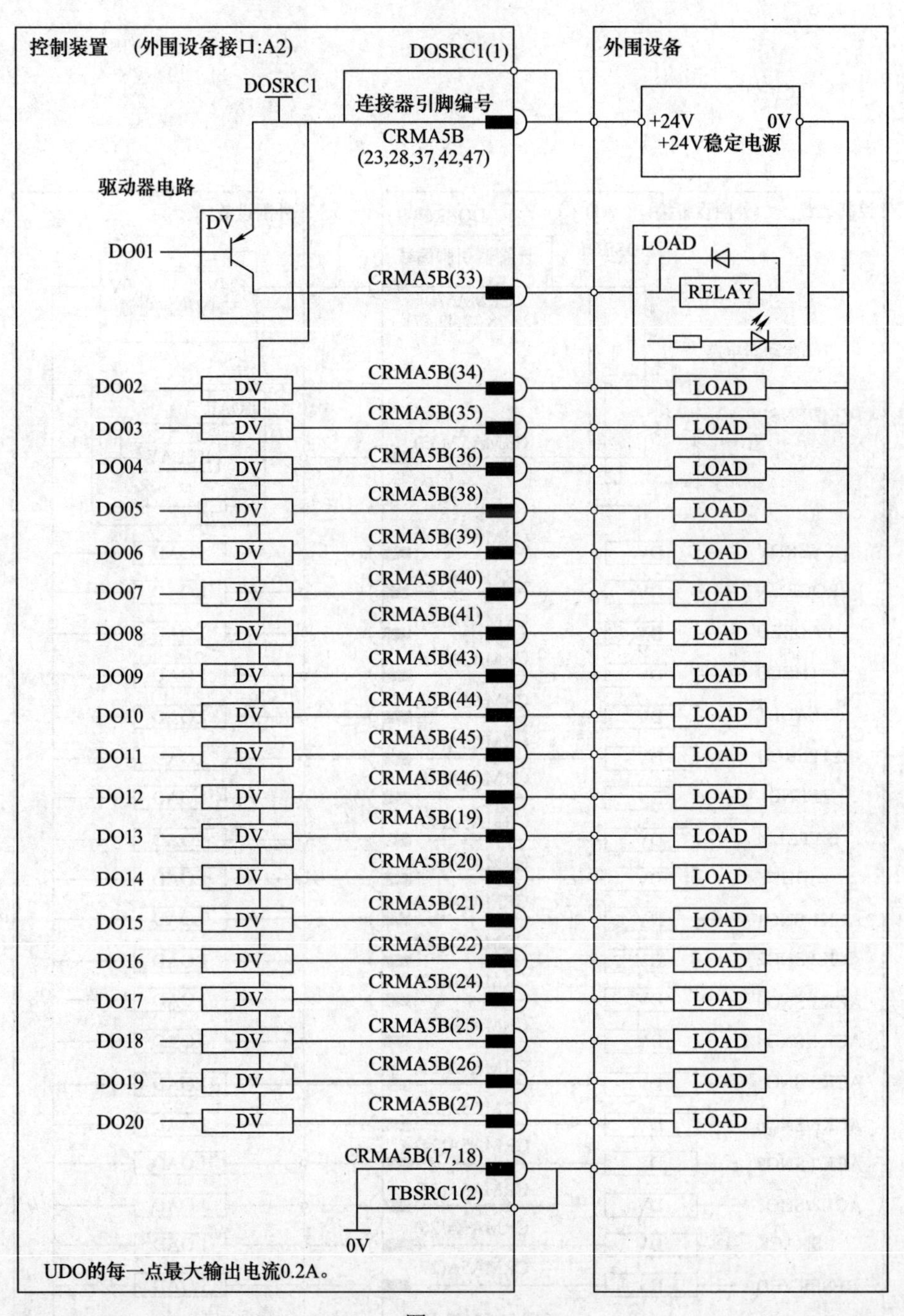

图 6-14

6.1.3 焊机接口

焊机接口信号及应用如图 6-15 ～图 6-19 所示。

焊机接口信号数字输入量信号为 WI1 ～ WI8，额定输入电压为 DC 24 ～ 28V。

数字输出量信号为 WO1 ～ WO8，额定输出电压为 DC 24V，最大负载电流为 200mA。

模拟量输出信号为 DACH1 ～ DACH3（焊接电压指令、送焊丝速度指令），电压值为 0 ～ 15V。

WDI+、WDI− 为焊丝熔敷检测信号，输入检测信号的最大值为 15V、85mA，焊机侧的阻值为 100Ω 以上。

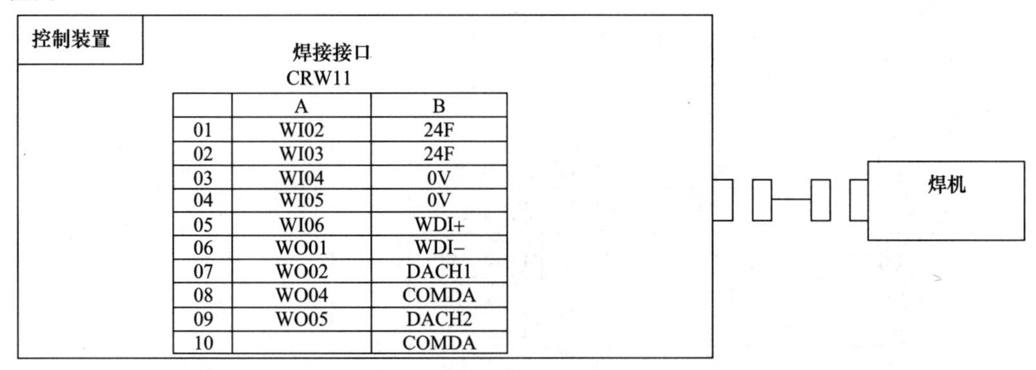

	A	B
01	WI02	24F
02	WI03	24F
03	WI04	0V
04	WI05	0V
05	WI06	WDI+
06	WO01	WDI−
07	WO02	DACH1
08	WO04	COMDA
09	WO05	DACH2
10		COMDA

图 6-15

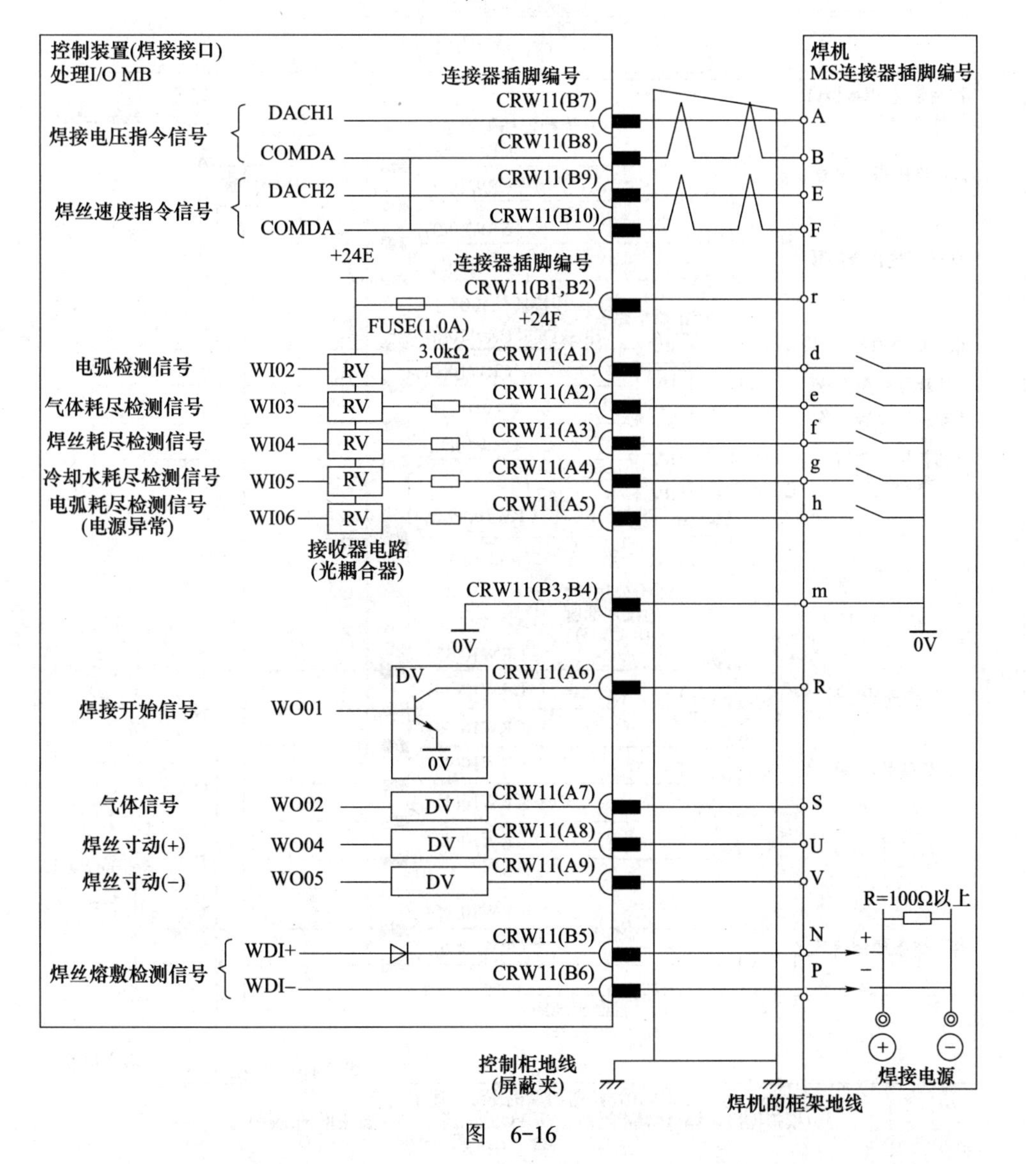

图 6-16

控制装置

焊接接口 CRW10

引脚	信号	引脚	信号	引脚	信号
01	DACH1			33	WO1
02	COMDA1	19	ADCH1	34	WCOM1
03	DACH2	20	COMAD1	35	WO2
04	COMDA2	21	ADCH2	36	WCOM2
05	DACH3	22	COMAD2	37	WO3
06	COMDA3	23		38	WCOM3
07	WI1	24		39	WO4
08	WI2	25	WDI+	40	WCOM4
09	WI3	26	WDI−	41	WO5
10	WI4	27		42	WCOM5
11	WI5	28		43	WO6
12	WI6	29		44	WCOM6
13	WI7	30		45	WO7
14	WI8	31		46	WCOM7
15	0V	32		47	WO8
16	0V			48	WCOM8
17	0V			49	+24E
18	0V			50	+24E

焊机

图 6-17

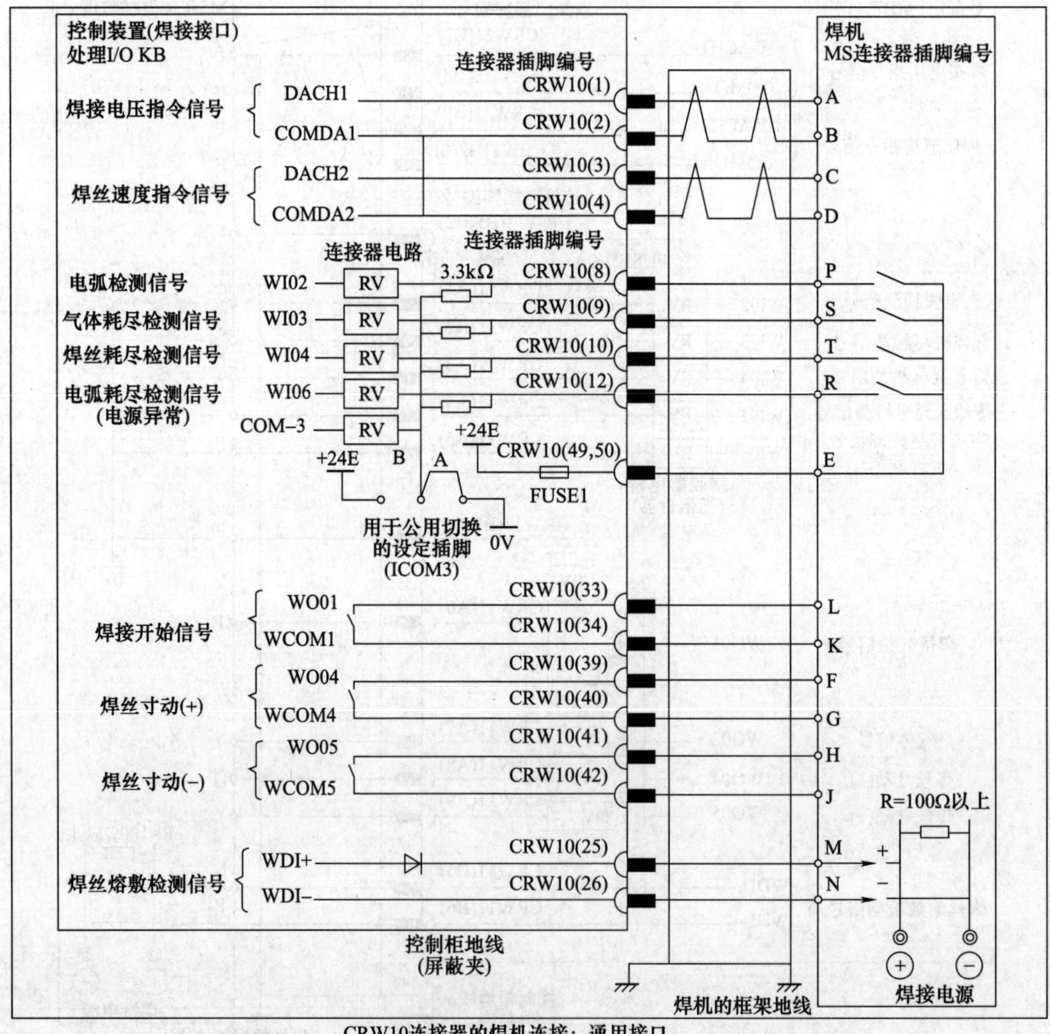

CRW10连接器的焊机连接：通用接口
(模拟输出、焊丝熔敷检测、WI/WO的连接：+24V公用时的连接)

图 6-18

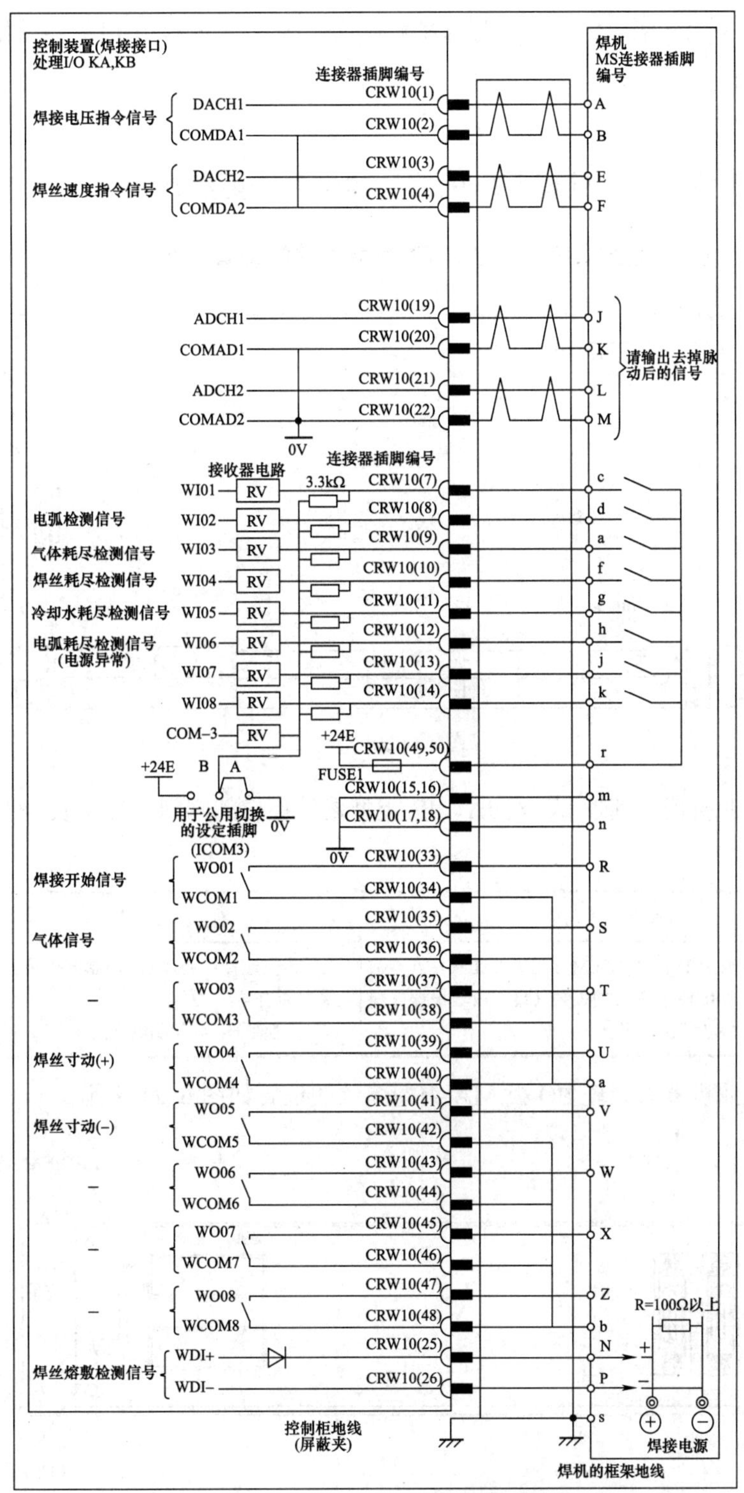

CRW10连接器的焊机连接：FANUC接口
(模拟输入输出、焊丝熔敷检测、WI/WO的连接：+24V公用时的连接)

图　6-19

6.2 FANUC 工业机器人处理 I/O 板熔丝、LED 的位置和更换及故障判别

6.2.1 FANUC 工业机器人处理 I/O 板熔丝的位置和更换判别

1）FANUC 工业机器人处理 I/O 板 JA、JB 类型熔丝的位置如图 6-20 所示。

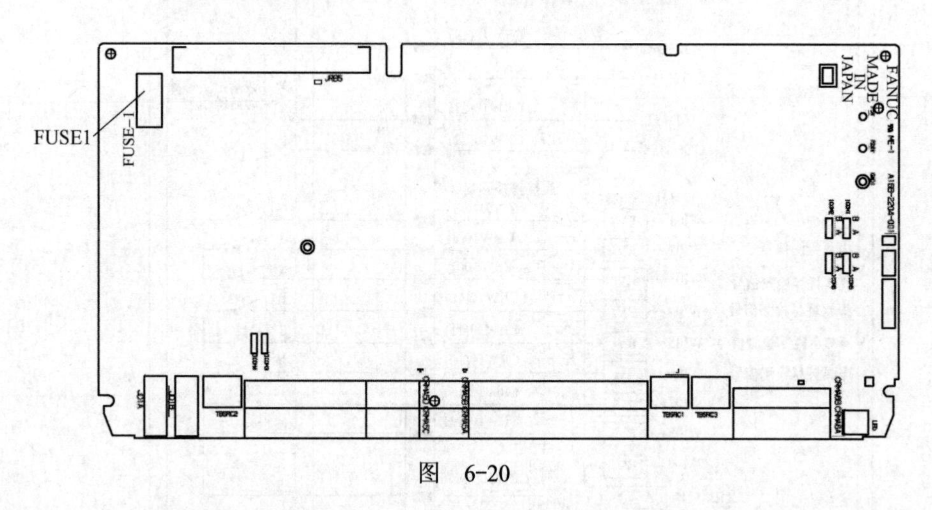

图 6-20

2）FANUC 工业机器人处理 I/O 板 JA、JB 类型熔丝更换的判别方法见表 6-1。

表 6-1

名称	熔断时的现象	对策
FUSE1	处理 I/O 板上的 LED（ALM-2 或者 FALM）点亮，示教器显示 IMSTP 输入等的报警（显示内容根据外围设备的连接状态而定）	1）检查连接在处理 I/O 印制电路板上的电缆、外围设备是否有异常 2）更换处理 I/O 印制电路板

3）FANUC 工业机器人处理 I/O 板 MA 类型熔丝的位置如图 6-21 所示。

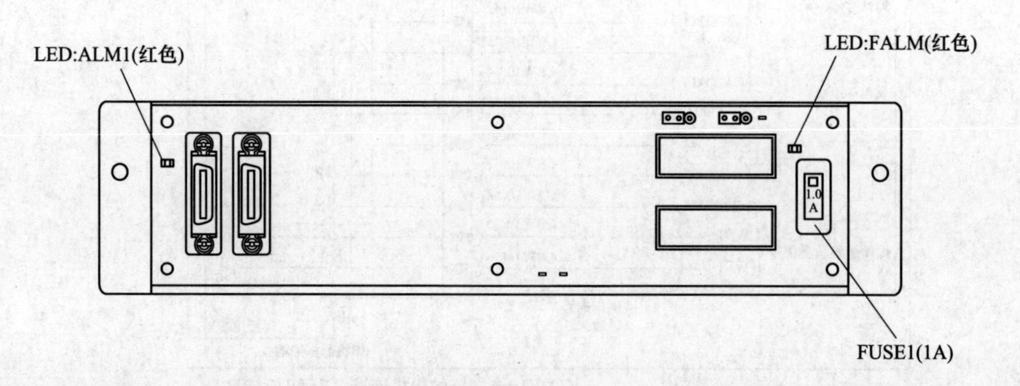

图 6-21

4）FANUC 工业机器人处理 I/O 板 MB 类型熔丝的位置如图 6-22 所示。

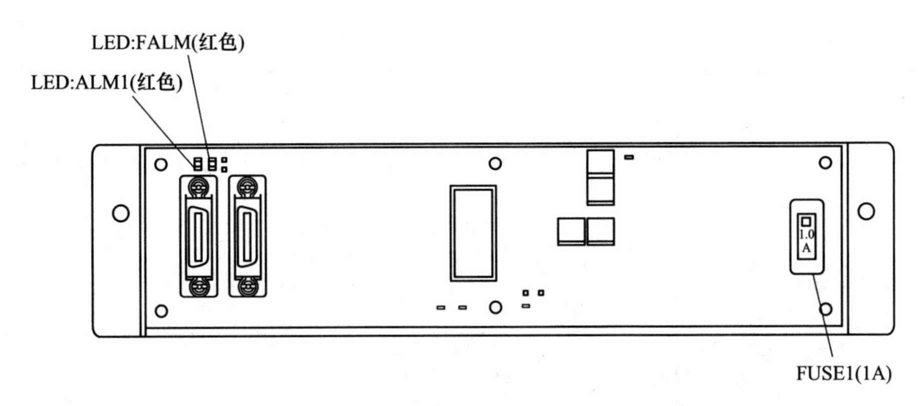

图　6-22

5）FANUC 工业机器人处理 I/O 板 MA、MB 类型熔丝更换的判别方法见表 6-2。

表　6-2

名称	熔断时的现象	对策
FUSE1	处理 I/O 板的 LED（ALM1 或者 FALM）点亮	1）检查处理 I/O 板上所连接的电缆、外围设备是否有异常 2）更换处理 I/O 板

6.2.2　FANUC 工业机器人处理 I/O 板 LED 的位置和故障判别

1）FANUC 工业机器人处理 I/O 板 JA、JB 类型 LED 的位置如图 6-23 所示。

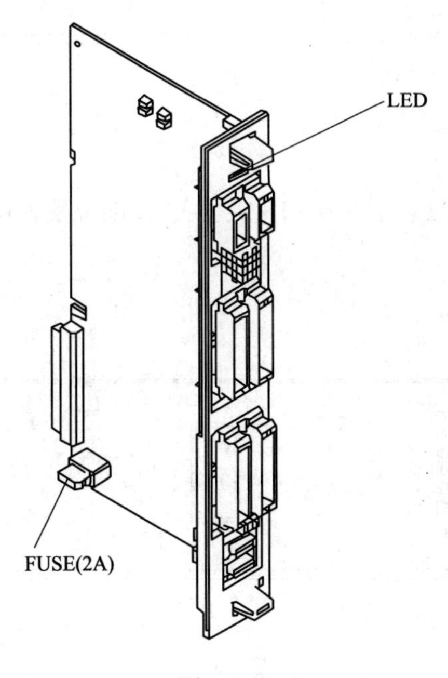

图　6-23

2）FANUC 工业机器人处理 I/O 板 JA、JB 类型通过 LED 判别故障的方法见表 6-3。

表 6-3

报警 LED 的显示	故障内容及其对策
STATUS 1 2 3 4 ALARM	在主 CPU 印制电路板和处理 I/O 印制电路板之间进行通信的过程中发生了报警 对策 1：更换处理 I/O 印制电路板 对策 2：更换主 CPU 印制电路板 对策 3：更换 I/O LINK 连接电缆
STATUS 1 2 3 4 ALARM	处理 I/O 板上的熔丝已经熔断 对策 1：更换处理 I/O 板上的熔丝 对策 2：检查处理 I/O 板上所连接的电缆、外围设备是否异常，如有异常则予以更换 对策 3：更换处理 I/O 板

注：报警 LED 的显示栏中，黑色代表 LED 点亮。

3）FANUC 工业机器人处理 I/O 板 MA 类型 LED 的位置如图 6-24 所示。

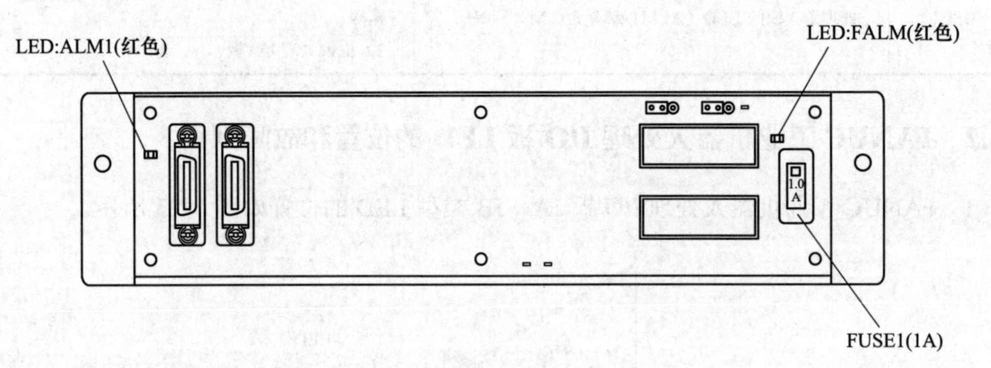

图 6-24

4）FANUC 工业机器人处理 I/O 板 MB 类型 LED 的位置如图 6-25 所示。

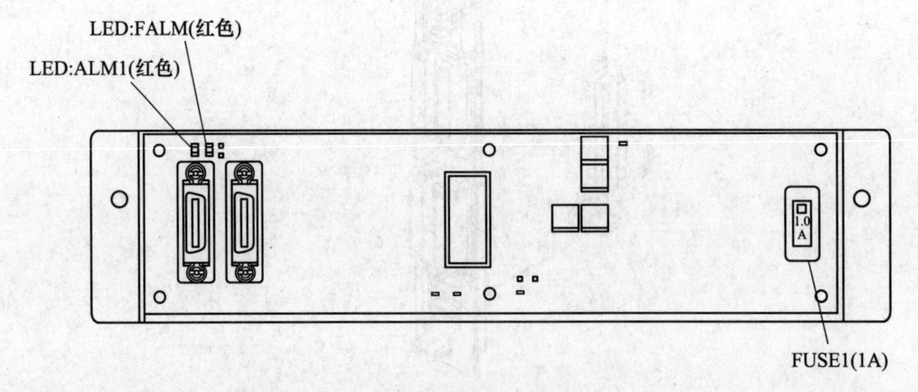

图 6-25

5）FANUC 工业机器人处理 I/O 板 MA、MB 类型通过 LED 判别故障的方法见表 6-4。

表　6-4

LED	颜色	故障内容及其对象
ALM1	红色	在主板和处理I/O板之间的通信中发生报警 对策1：更换处理I/O板 对策2：更换I/O LINK连接电缆 对策3：更换主板
FALM	红色	处理I/O板上的熔丝已经熔断 对策1：更换处理I/O板上的熔丝 对策2：检查处理I/O板上所连接的电缆、外围设备是否异常，如有异常则予以更换 对策3：更换处理I/O板

6.3　外围设备信号UI/UO

外围设备信号是工业机器人发送给和接收远端控制器或周边设备的信号，可以实现选择程序、开始和停止程序、从报警状态中恢复系统等功能，如图6-26、图6-27所示，在系统中有确定的用途。外围设备输入信号（UI）、外围设备输出信号（UO）具体说明见表6-5、表6-6。

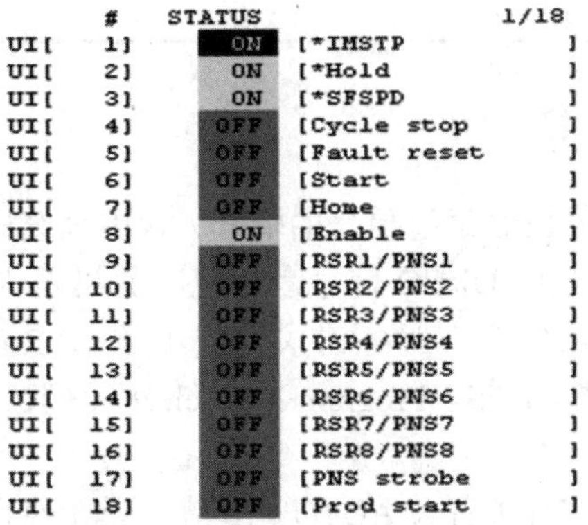

```
        #   STATUS                1/18
UI[  1]   ON  [*IMSTP             ]
UI[  2]   ON  [*Hold              ]
UI[  3]   ON  [*SFSPD             ]
UI[  4]   OFF [Cycle stop         ]
UI[  5]   OFF [Fault reset        ]
UI[  6]   OFF [Start              ]
UI[  7]   OFF [Home               ]
UI[  8]   ON  [Enable             ]
UI[  9]   OFF [RSR1/PNS1          ]
UI[ 10]   OFF [RSR2/PNS2          ]
UI[ 11]   OFF [RSR3/PNS3          ]
UI[ 12]   OFF [RSR4/PNS4          ]
UI[ 13]   OFF [RSR5/PNS5          ]
UI[ 14]   OFF [RSR6/PNS6          ]
UI[ 15]   OFF [RSR7/PNS7          ]
UI[ 16]   OFF [RSR8/PNS8          ]
UI[ 17]   OFF [PNS strobe         ]
UI[ 18]   OFF [Prod start         ]
```

图　6-26

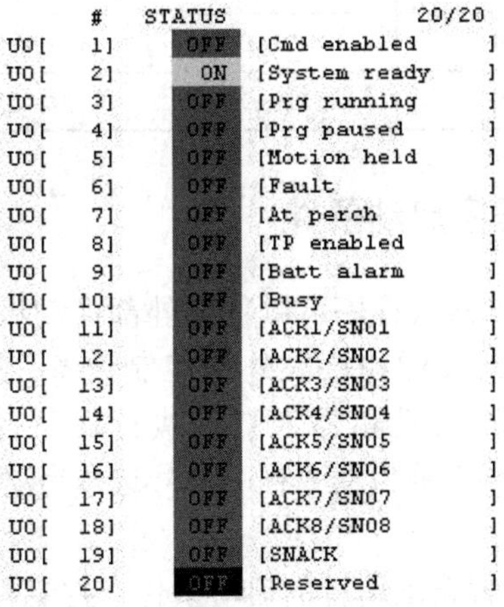

```
        #   STATUS                20/20
UO[  1]   OFF [Cmd enabled        ]
UO[  2]   ON  [System ready       ]
UO[  3]   OFF [Prg running        ]
UO[  4]   OFF [Prg paused         ]
UO[  5]   OFF [Motion held        ]
UO[  6]   OFF [Fault              ]
UO[  7]   OFF [At perch           ]
UO[  8]   OFF [TP enabled         ]
UO[  9]   OFF [Batt alarm         ]
UO[ 10]   OFF [Busy               ]
UO[ 11]   OFF [ACK1/SNO1          ]
UO[ 12]   OFF [ACK2/SNO2          ]
UO[ 13]   OFF [ACK3/SNO3          ]
UO[ 14]   OFF [ACK4/SNO4          ]
UO[ 15]   OFF [ACK5/SNO5          ]
UO[ 16]   OFF [ACK6/SNO6          ]
UO[ 17]   OFF [ACK7/SNO7          ]
UO[ 18]   OFF [ACK8/SNO8          ]
UO[ 19]   OFF [SNACK              ]
UO[ 20]   OFF [Reserved           ]
```

图　6-27

表　6-5

信号	参数	说明
UI[1]	*IMSTP	紧急停机信号（正常状态：ON）
UI[2]	*Hold	暂停信号（正常状态：ON）
UI[3]	*SFSPD	安全速度信号（正常状态：ON）
UI[4]	Cycle stop	周期停止信号
UI[5]	Fault reset	报警复位信号
UI[6]	Start	启动信号（信号下降沿有效）
UI[7]	Home	回Home信号（需要设置宏程序）
UI[8]	Enable	使能信号
UI[9]～UI[16]	RSR1～RSR8	工业机器人服务请求信号
UI[9]～UI[16]	PNS1～PNS8	程序号选择信号
UI[17]	PNS strobe	程序号选通信号
UI[18]	Prod start	自动操作开始（生产开始）信号，信号下降沿有效

表 6-6

信号	参数	说明
UO[1]	Cmd enabled	命令使能信号输出
UO[2]	System ready	系统准备完毕输出
UO[3]	Prg running	程序执行状态输出
UO[4]	Prg paused	程序暂停状态输出
UO[5]	Motion held	暂停输出
UO[6]	Fault	错误输出
UO[7]	At perch	工业机器人就位输出
UO[8]	TP enabled	示教盒使能输出
UO[9]	Batt alarm	电池报警输出（控制柜电池电量不足，输出为 ON）
UO[10]	Busy	处理器忙输出
UO[11] ～ UO[18]	ACK1 ～ ACK8	证实信号，当 RSR 输入信号被接收时，能输出一个相应的脉冲信号
UO[11] ～ UO[18]	SNO1 ～ SNO8	该信号组以 8 位二进制码表示相应的当前选中的 PNS 程序号
UO[19]	SNACK	信号数确认输出
UO[20]	Reserved	预留信号

6.3.1 程序启动条件

工业机器人程序可以使用外部控制设备如 PLC 通过信号的输入、输出来选择和执行。工业机器人发送和接收外部控制设备（PLC）的 UI/UO 信号，实现工业机器人程序的运行。FANUC 工业机器人自动执行程序有工业机器人服务请求方式（RSR，Robot Service Request）和工业机器人程序编号选择启动方式（PNS，Program NO.Select）两种方式，下面详细介绍。

1）设置自动运行的启动条件：控制柜模式开关置为 AUTO 档。在非单步执行状态下，UI[1]、UI[2]、UI[3]、UI[8] 为 ON，示教器 TP 为 OFF，如图 6-28 所示。

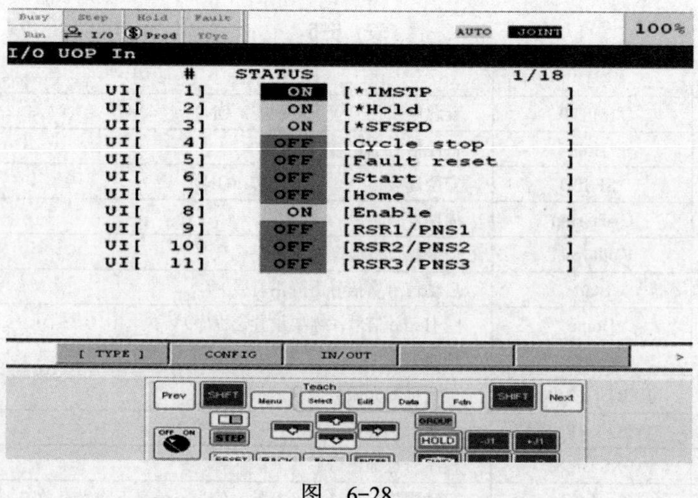

图 6-28

2）UI 信号设置为有效，如图 6-29 所示，选择“7.Enable UI signals:TRUE”。

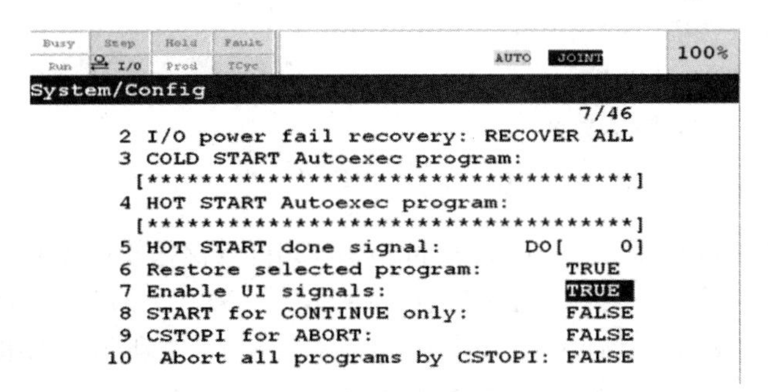

图　6-29

3）设自动模式为 Remote，如图 6-30 所示，选择“43 Remote/Local setup:Remote ”。

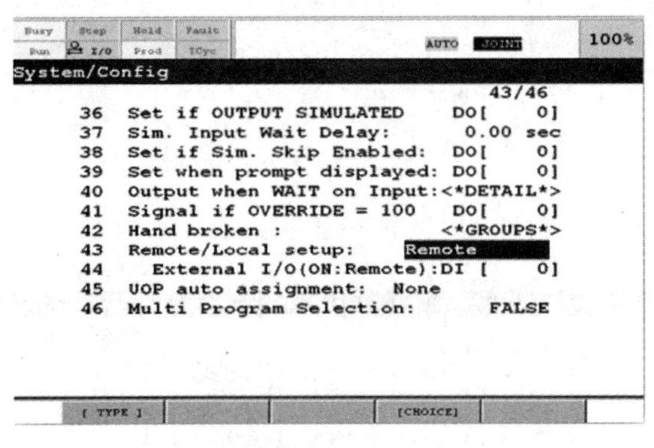

图　6-30

4）设系统变量 $RMT_MASTER 为 0（默认值为 0），如图 6-31 所示，选择“465 $RMT_MASTER　0”。

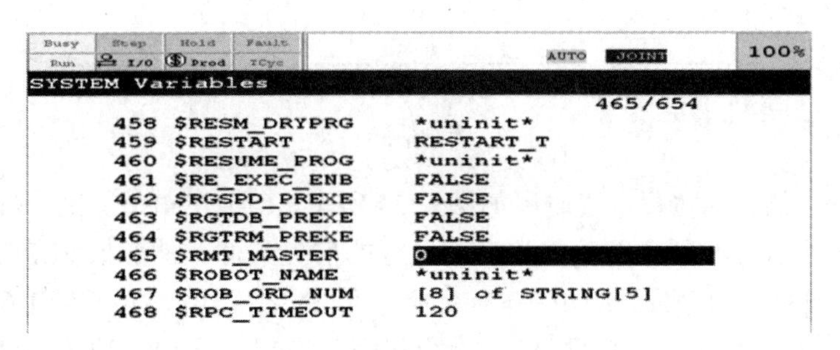

图　6-31

6.3.2　工业机器人服务请求方式 RSR

1. **通过工业机器人服务请求信号（RSR1 ～ RSR8）选择和开始程序的特点**

1）当一个程序正在执行或者中断时，被选择的程序处于等待状态。一旦原先的程序停止，就开始运行被选择的程序。

2）只能选择 8 个程序。

2. **RSR 程序命名的要求**

1）程序名必须为 7 位。

2）由 RSR+4 位程序号组成。

3）程序号 =RSR 记录号 + 基数。

3. **举例：RSR0121 程序的自动执行过程**

如图 6-32、图 6-33 所示，“10 Base number [100]”表示基数 =100；“2 RSR2 program number [ENABLE] [21]”中“ENABLE”表示 RSR2 有效，“21”表示对应的值为 21。RSR0121 程序号由基数的 100 和 RSR2 的 21 组成，如图 6-32 所示，即 RSR2 对应程序名为 RSR0121。RSR2 对应信号 UI[10]，所以 UI[10] 可以调用 RSR0121。

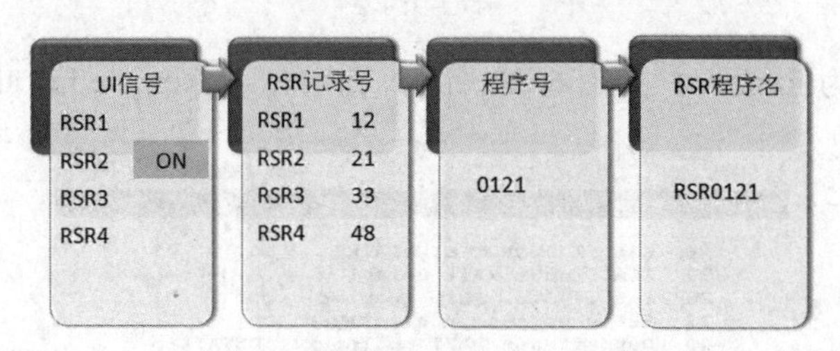

图 6-32

```
Prog Select
                                          1/12
      RSR Setup
    1 RSR1 program number [ENABLE ] [   12]
    2 RSR2 program number [ENABLE ] [   21]
    3 RSR3 program number [ENABLE ] [   33]
    4 RSR4 program number [ENABLE ] [   48]
    5 RSR5 program number [DISABLE] [    0]
    6 RSR6 program number [DISABLE] [    0]
    7 RSR7 program number [DISABLE] [    0]
    8 RSR8 program number [DISABLE] [    0]
    9 Job prefix                    [RSR]
   10 Base number                   [  100]

  [ TYPE ]                ENABLE   DISABLE
```

图 6-33

RSR0121 程序的自动执行过程时序如图 6-34 所示，CMDENBL（O）（命令使能信号）对应的外围信号 UO[1] 必须导通，作为自动运行的前提条件。外部如 PLC 等控制装置发送给 FANUC 工业机器人外围信号 UI[10] 一个脉冲信号，UI[10] 对应 FANUC 工业机器人的 RSR2 信号（服务请求信号），RSR0121 程序开始自动执行，当 RSR2 对应的 UI[10] 输入信号被接收时，工业机器人的 ACK2（O）（对应的外围信号为 UO[12]）输出一个脉冲信号，表示 RSR0121 程序被执行。程序执行状态输出 PROGRUN（对应的外围信号为 UO[3]）为高电平，表示正在执行程序。

总之，PLC 给工业机器人 UI[10] 一个脉冲信号就开始执行程序 RSR0121。

当 RSR0121 正在执行时，被选择的程序 RSR1 对应的 RSR0112 处于等待状态，一旦 RSR0121 停止，就开始运行 RSR0112，ACK1（O）输出一个相应的脉冲信号（对应的外围信号为 UO[11]），表示 RSR0112 程序被执行。

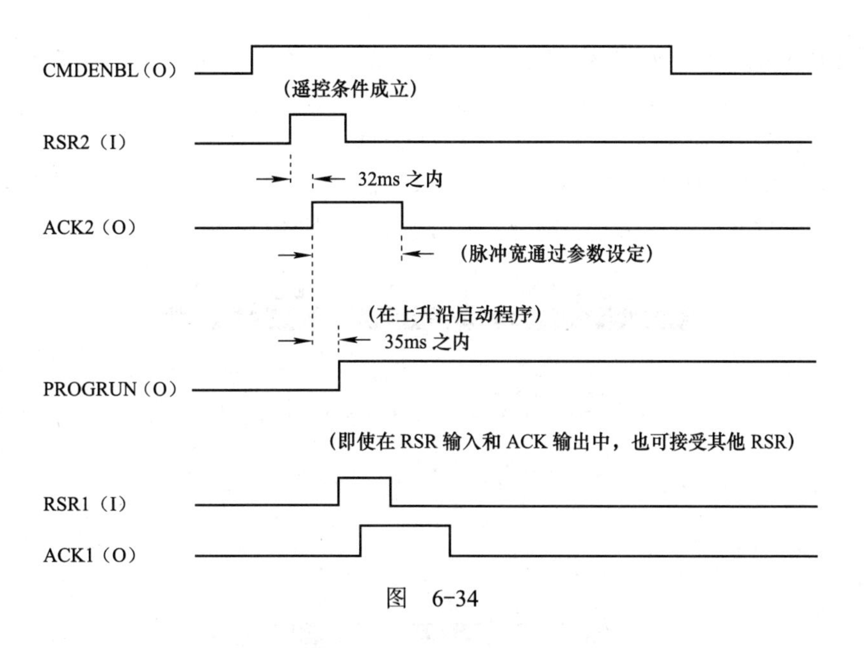

图 6-34

6.3.3 工业机器人程序编号选择启动方式 PNS

1. PNS 的特点

1）当一个程序正在执行或者中断时，这些信号被忽略。

2）自动开始操作信号（PROD_START）：从第一行开始执行被选中的程序，当一个程序被中断或执行时，这个信号不被接收。

3）最多可以选择 255 个程序。

2. PNS 程序命名的要求

1）程序名必须为 7 位。

2）由 PNS+4 位程序号组成。

3）程序号 =PNS 记录号 + 基数。

3. 举例：PNS0138 程序的自动执行过程

如图 6-35 所示，“2 Base number [100]”表示基数 =100，PNS0138 程序号由基数 100 和 38 组成。38 由 PNS1 ～ PNS8 组成的二进制换算为十进制得到的，如图 6-36 所示，对应的 PNS2、PNS3、PNS6 为高电平。PNS2 对应 UI[10]，PNS3 对应 UI[11]，PNS6 对应 UI[14]，即 UI[10]、UI[11]、UI[14] 同时为高电平时，可以选择程序 PNS0138。

PNS0138 程序的自动执行过程时序如图 6-37 所示，CMDENBL（O）（命令使能信号）对应的 UO[1] 必须导通，作为自动运行的前提条件。

选择信号“PNS1 ～ PNS8”高低电压的组合作为程序号，PNS0138 程序需要 PNS2（对应的外围信号为 UI[10]）、PNS3（对应的外围信号为 UI[11]）、PNS6（对应的外围信号为 UI[14]）为高电平，通常需要外部如 PLC 等控制装置发送给 FANUC 工业机器人的外围信号 UI[10]、UI[11]、UI[14] 为高电平。

控制 PNSTROBE（对应的外围信号为 UI[17]）为高电平，确认程序号有效。

控制 PROD_START（对应的外围信号为 UI[18]）下降沿启动所选择程序 PNS0138，程序开始自动执行。同时程序执行状态输出 PROGRUN（对应的外围信号为 UO[3]）为高电平。

总之，PLC 给工业机器人 UI[10]、UI[11]、UI[14] 高电平，工业机器人选择程序 PNS0138。PLC 再给工业机器人 UI[17] 高电平，确认程序选择有效。然后 PLC 再给工业机器人 UI[18] 一个脉冲信号，在 UI[18] 脉冲的下降沿，PNS0138 程序开始执行。

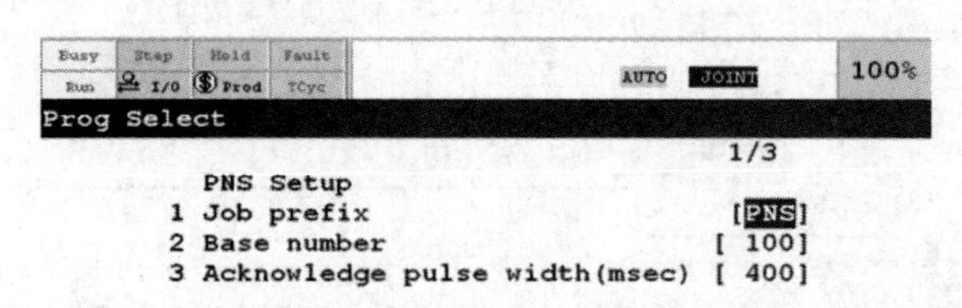

图 6-35

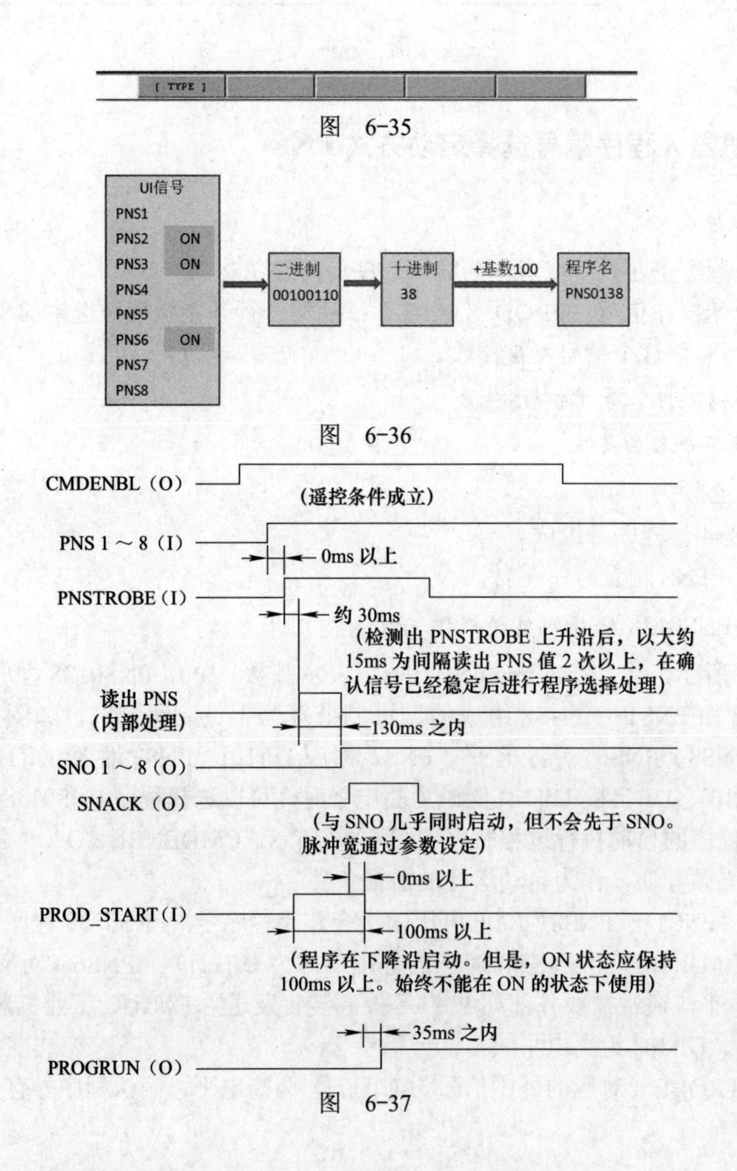

图 6-36

图 6-37

6.4　PLC启动FANUC工业机器人程序实例

下面以西门子S7-300的PLC做主站、FANUC工业机器人做从站为例介绍PROFINET通信启动FANUC工业机器人程序的方法。图6-38为西门子S7-300PLC，图6-39为FANUC工业机器人的FROFINET板卡。FANUC工业机器人采用双通道（Dual Chanel）PROFINET板卡进行通信，PROFINET板卡货号为A20B-8101-0930。双通道PROFINET板卡有四个网口，上面两个网口为主站接口，称为“1频道”，机架号为101；下面两个网口为从站接口，称为“2频道”，机架号为102。本机接在下面两个网口中的一个，是从站接口，机架号为102，如图6-40所示。

图　6-38

图　6-39

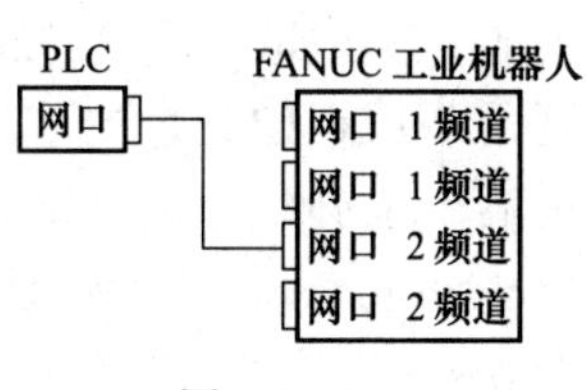

图　6-40

6.4.1　FANUC工业机器人的配置

FANUC工业机器人的配置步骤如下：

1）选择“MENU”，选择“5 I/O”，选择“3 PROFINET（M）”，如图6-41所示。

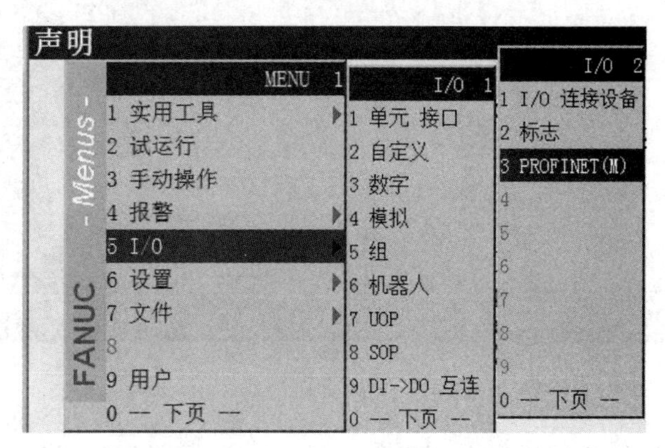

图　6-41

2）将光标移至“1频道”，选择“无效”，禁用主站功能，否则示教器报警，如图6-42所示。由图6-40可知，因为使用“2频道”，所以需要将“1频道”禁用。

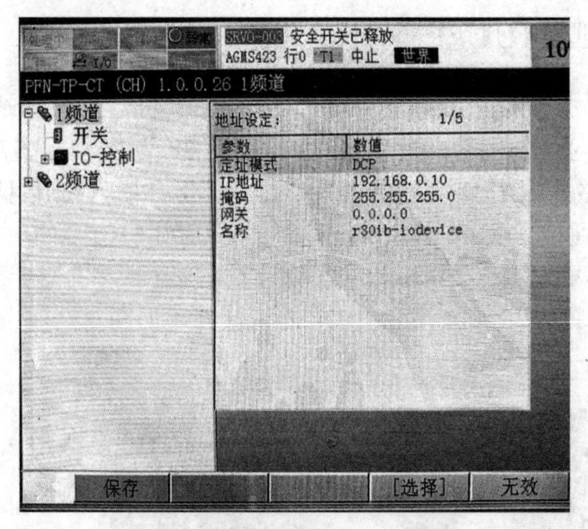

图 6-42

3）将光标移至“2 频道”，2 频道是从站。单击“DISP”按钮切换到右侧界面，设定工业机器人与 PLC 通信的 IP 地址、掩码、网关名称。本例中作为从站的 FANUC 工业机器人的“IP 地址”是“192.168.0.5”，PLC 应和 FANUC 工业机器人在同一个网段，所谓同一网段即 PLC IP 地址的前三位和 FANUC 工业机器人 IP 地址的前三位相同，设为“192.168.0”，最后一位必须不同，例如 PLC 的 IP 地址可以为 192.168.0.1。工业机器人的“名称”设为“r30ib-iodevice”，如图 6-43 所示，选择“编辑”按钮可以修改。按下示教器的“F5”键，图 6-43 中的“无效”变为“有效”，将“2 频道”设置为“有效”。

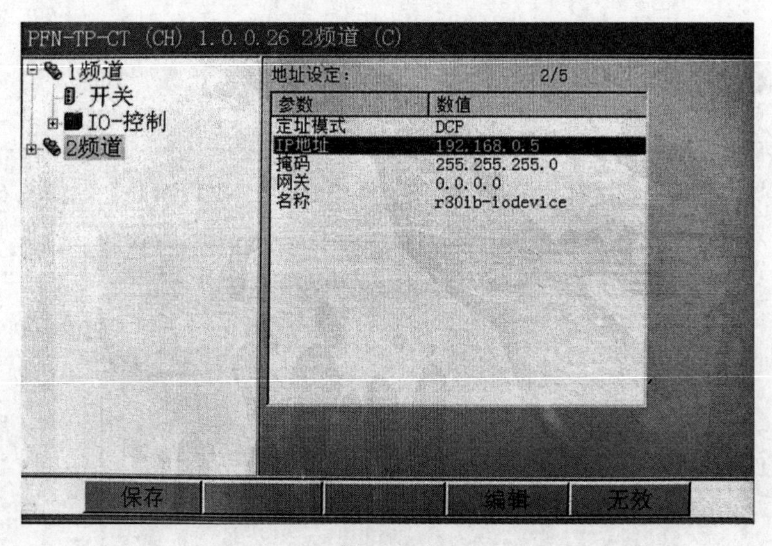

图 6-43

4）单击“DISP”按钮切换到左侧界面，将“2 频道”展开，其中“开关”不要修改。将光标下移到“IO- 设备”，单击“DISP”按钮切换到右侧界面，将光标移至第一行，如图 6-44 所示。

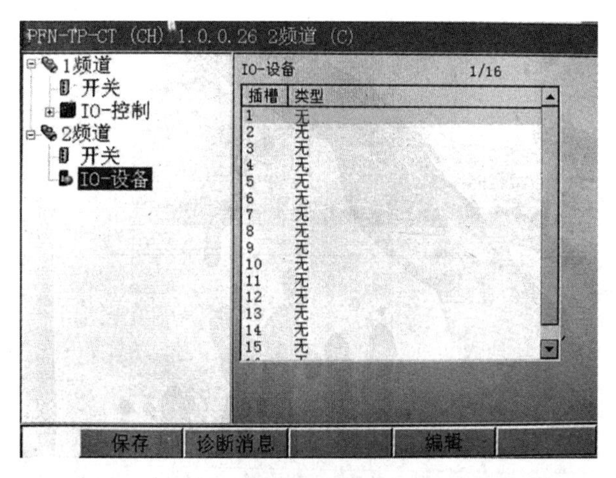

图　6-44

5）单击“编辑”按钮，打开插槽 1 的设定界面，选择“输入输出插槽”，单击“适用”，如图 6-45 所示，选择输入输出各 8B 的模块“DI/DO 8 字节”，如图 6-46 所示。

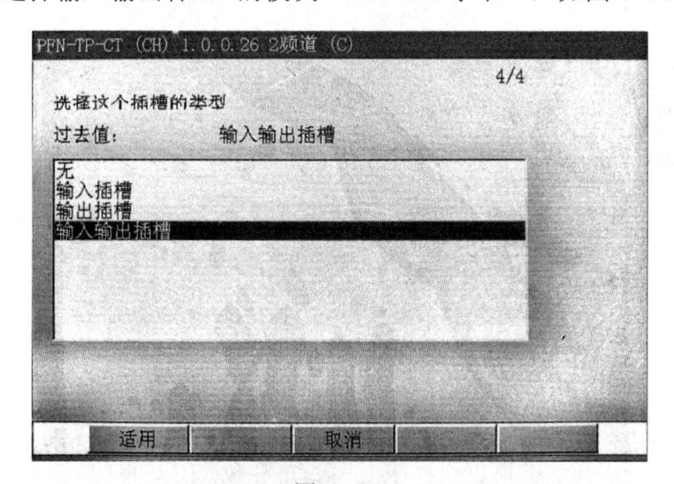

图　6-45

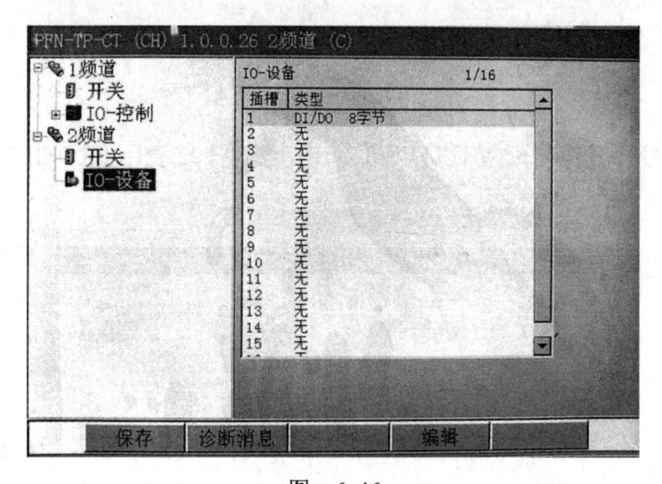

图　6-46

6）单击“保存”按钮，保存所有设置，并按照提示重启工业机器人使设置生效，如图 6-47 所示。

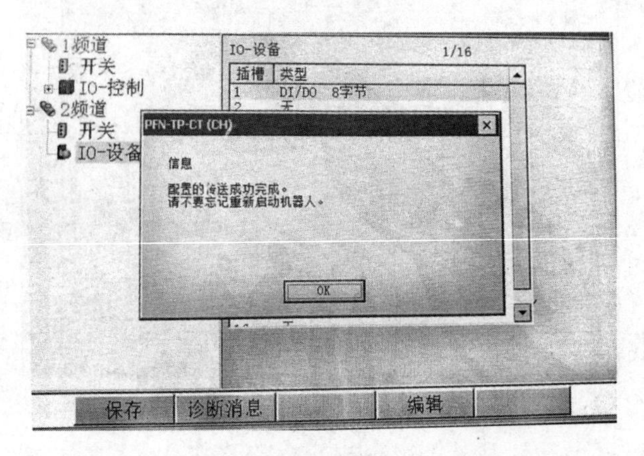

图 6-47

6.4.2 配置外围 UI/UO 信号

配置外围 UI/UO 信号的具体步骤如下：

1）选择“MENU”→ I/O”→“UOP”，如图 6-48 所示。

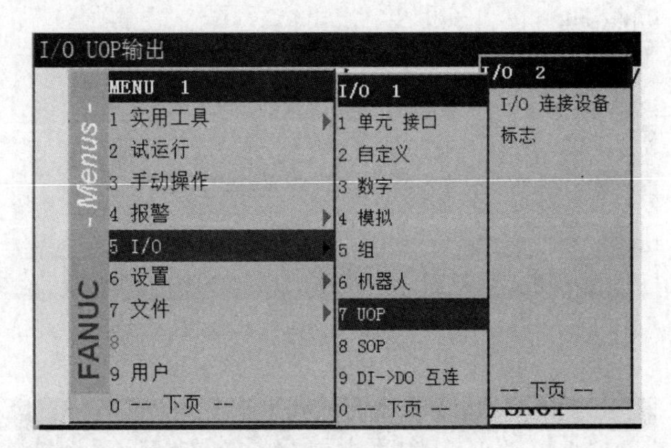

图 6-48

2）配置 UI 信号。UI 信号配置 UI[1] ～ UI[18]，机架 102 表示 PROFINET 通信，如图 6-49 所示。

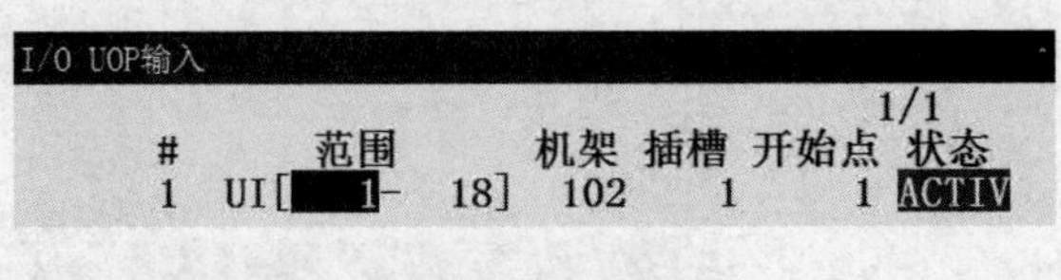

图 6-49

3）配置 UO 信号。UO 信号配置 UO[1] ～ UO[20]，机架 102 表示 PROFINET 通信，如图 6-50 所示。

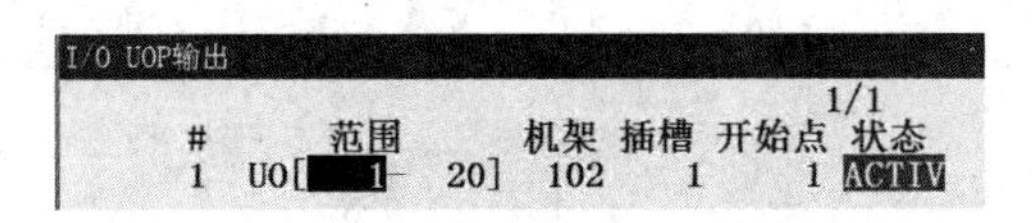

图 6-50

4）设置程序。选择“MENU”→“设置”→“选择程序”，在“1　程序选择模式”中选择“RSR”。在“1　RSR1- 程序编号”中选择“启用”，程序编号设为“1”，“基数”设为“0”。这样信号 RSR 1 对应的程序名是 RSR0001。由表 6-5 可知，UI[9] 对应 RSR1，于是给工业机器人的 UI[9] 一个高电平信号，就可以选择并运行 RSR0001 程序。步骤如图 6-51 ～图 6-54 所示。

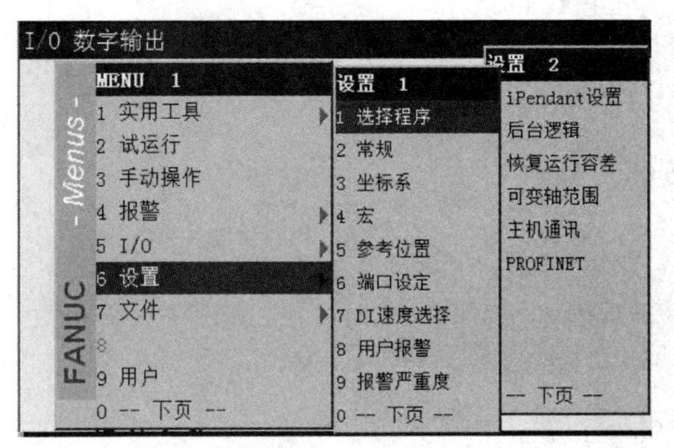

图 6-51

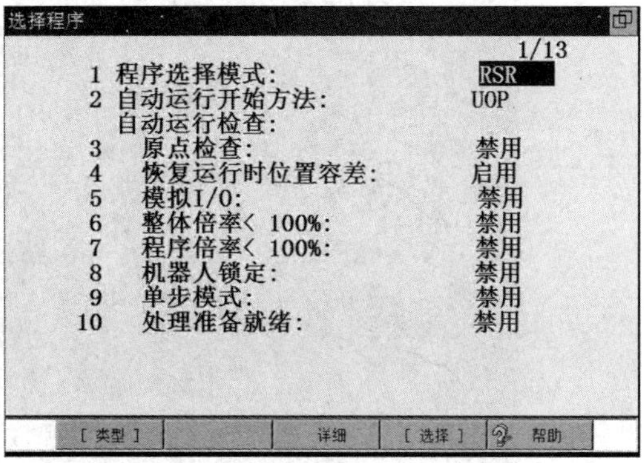

选择程序
1/13
1 程序选择模式: RSR
2 自动运行开始方法: UOP
自动运行检查:
3 原点检查: 禁用
4 恢复运行时位置容差: 启用
5 模拟I/O: 禁用
6 整体倍率< 100%: 禁用
7 程序倍率< 100%: 禁用
8 机器人锁定: 禁用
9 单步模式: 禁用
10 处理准备就绪: 禁用
[类型] 详细 [选择] 帮助

图 6-52

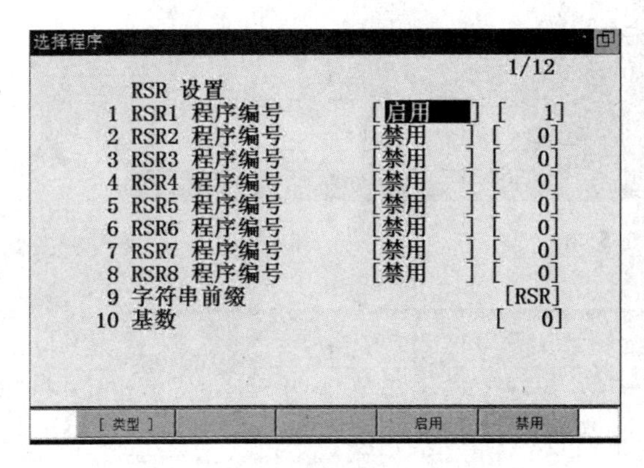

图 6-53

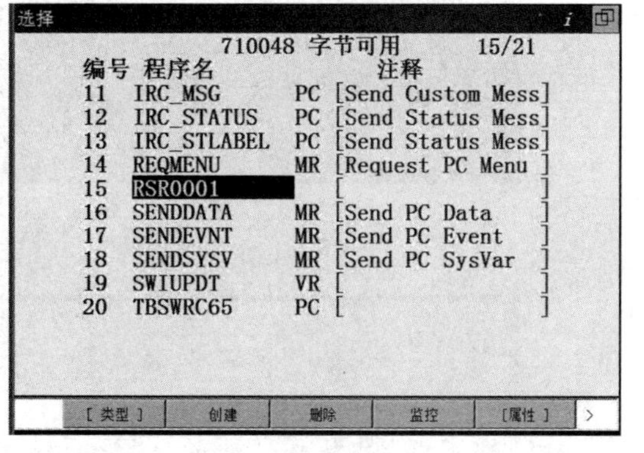

图 6-54

6.4.3　配置外围 PLC 信号

外围 PLC 信号的配置步骤如下：

1）创建项目。打开 TIA 博途软件，选择“启动”，单击“创建新项目”，在“项目名称”中输入创建的项目名称（本例为项目 3），单击“创建”按钮，如图 6-55、图 6-56 所示。

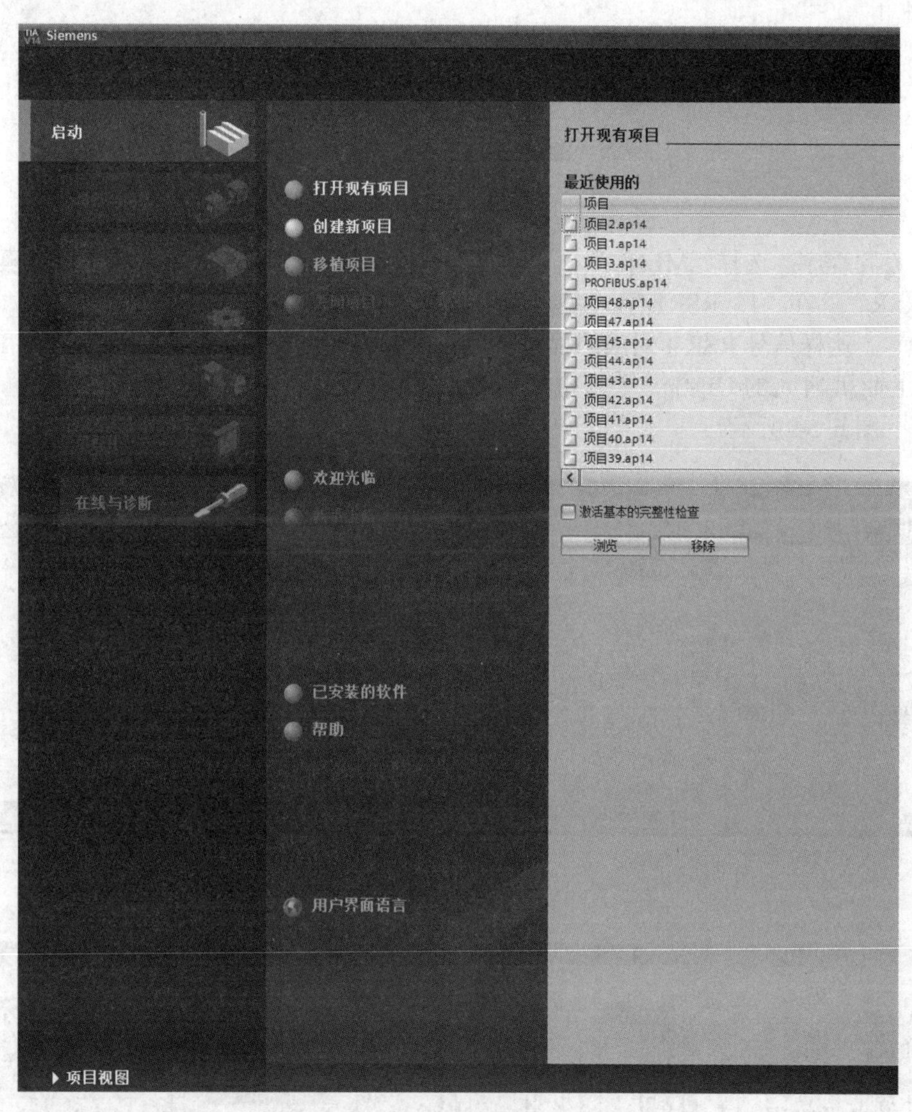

图 6-55

创建新项目

项目名称：项目3
路径：C:\Users\Administrator\Desktop
版本：V14 SP1
作者：Administrator
注释：

图 6-56

2）安装 GSD 文件。当博途软件需要与第三方设备进行 PROFINET 通信时（例如和 FANUC 工业机器人通信），需要安装第三方设备的 GSDML 文件（FANUC 工业机器人的 GSDML 文件可以联系发那科公司的技术支持人员获取）。

在项目对话框中单击“选项”，选择“管理通用站描叙文件（GSD）命令”，选中“GSDML-V2.3-Fanuc-A05B2600R834V830-20140601.xml”，单击“安装”，将 FANUC 工业机器人的 GSDML 文件安装到博途软件中，如图 6-57、图 6-58 所示。

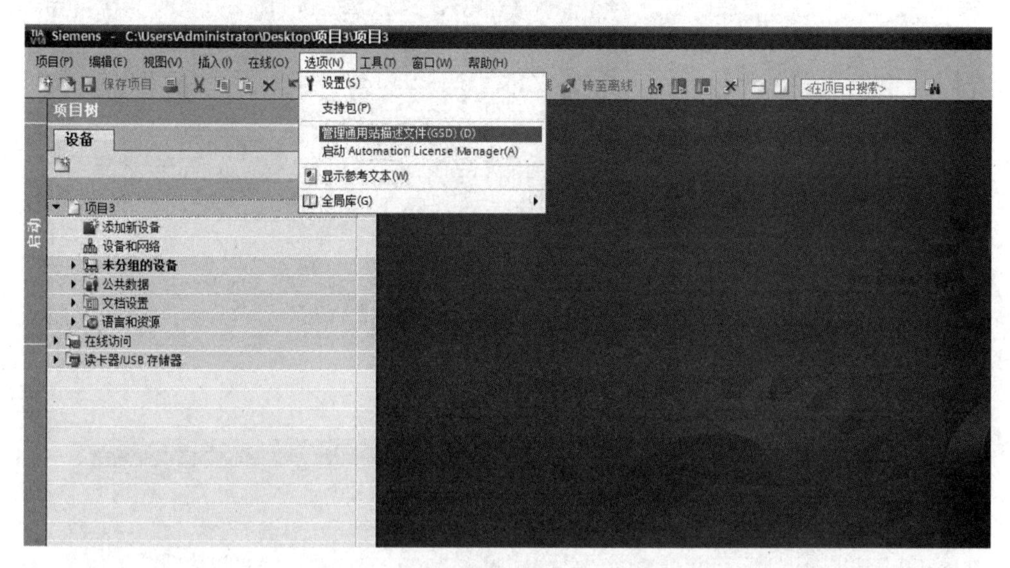

图　6-57

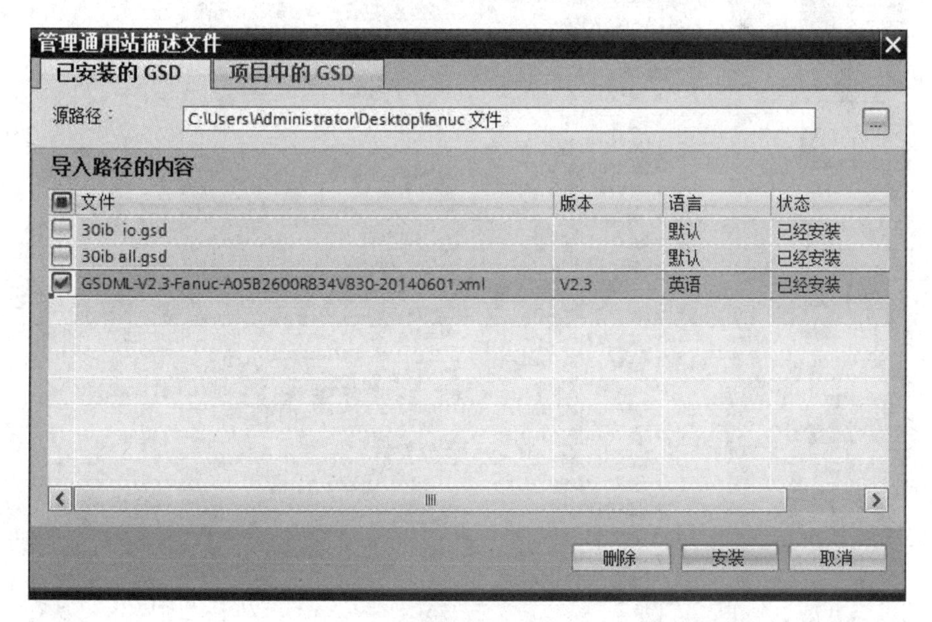

图　6-58

3）添加 PLC。单击“添加新设备”，选择“控制器”，本例选择“SIMATIC S7-300”中的“CPU-314C-2 PN/DP”，选择“订货号”为“6ES7 314-6EH04-0AB0”、“版本”为“V3.3”，

注意订货号和版本号要与实际的 PLC 一致，单击“确定”，打开设备界面，如图 6-59 ～图 6-61 所示。

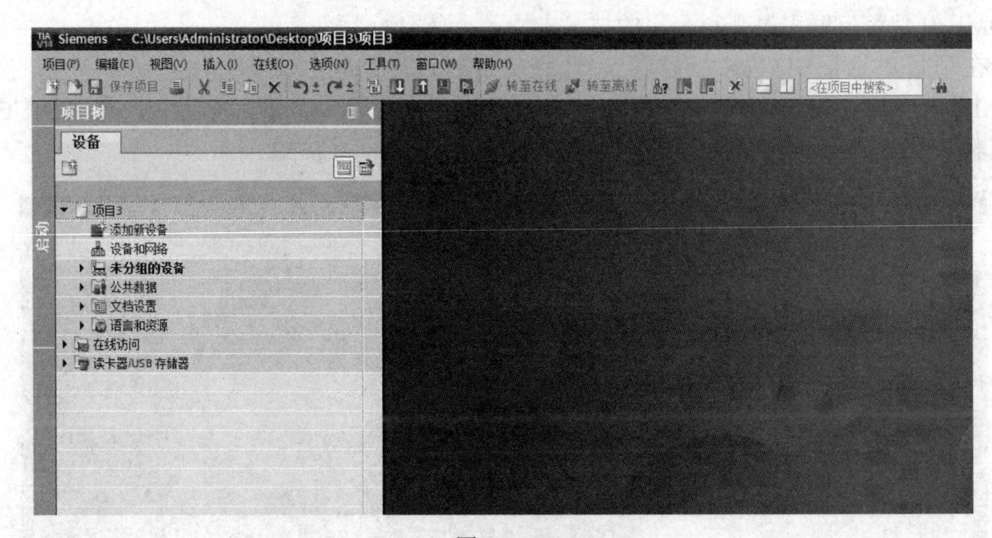

图 6-59

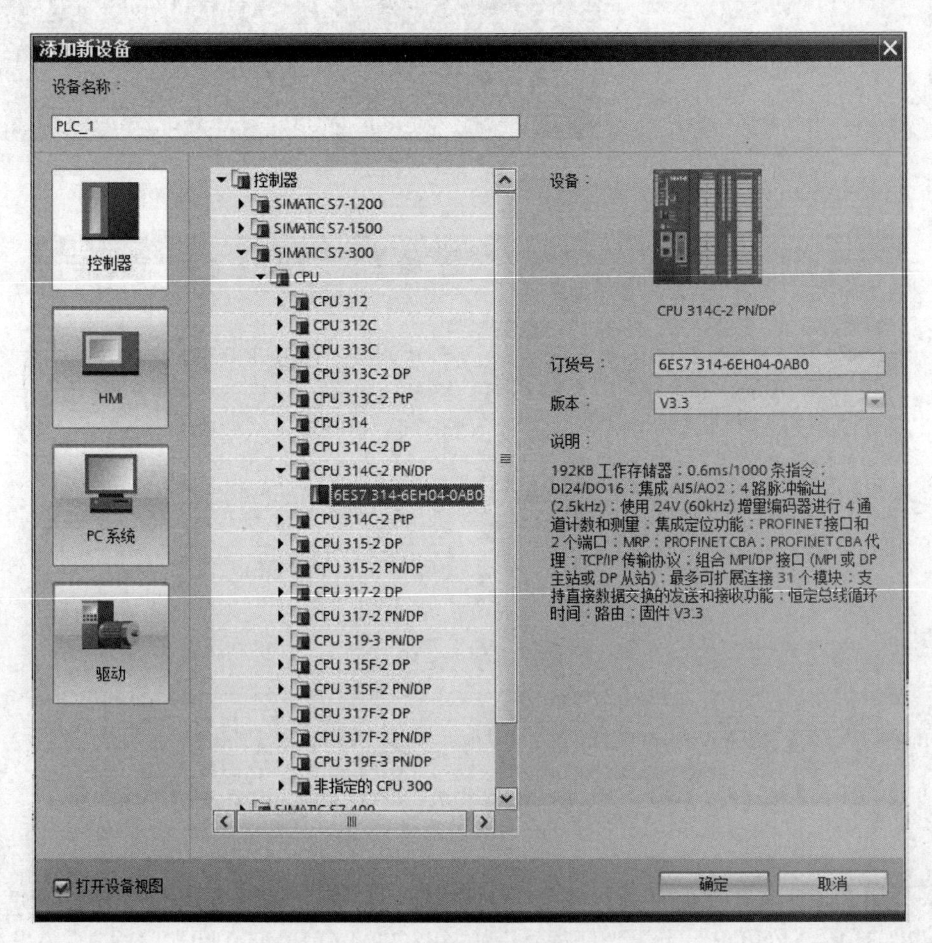

图 6-60

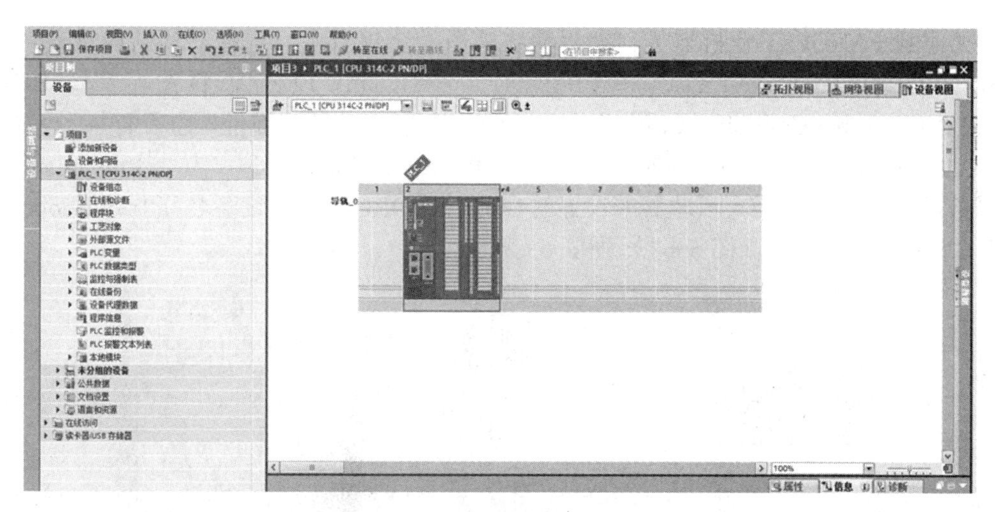

图　6-61

4）设置 PLC 的 IP 地址、设备名称。单击 PLC 绿色的 PROFINET 接口，在“属性”选项卡中设置“IP 地址”为“192.168.0.1”、“子网掩码”为“255.255.255.0”、“PROFINET 设备名称”为“plc_1”，如图 6-62 所示。

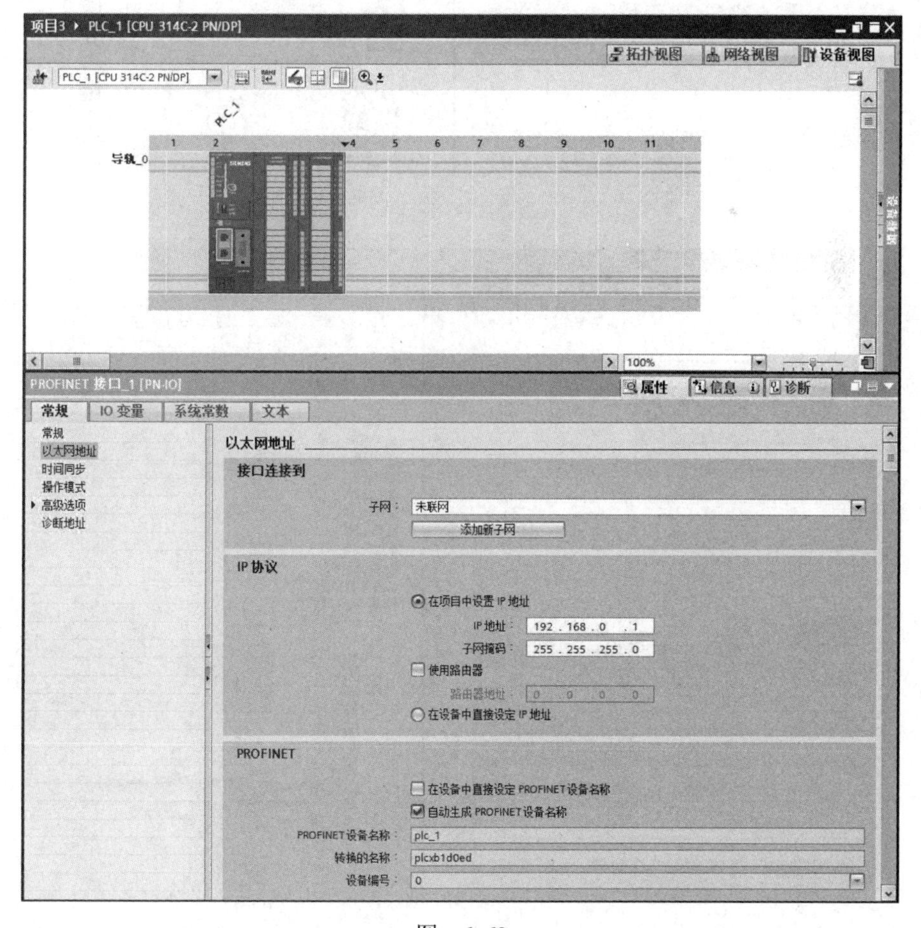

图　6-62

5）添加 FANUC 工业机器人。在“网络视图”选项卡中，选择“其它现场设备”，选择“PROFINET IO”→“I/O”→“FANUC”→“R-30IB EF2”，将图标“A05B-2600-R834:FANUC Robot Controller（1.0）”拖入“网络视图”中。在“属性”选项卡中，设置“以太网地址”的“IP 地址”为“192.168.0.5”，“PROFINET 设备名称”为“r30ib-iodevice”。注意与 FANUC 工业机器人示教器中设置的 IP 地址和 PROFINET 设备名称“r30ib-iodevice”相同（参照图 6-43），如图 6-63 ～图 6-65 所示。

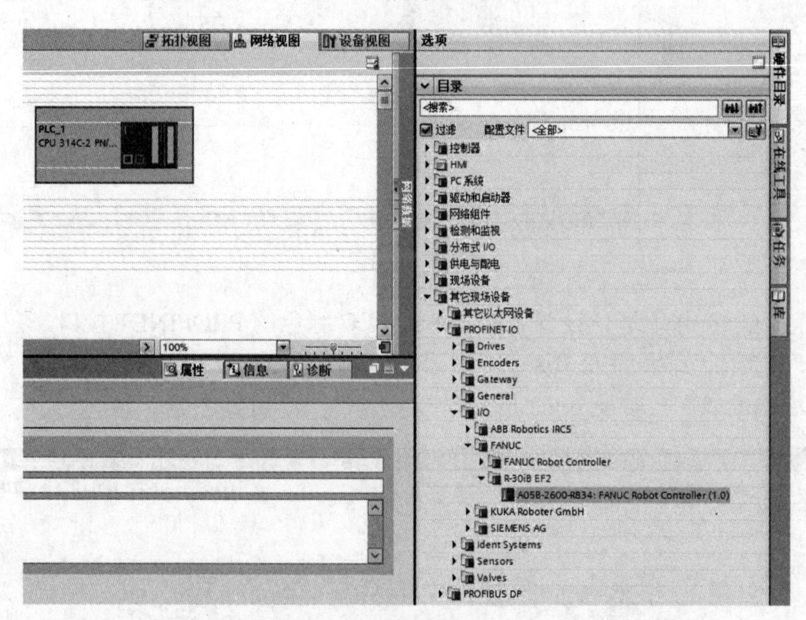

图 6-63

图 6-64

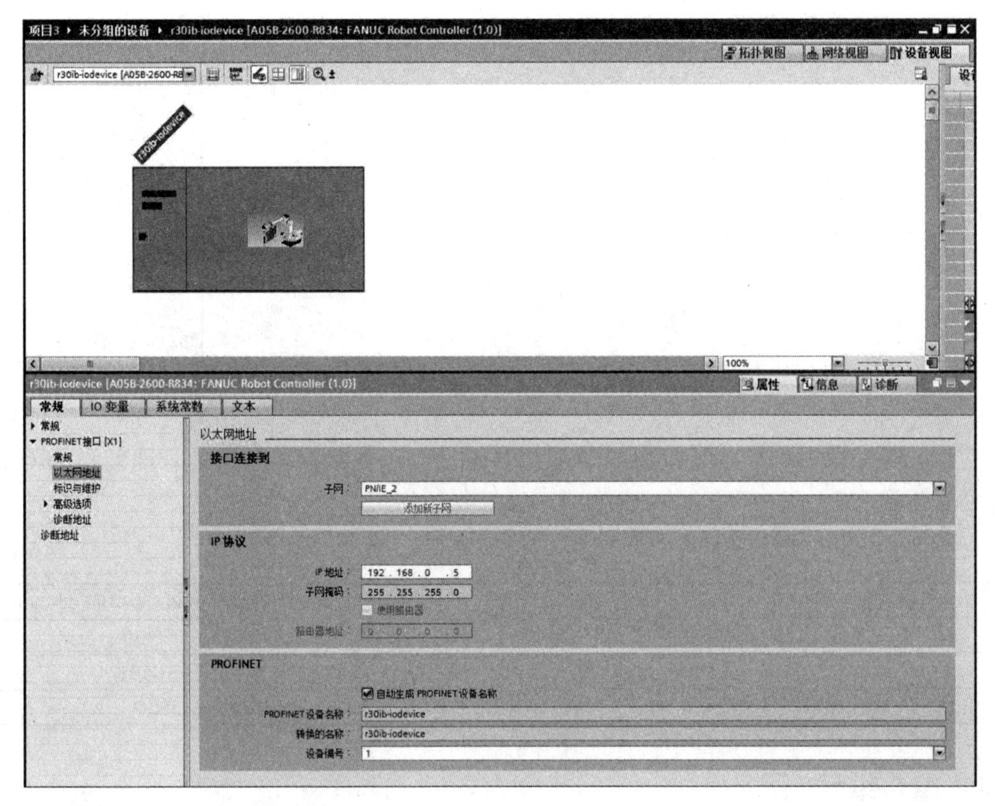

图 6-65

6）建立 PLC 与 FANUC 工业机器人的 PROFINET 通信。用鼠标点住 PLC 的绿色 PROFINET 通信口，拖至“r30ib-iodevices”绿色 PROFINET 通信口上，即建立起 PLC 和 FANUC 工业机器人之间的 PROFINET 通信连接，如图 6-66 所示。

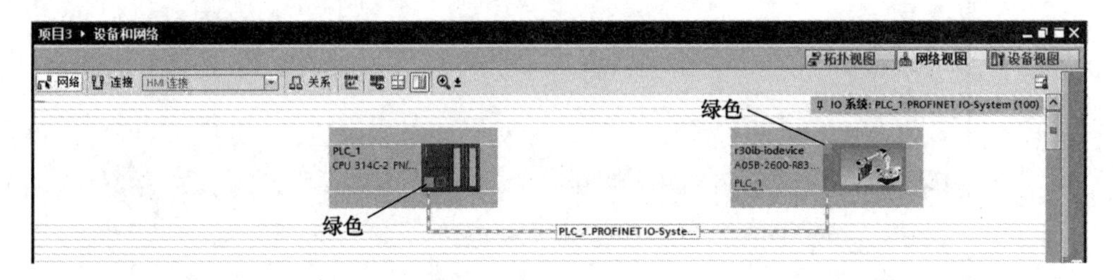

图 6-66

7）设置 FANUC 工业机器人通信输入信号。单击“设备视图”选项卡，选择“目录”下的“8 Input bytes Out，8 Output bytes”，即输入 8B 和输出 8B。

输入 8B，包含 64 个输入信号，地址为 IB0 ～ IB7，其中前 20 个信号与 FANUC 工业机器人示教器中设置的输出信号 UO[1] ～ UO[20] 相对应，即 IB 信号和对应的 UO 信号是等效的。

输出 8B，包含 64 个输出信号，地址为 QB0 ～ QB7，其中前 18 个信号与 FANUC 工业机器人示教器中设置的输出信号 UI[1] ～ UI[18] 相对应，即 QB 信号和对应的 UI 信号是等效的，如图 6-67 所示。

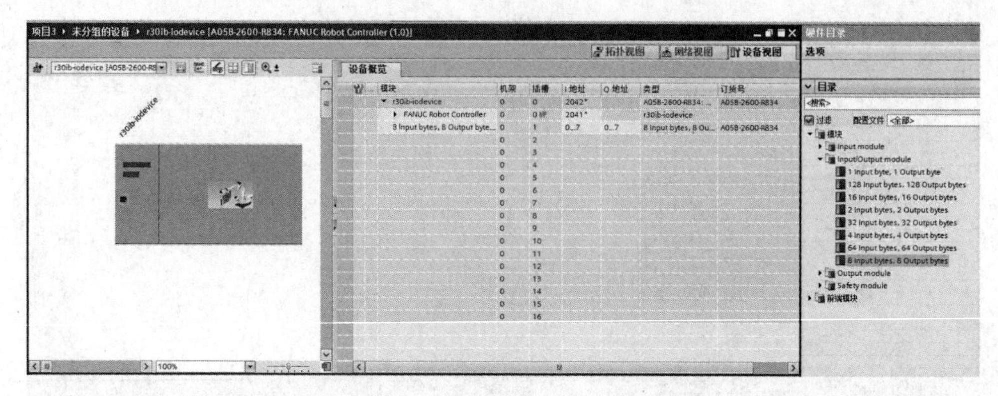

图 6-67

工业机器人输入信号地址和 PLC 输出信号地址、工业机器人输出信号地址和 PLC 输入信号地址见表 6-7。

表 6-7

工业机器人输入信号地址⟷ PLC 输出信号地址	工业机器人输出信号地址⟷ PLC 输入信号地址
UI[1] ~ UI[8] ⟷ PQB0	UO[1] ~ UO[8] ⟷ PIB0
UI[9] ~ UI[16] ⟷ PQB1	UO[9] ~ UO[16] ⟷ PIB1
UI[17] ~ UI[18] ⟷ PQB2.0 ~ 2.1	UO[17] ~ UO[20] ⟷ PIB2.0 ~ 2.3

6.4.4 PLC 编程

在博途软件中，选择“程序块”，在 OB1 编写程序，如图 6-68 所示。

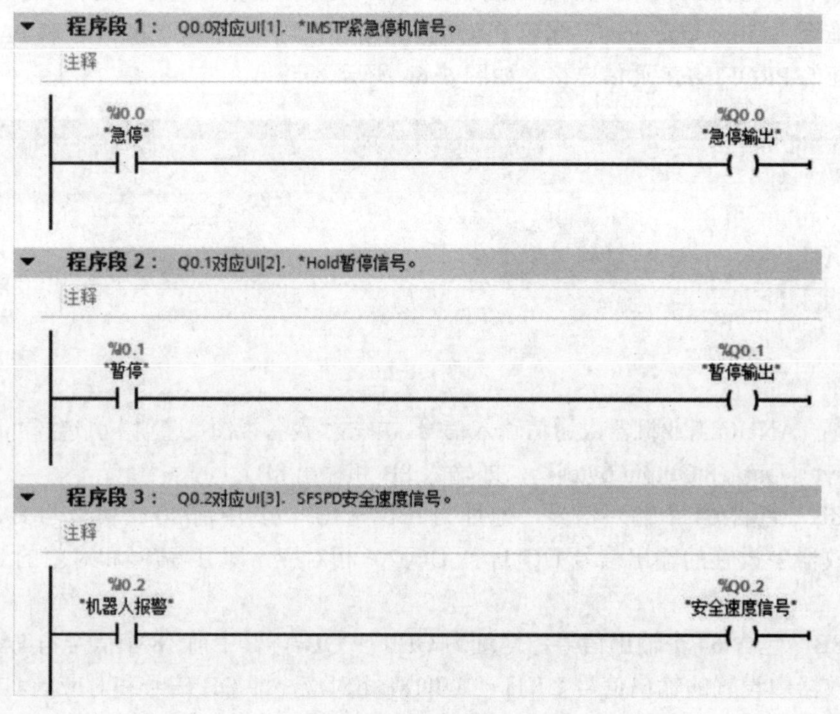

图 6-68

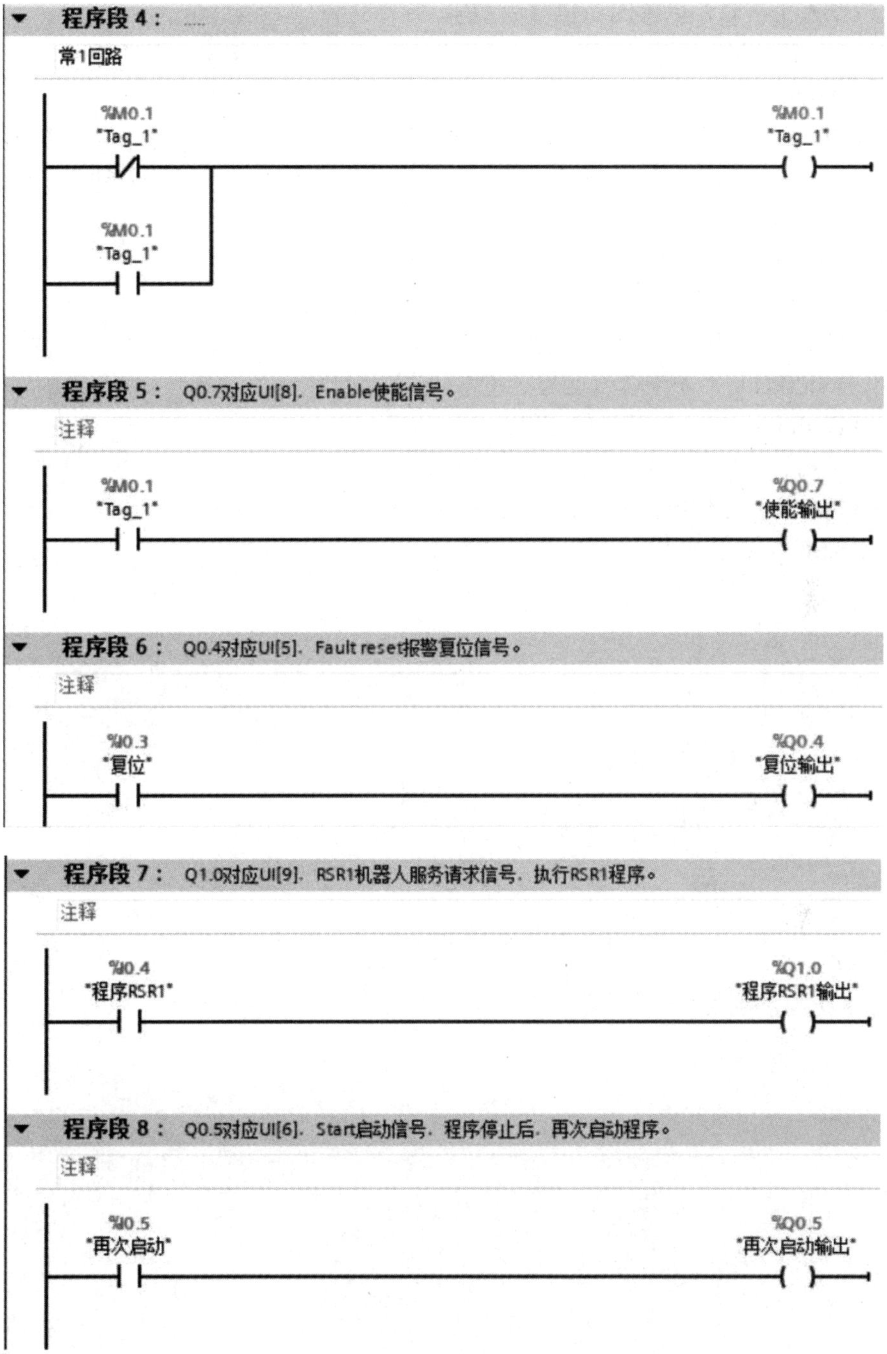

程序段 4： ......

常1回路

%M0.1 "Tag_1"　　%M0.1 "Tag_1"

%M0.1 "Tag_1"

程序段 5： Q0.7对应UI[8]，Enable使能信号。

注释

%M0.1 "Tag_1"　　%Q0.7 "使能输出"

程序段 6： Q0.4对应UI[5]，Fault reset报警复位信号。

注释

%I0.3 "复位"　　%Q0.4 "复位输出"

程序段 7： Q1.0对应UI[9]，RSR1机器人服务请求信号，执行RSR1程序。

注释

%I0.4 "程序RSR1"　　%Q1.0 "程序RSR1输出"

程序段 8： Q0.5对应UI[6]，Start启动信号，程序停止后，再次启动程序。

注释

%I0.5 "再次启动"　　%Q0.5 "再次启动输出"

图　6-68（续）

程序说明如下：

1）PLC 中 I0.0 导通，Q0.0 得电，同时 FANUC 工业机器人中的 UI[1] 为 ON。

2）PLC 中 I0.1 导通，Q0.1 得电，同时 FANUC 工业机器人中的 UI[2] 为 ON。

3）PLC 中 I0.2 导通，Q0.2 得电，同时 FANUC 工业机器人中的 UI[3] 为 ON。

4）PLC 中 Q0.7 得电，同时 FANUC 工业机器人中的 UI[8] 为 ON。

工业机器人正常时，以上四个信号为 ON。

5）PLC 中 I0.4 导通，Q1.0 得电，同时 FANUC 工业机器人中的 UI[9] 为 ON，对应 RSR0001 程序开始执行。

6）PLC 中 I0.3 导通，Q0.4 得电，同时 FANUC 工业机器人中的 UI[5] 为 ON，报警复位。

7）PLC 中 I0.5 导通，Q0.5 得电，同时 FANUC 工业机器人中的 UI[6] 为 ON，程序暂停后可以再次启动。

UI 信号说明如下。

UI[1]（*IMSTP）：紧急停机信号（正常状态：ON）。

UI[2]（*Hold）：暂停信号（正常状态：ON）。

UI[3]（*SFSPD）：安全速度信号（正常状态：ON）。

UI[5]（Fault reset）：报警复位信号。

UI[6]（Start）：启动信号（信号下降沿有效）。

UI[8]（Enable）：使能信号（正常状态：ON）。

UI[9]（RSR1）：工业机器人服务请求信号。

第 7 章　FANUC 工业机器人维修维护

本章从电气的角度介绍 FANUC 工业机器人维修、维护的知识。每天的维护以及周期性的保养和检查，可以保证 FANUC 工业机器人长期可靠地工作，延长其使用寿命。

7.1　工业机器人硬件维护

目前，FANUC 工业机器人的机械和电气维修以更换为主，下面介绍控制部分常用的器件更换。

7.1.1　更换主板电池

程序和系统变量存储在主板的 SRAM 中，由一节位于主板上的锂电池供电，以保存数据。当这节电池的电压不足时，会在示教器上显示报警“SYST-035 Low or No Battery Power in PSU”（主板的电池电压低或为 0）。

当电压变得更低时，SRAM 中的内容会丢失，这时需要更换旧电池，并将原先备份的数据重新加载。所以平时要注意用存储卡（Memory Card）或 U 盘定期备份数据。控制器主板上的电池应两年换一次。

更换步骤如下：

1）准备一节新的 3V 锂电池，推荐使用 FANUC 原装电池。

2）工业机器人通电开机正常后，等待 30s。

3）关闭工业机器人电源，打开控制器柜，拔下接头取下主板上的旧电池。

4）装上新电池，插好接头。

FANUC 工业机器人 R-30iB 的主板电池如图 7-1 所示。

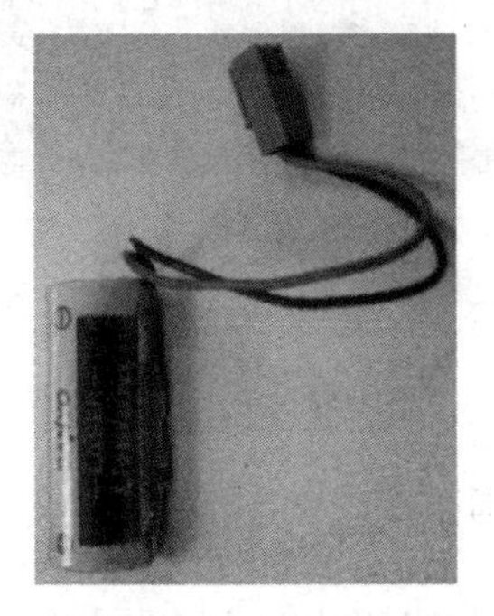

图　7-1

FANUC 工业机器人 R-30iB Mate 的主板电池如图 7-2 所示。

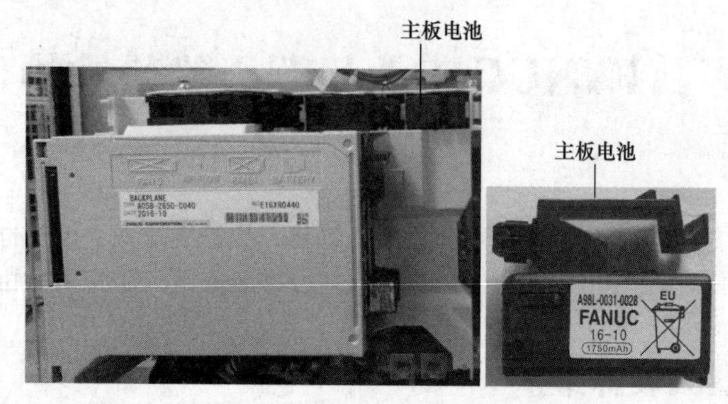

图　7-2

7.1.2　更换工业机器人本体上的电池

工业机器人本体上的电池用来保存每根轴编码器的数据，如图 7-3 所示。电池每年应更换一次，电池电压下降出现报警“SRVO-065 BLAL alarm（Group: %d　Axis: %d）”（电池电压低）时，用户应更换电池。

若不及时更换，则会出现报警“SRVO-062 BZAL alarm（Group:%d　Axis: %d）”（电池电压为 0），此时工业机器人将不能动作。这种情况下在更换电池后，还需要做零点标定（Mastering），才能使工业机器人正常运行。

更换步骤如下：

1）保持工业机器人电源开启，按下工业机器人的急停按钮。

2）打开电池盒的盖子，拉动电池盒中央的棒条，拿出旧电池。

3）换上新电池（推荐使用 FANU 原装电池），注意不要装错正负极（电池盒的盖子上有标识）。

4）盖好电池盒的盖子，拧好螺钉。

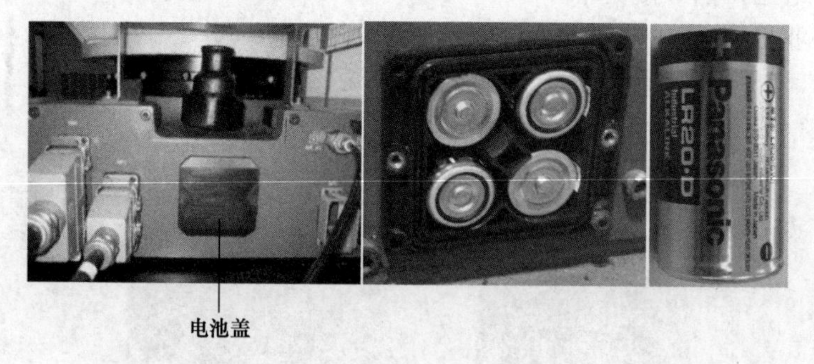

图　7-3

7.1.3　伺服电动机的检测

FANUC 工业机器人伺服电动机如图 7-4 所示，动力线接头如图 7-5 所示，U、V、W

为动力线接头，G 为地线（电动机外壳）接头。

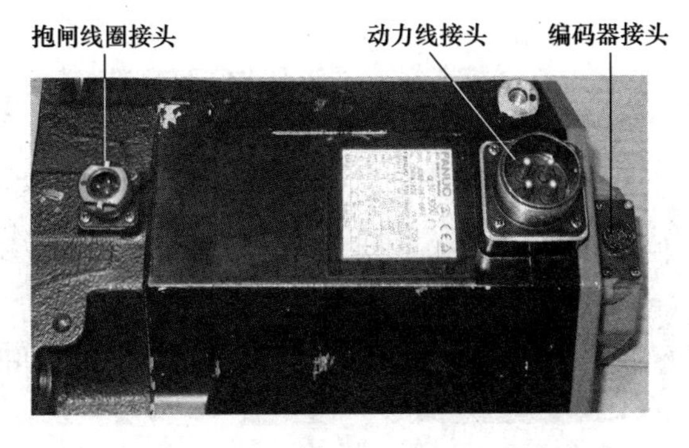

图　7-4

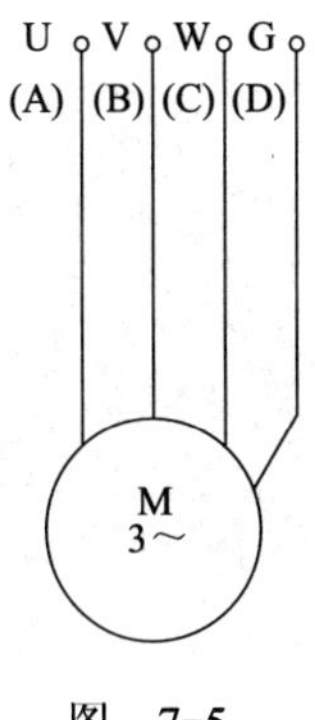

图　7-5

1. 伺服电动机绕组电阻的测量

用万用表的电阻档测量伺服电动机的三相绕组 U、V、W 之间的阻值，阻值要相同。

2. 伺服电动机绝缘电阻的测量

三相绕组 U、V、W 与 G 之间要绝缘。使用兆欧表（DC 500V）测量绕组 U、V、W 和电动机外壳 G 之间的绝缘电阻，见表 7-1。

表　7-1

绝缘电阻值	电动机绝缘电阻的测定
≥ 100MΩ	良好
10 ～ 100MΩ	老化开始，虽不会造成性能上的损失，但要定期检查
1 ～ <10MΩ	老化加剧，特别注意要定期检查
<1MΩ	不良。应更换电动机

3. 抱闸线圈的测量

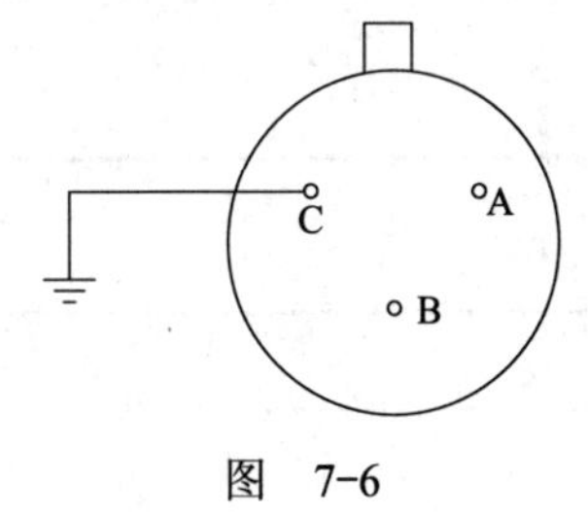

图　7-6

抱闸线圈接头如图 7-6 所示，C 为接地端，A、B 端为抱闸线圈接线柱。

在正常工作时，抱闸线圈的工作电压为直流 90V，A、B 之间（抱闸线圈）的阻值为 300Ω 左右。

4. 编码器的更换

编码器的工作电压为（5±5）% V，即 4.75 ～ 5.25V 之间。超出此范围，编码器不能正常工作。

编码器和伺服电动机通过联轴器相连，更换和安装编码器时，编码器和伺服电动机的三角形标志△要对齐。编码器的△标志如图 7-7 所示，伺服电动机的联轴器如图 7-8 所示，伺服电动机的△标志如图 7-9 所示。

图 7-7

图 7-8

图 7-9

7.2 FANUC 工业机器人的错误分类

错误分类的目的是为了更容易地进行故障诊断，每一次故障诊断前都要进行错误分类，每一类错误在工业机器人操作中都同等严重。

错误类型分为第一类错误、第二类错误、第三类错误、第四类错误，依次具体见表 7-2 ～表 7-5。

表 7-2

症状	潜在原因
1）控制柜死机 2）示教器屏幕空白	1）AC 电源存在问题 2）断路器的问题 3）变压器的问题 4）DC 电源线路的问题 5）示教盒 / 缆线的问题 6）电源供给单元损坏 7）开 / 关电路的问题 8）电缆的问题

表 7-3

症状	潜在原因
示教器锁死，没反应	1）软件故障 2）主板的问题 3）CPU 模块、DRAM、FROM/SRAM 模块故障 4）示教器 / 缆线故障 5）PSU 或者底板（激活信号）的问题 6）轴控制卡的问题

表　7-4

症状	潜在原因
1）错误指示灯亮 2）KM1 和 KM2 没有关闭，因此伺服没有电源 3）屏幕上显示诊断信息	1）伺服放大器的问题 2）电动机 / 编码器的问题 3）紧急停止线路的问题 4）紧急停止线路板的问题 5）紧急停止单元，连带 KM1 和 KM2 的问题 6）电缆的问题

表　7-5

症状	潜在原因
1）工业机器人只能在 T1 或 T2 模式下工作 2）能够从示教器运行程序	1）通信或输入 / 输出的问题 ①与 PLC 之间没有通信 ②行程开关等损坏 2）不正确的当地 / 远程开关设置、软件控制等

7.3　FANUC 工业机器人的基本保养

定期保养工业机器人可以延长其使用寿命。FANUC 工业机器人的保养周期可以分为日常、三个月、六个月、一年、两年、三年，具体内容见表 7-6。

表　7-6

保养周期	检查和保养内容	备注
日常	1）不正常的噪声和振动，电动机温度	
	2）周边设备是否可以正常工作	
	3）每根轴的抱闸是否正常	有些型号工业机器只有 J2、J3 抱闸
三个月	1）控制部分的电缆	
	2）控制器的通风	
	3）连接机械本体的电缆	
	4）接插件的固定状况是否良好	
	5）拧紧工业机器上的盖板和各种附加件	
	6）清除工业机器上的灰尘和杂物	
六个月	1）更换平衡块轴承的润滑油 2）其他参见三个月保养内容	某些型号工业机器人不需要，具体见随机的机械保养手册
一年	1）更换工业机器人本体上的电池 2）其他参见六个月保养内容	
两年	更换控制柜电池 其他参见六个月保养内容	
三年	更换工业机器人减速器的润滑油 其他参见一年保养内容	

7.4 FANUC 工业机器人数据镜像模式的备份与加载

镜像模式的备份与加载可以将系统数据打包，进行数据的整体备份和加载（还原），特别适合工业机器人维修、维护时使用。工业机器人正常工作时，将数据整体备份。在主板电池没电或者系统出现故障时，进行整体加载还原。

镜像模式的备份与加载需要使用存储卡或者 U 盘，容量不要超过 1GB。为了省掉新建文件夹的麻烦，可以将存储卡或者 U 盘原有的无关文件全部删除。

7.4.1 镜像模式下的备份

将工业机器人断电，插入存储卡或者 U 盘。存储卡及其在主板的位置如图 7-10 所示。

存储卡

存储卡在主板中的位置

图 7-10

1）开机，同时按住 F1+F5 键，如图 7-11 所示，直到出现“BMON MENU”菜单界面，如图 7-12 所示。

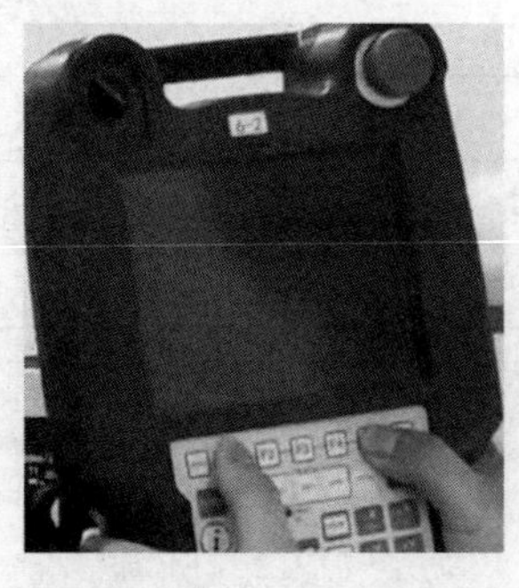

图 7-11

```
BMON MENU

1） CONFIGURATION MENU
2） ALL SOFTWARE INSTALLATION
3） INIT START
4） CONTROLLER BACKUP/RESTORE
5） ……

SELECT _
```

图 7-12

2）用数字键输入 4，选择“4）CONTROLLER BACKUP/RESTORE”，如图 7-13 所示。

3）按 ENTER（回车）键确认，进入“BACKUP / RESTORE MENU”界面，如图 7-14 所示。

```
BMON MENU

1） CONFIGURATION MENU
2） ALL SOFTWARE INSTALLATION
3） INIT START
4） CONTROLLER BACKUP/RESTORE
5）……

SELECT 4
```

图　7-13

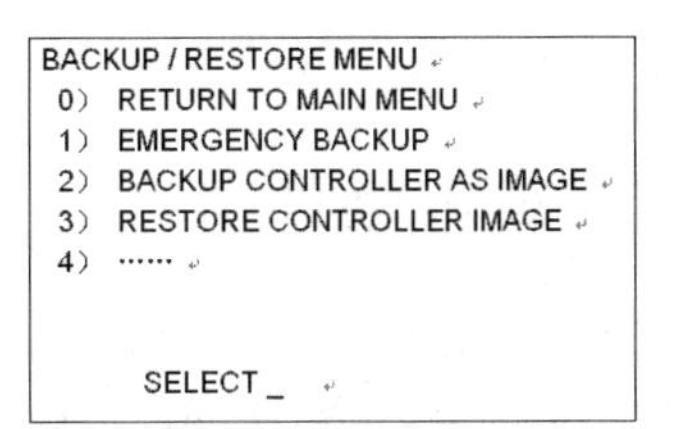

图　7-14

4）用数字键输入 2，选择“2）BACKUP CONTROLLER AS IMAGE”（备份），如图 7-15 所示。

5）按 ENTER（回车）键确认，进入“DEVICE SELECTION”界面，图 7-16 所示。

```
BACKUP / RESTORE MENU
 0） RETURN TO MAIN MENU
 1） EMERGENCY BACKUP
 2） BACKUP CONTROLLER AS IMAGE
 3） RESTORE CONTROLLER IMAGE
 4） ……

      SELECT 2
```

图　7-15

```
1. Memory card （MC）
2. Ethernet （TFTP）
3. USB （DI:）
4. USB （UT1:）
Select
```

图　7-16

Ethernet（TFTP）—网线　USB（DI：）—控制柜的 USB 口　USB（UT1：）—示教器的 USB 口

6）用数字键输入 1，选择“ 1 .　Memory card（MC）”，如图 7-17 所示。

7）按 ENTER（回车）键确认，系统显示：Are you ready ？ [Y = 1 / N = else]。输入 1，备份继续，如图 7-18 所示。输入其他值，系统将返回“BMON MENU”菜单界面。

```
1. Memory card （MC）
2. Ethernet （TFTP）
3. USB （DI:）
4. USB （UT1:）
Select 1
```

图　7-17

```
Are you ready ？ [Y = 1 / N = else ]: 1
```

图　7-18

8）用数字键输入 1，按 ENTER（回车）键确认，系统开始备份，如图 7-19 所示。

9）备份完毕，显示“Done!! Press ENTER to return”，如图 7-20 所示。

```
Writing FROM00.IMG

Writing FROM01.IMG

Writing FROM02.IMG

Writing FROM03.IMG

…
```

图　7-19

```
Writing FROM00.IMG

Writing FROM01.IMG

Writing FROM02.IMG

Writing FROM03.IMG

…

Done!!
Press ENTER to return>
```

图　7-20

10）按 ENTER（回车）键确认，进入“BMON MENU”菜单界面，关机重启，进入一般模式界面，工业机器人可以正常工作。

7.4.2 镜像模式下的加载

1）按照 7.4.1 的步骤 1）～ 3）进入备份 / 加载界面，如图 7-21 所示。

2）用数字键输入 3，选择“3）RESTORE CONTROLLER IMAGE”（加载），如图 7-22 所示。

```
BACKUP / RESTORE MENU
 0） RETURN TO MAIN MENU
 1） EMERGENCY BACKUP
 2） BACKUP CONTROLLER AS IMAGE
 3） RESTORE CONTROLLER IMAGE
 4） ……

      SELECT _
```

图 7-21

```
BACKUP / RESTORE MENU
 0） RETURN TO MAIN MENU
 1） EMERGENCY BACKUP
 2） BACKUP CONTROLLER AS IMAGE
 3） RESTORE CONTROLLER IMAGE
 4） ……

      SELECT 3
```

图 7-22

3）按 ENTER（回车）键确认，进入“DEVICE SELECTION”界面，如图 7-23 所示。

4）用数字键输入 1，选择“1. Memory card（MC）”，如图 7-24 所示。

```
1. Memory card（MC）
2. Ethernet（TFTP）
3. USB（DI:）
4. USB（UT1:）
Select
```

图 7-23

```
1. Memory card（MC）
2. Ethernet（TFTP）
3. USB（DI:）
4. USB（UT1:）
Select 1
```

图 7-24

5）按 ENTER（回车）键确认，系统显示：Are you ready？ [Y = 1 / N = else]，输入 1，加载继续，如图 7-25 所示。输入其他值，系统将返回“BMON MENU”菜单界面。

```
Are you ready？[Y = 1 / N = else ]: 1
```

图 7-25

6）用数字键输入 1，按 ENTER（回车）键确认，系统开始加载，如图 7-26 所示。

7）加载完毕，显示“Done!! Press ENTER to return”.，如图 7-27 所示。

```
Checking FROM00.IMG    Done
Clearing FROM          Done
Clearing SRAM          Done
Reading FROM00.IMG   1/34(1M)
Reading FROM01.IMG   2/34(1M)
```

图 7-26

```
Reading FROM00.IMG   1/34(1M)
Reading FROM01.IMG   2/34(1M)

Done!!
Press ENTER to return >
```

图 7-27

8）按 ENTER（回车）键确认，进入“BMON MENU”菜单界面，关机重启，进入一般模式界面，工业机器人可以正常工作。